图灵程序设计丛书

Problem Solving with Algorithms and Data Structures
Using Python, Third Edition

Python

数据结构与算法分析

（第3版）

[美] 布拉德利·N. 米勒（Bradley N. Miller）

[美] 戴维·L. 拉努姆（David L. Ranum）　　　　　◎著

[乌克兰] 罗曼·亚西诺夫斯基（Roman Yasinovskyy）

吕能　刁寿钧　◎译

人民邮电出版社

北　京

图书在版编目（CIP）数据

Python数据结构与算法分析 : 第3版 / （美）布拉德
利·N.米勒（Bradley N. Miller），（美）戴维·L.拉努
姆（David L. Ranum），（乌克兰）罗曼·亚西诺夫斯基
（Roman Yasinovskyy）著 ；吕能，刁寿钧译. -- 2版
. -- 北京 : 人民邮电出版社，2023.8
　（图灵程序设计丛书）
　ISBN 978-7-115-62334-8

Ⅰ. ①P··· Ⅱ. ①布··· ②戴··· ③罗··· ④吕··· ⑤刁···
Ⅲ. ①软件工具－程序设计 Ⅳ. ①TP311.561

中国国家版本馆CIP数据核字(2023)第135843号

内 容 提 要

　　了解数据结构与算法是透彻理解计算机科学的前提。随着 Python 日益广泛的应用，Python 程序员需要
实现与传统的面向对象编程语言相似的数据结构与算法。本书是用 Python 描述数据结构与算法的开山之作，
汇聚了作者多年的实战经验，向读者透彻讲解在 Python 环境下，如何通过一系列存储机制高效地实现各类
算法。通过本书，读者将深刻理解 Python 数据结构、递归、搜索、排序、树与图的应用，等等。这一版重
写了书中的示例代码，并对诸多内容做了修正。

　　本书适合所有 Python 程序员阅读。

◆ 著　　　[美] 布拉德利·N. 米勒（Bradley N. Miller）
　　　　　[美] 戴维·L. 拉努姆（David L. Ranum）
　　　　　[乌克兰] 罗曼·亚西诺夫斯基（Roman Yasinovskyy）
　译　　　吕　能　刁寿钧
　责任编辑　王军花
　责任印制　胡　南

◆ 人民邮电出版社出版发行　　北京市丰台区成寿寺路11号
　邮编　100164　电子邮件　315@ptpress.com.cn
　网址　https://www.ptpress.com.cn
　涿州市京南印刷厂印刷

◆ 开本：800×1000　1/16
　印张：19.75　　　　　　　　　2023年8月第2版
　字数：440千字　　　　　　　　2023年8月河北第1次印刷
　　　　　　著作权合同登记号　图字：01-2022-5040号

定价：99.80元
读者服务热线：(010)84084456-6009　印装质量热线：(010)81055316
反盗版热线：(010)81055315
广告经营许可证：京东市监广登字 20170147 号

前　言

致学生

既然你开始阅读本书，想必你对计算机科学有着浓厚的兴趣，同时也对 Python 这门编程语言感兴趣，并且已经通过之前的课程或自学有了一些编程经验。不论是何种情况，你肯定都希望学习更多知识。

本书将介绍计算机科学以及 Python。然而，书中的内容并不局限于这两个方面。数据结构与算法的学习对于理解计算机科学的本质非常关键。

学习计算机科学与掌握其他高难度学科没什么不同。成功的唯一途径便是循序渐进地学习其中的核心思想。刚开始接触计算机科学的人，需要多多练习来加深理解，从而为学习更复杂的内容做好准备。此外，初学者需要获得成功的机会并且建立起自信心。

本书被设计成了数据结构与算法的入门教材。数据结构与算法通常是计算机科学专业的第二门课程，比第一门课程更深入，但是我们依然假设读者是初学者。读者很可能还在努力掌握和吸收第一门课程所教的基本思想和方法，但已经准备好进一步探索这一领域并且进一步练习如何解决问题。

如前所述，本书将介绍计算机科学，既介绍抽象数据类型及数据结构，也介绍如何编写算法和解决问题。在接下来的章节中，我们会学习一系列的数据结构，并且解决各种经典问题。随着对计算机科学学习的深入，你将不断应用在各章中掌握的工具与技术来解决实际问题。

致教师

许多学生在学到这个阶段时会发现，计算机科学除了编程以外还有很多内容。数据结构与算法可以独立于编程来学习和理解。

本书假定学生已经学过计算机科学的入门课程，但入门课程不一定是用 Python 讲解的。他们理解基本的编程结构，比如分支、迭代以及函数定义，也接触过面向对象编程，并且能够创建和使用简单的类。同时，学生也能够理解 Python 的基础数据结构，比如序列（列表和字符串）以及字典。

本书有三大特点：

- ❑ 通过简单易读的文字而不是大量的编程语法，向学生介绍基本的数据结构与算法，并且强调解决实际问题；
- ❑ 较早介绍基于大 O 记法的算法分析，并且通篇运用；
- ❑ 使用 Python 讲解，以促使初学者能够使用和掌握数据结构与算法。

学生将首先学习线性数据结构，包括栈、队列、双端队列以及列表。我们用 Python 列表以及链表实现这些数据结构。然后学习与树有关的非线性数据结构，了解连接节点和引用结构（链表）等一系列技术。最后，学生将通过运用链式结构、链表以及 Python 字典的实现，学习图的相关知识。对于每一种结构，本书都尽力在使用 Python 提供的内建数据类型的同时展现众多的实现技巧。这种讲法在向学生揭示各种主要实现方法的同时，也强调 Python 的易用性。

Python 是一门非常适合讲解算法的语言，语法干净简洁，用户环境直观。基本的数据类型十分强大和易用。其交互性在不需要额外编写驱动函数的情况下为测试数据结构单元提供了直观的环境。而且，Python 为算法提供了教科书式的表示法，基本不再需要使用伪代码。这一特性有助于通过数据结构与算法来描述众多与之有关、相当有趣的现代问题。

我们相信，对于初学者来说，投入时间学习与算法和数据结构相关的基本思想是非常有益的。我们也相信，Python 是一门非常适合教授初学者的优秀语言，对第一门课程和第二门课程皆是如此。其他许多语言要求学生学习非常高级的编程概念，这会阻碍他们掌握真正需要的基础知识，从而可能导致失败，而这样的失败并不是计算机科学本身造成的，而是由于所使用的语言不当。我们的目标是提供一本教科书，量体裁衣般地聚焦于初学者需要掌握的内容，以他们能理解的方式编写，创造和发展一个有助于他们成功的环境。

本书结构

本书紧紧地围绕运用经典数据结构和技术来解决问题。下面的组织结构图展示了充分利用本书的不同方式。

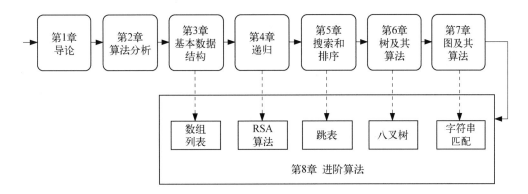

第 1 章通过复习计算机科学、问题解决、面向对象编程以及 Python 来准备背景知识。基础扎实的学生可以概览第 1 章，快速进入第 2 章。不过，正所谓温故而知新，适当的复习和回顾必然是值得的。

第 2 章介绍算法分析的内在思想，同时强调大 O 记法，还将分析本书一直使用的重要 Python 数据结构。这可以帮助学生理解各种抽象数据类型不同实现之间的权衡。第 2 章也包含了在运行时使用的 Python 原生类型的实验测量例子。

第 3~7 章全面介绍在经典计算机科学问题中出现的数据结构与算法。尽管在阅读顺序上并无严格要求，但是许多话题之间存在一定的依赖关系，所以应该按照本书的顺序学习。比如，第 3 章介绍栈，第 4 章利用栈解释递归，第 5 章利用递归实现二分搜索。

第 8 章是选学内容，包含彼此独立的几节。每一节都与之前的某一章有关。正如前面的组织结构图所示，你既可以在学习完第 7 章以后再一起学习第 8 章中的各节内容，也可以把它们与对应的那一章放在一起学习。例如，希望更早介绍数组的教师，可以在讲完第 3 章以后直接跳到 8.2 节。

相比于第 2 版的改进

- ❑ 源代码遵循 PEP 8 Python 编程规范。
- ❑ 用 pythonds3 包（其中包含众多算法以及数据结构实现）取代了 pythonds 包。
- ❑ 书中提供的示例和代码打包放至 GitHub 仓库（psads/psadspy-src）。
- ❑ 章末的编程练习和讨论问题合并成了练习，读者可以自行决定是否需要讨论或者实现。
- ❑ 根据读者反馈进行了众多澄清和改正。

致谢

在完成本书的过程中，我们得到了众多朋友的帮助。感谢我们的同事 Steve Hubbard 为本书的前两版提供了大量的反馈。感谢各地的同事给我们发邮件指出前两版中存在的错误，并且为新版内容提供意见。

感谢迪科拉市 Java John's 咖啡馆的朋友 Mary 和 Bob，以及其他服务员，他们允许我们在 Brad 休假期间成为店里的"常驻作者"。David 在常驻咖啡馆写书的那几个月中竟然没有成为咖啡爱好者。对了，在一间店名带 Java 的咖啡馆里写一本 Python 的书，确实有点讽刺。

感谢 Franklin, Beedle & Associates 出版公司的员工：Brenda Jones、Tom Summer，尤其是 Jim Leisy。他们指导了本书前两版的出版，与他们合作非常愉快。最后，要特别感谢我们三人的妻子 Jane Miller、Brenda Ranum 和 Nataliya Yasinovska。她们的爱与支持使得本书终成现实。

布拉德利·N. 米勒（Bradley N. Miller）

戴维·L. 拉努姆（David L. Ranum）

罗曼·亚西诺夫斯基（Roman Yasinovskyy）

目　　录

第 1 章

导　论

1.1　本章目标

- ❑ 复习计算机科学、编程以及问题解决方面的知识。
- ❑ 理解抽象这一概念及其在问题解决的过程中所起的作用。
- ❑ 理解并建立抽象数据类型的概念。
- ❑ 复习 Python 编程语言。

1.2　入门

自从第一台需要转接线和开关来传递计算指令的电子计算机诞生以来，人们对编程的认识随着时间历经了多次变化。与社会发展的许多其他方面一样，计算机技术的变革为计算机科学家提供了越来越多的工具和平台去施展他们的才能。高效的处理器、高速网络以及大容量内存等一系列新技术，要求计算机科学家掌握更多复杂的知识。然而，在这一系列快速的变革之中，计算机科学始终关注如何利用计算机来解决问题。

你肯定在学习解决问题的基本方法上投入过大量的时间，并且相信自己拥有根据问题构建解决方案的能力。你肯定也体会到了编写计算机程序的困难之处。大型难题及其解决方案的复杂性往往会掩盖问题解决过程的核心思想。

本章将为后续内容铺垫两个重要的话题。首先，本章会复习计算机科学以及数据结构与算法的研究必须符合的框架，尤其是学习这些内容的原因以及为何理解它们有助于更好地解决问题。其次，本章会复习 Python 编程语言。尽管我们无法提供一份完整、详尽的 Python 参考，但是会针对阅读后续各章所需的基础知识及基本思想，给出示例以及相应的解释。

1.3　何谓计算机科学

计算机科学很难明确定义。这或许是因为其中的"计算机"一词。你可能已经意识到，计算机科学并不仅仅研究计算机本身，尽管计算机在这一学科中是非常重要的工具，但也只是工具而已。

计算机科学的研究对象是问题、如何解决问题，以及通过问题求解过程得到的解决方案。给定任一种类的问题，计算机科学家的目标是开发一种能逐步解决该类问题实例的**算法**。算法是具有有限步骤的过程，依照这个过程便能解决对应的问题。因此，算法就是解决方案。

计算机科学可以看作研究算法的学科。但是我们必须注意的是某些问题并没有解决方案。尽管这一话题已经超出了本书讨论的范畴，但是对于学习计算机科学的人来说，了解到并非所有问题都有解非常重要。综上所述，我们可以将计算机科学更完善地定义为：研究问题及其解决方案，以及研究目前无解的问题的学科。

在描述问题及其解决方案时，经常用到“**可计算**”一词。若存在能够解决某个问题的算法，那么该问题便是可计算的。因此，计算机科学也可以定义为：研究可计算以及不可计算的问题，即研究算法的存在性以及不存在性。在上述任意一种定义中，“计算机”一词都没有出现。解决方案本身是与计算机无关的。

计算机科学既研究问题解决过程，同时也研究**抽象**。抽象思维使得我们能分别从逻辑视角和物理视角来看待问题及其解决方案。举一个常见的例子。

试想大家每天开车上学或上班。作为司机——车的使用者，我们在驾驶时会通过与车的一系列交互到达目的地：坐进车里，插入钥匙，启动发动机，换挡，刹车，加速以及操作方向盘。从抽象的角度来看，这是从逻辑视角来看待这辆车。我们使用汽车设计者提供的功能进行通勤。这些功能也被称作**接口**。

而修车工看待车辆的视角与司机截然不同。他不仅需要知道如何驾驶，而且需要知道实现汽车功能的所有细节：发动机如何工作，变速器如何换挡，如何控制温度，等等。这就是所谓的物理视角，即看到表面之下的具体实现细节。

使用计算机也是同理。大多数人不需要了解计算机的实现细节就能写文档、收发邮件、浏览网页、听音乐、存储图像以及打游戏。大家都是从逻辑视角或者使用者的角度来看待计算机。计算机科学家、程序员、技术支持人员以及系统管理员则从另一个角度来看待计算机。他们必须知道操作系统的原理、网络协议的配置，以及如何编写各种脚本来控制计算机。他们必须能够控制用户不需要了解的底层细节。

上面两个例子的共同点在于，用户（或称客户）只需要知道接口是如何工作的，而并不需要知道实现细节。这些接口是用户用于与底层复杂的实现进行交互的方式。

下面是抽象的另一个例子：Python 的 math 模块。一旦导入这一模块，我们便可以进行如下的计算。

```
>>> import math
>>> math.sqrt(16)
4.0
```

这是一个**过程抽象**的例子。我们并不需要知道平方根究竟是如何计算出来的，而只需要知道计算平方根的函数名是什么以及如何使用它。只要正确地导入模块，便可以认为这个函数会返回正确的结果。由于其他人已经实现了平方根问题的解决方案，因此我们只需要知道如何使用该函数即可。这有时候也被称为过程的"黑盒"视角。我们仅需要描述接口：函数名、所需参数，以及返回内容。所有的计算细节都被隐藏了起来，如图 1-1 所示。

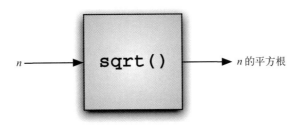

图 1-1　过程抽象

1.3.1　何谓编程

编程是指通过编程语言将算法编码以使其能被计算机执行的过程。尽管有众多的编程语言和不同类型的计算机，但最重要的第一步是拥有一个问题的解法。如果没有求解算法，就不会有程序。

计算机科学的研究对象并不是编程。但是，编程是计算机科学家工作的重要组成部分。通常，编程就是创造出解决方案的具体表述。因此，编程语言对算法的表达以及创造程序的过程是这一学科的基础。

算法通过代表问题实例的数据和生成结果必需的一系列步骤描述了一个问题的解决方案。而编程语言提供了控制语句和数据类型，帮助算法通过符号的方式表达涉及的过程和数据。

控制语句使算法步骤能够以一种方便且明确的方式表达出来。算法至少需要能够进行顺序执行、决策分支、循环迭代的控制语句。只要一种编程语言能够提供这些基本的控制语句，它就能够用于表述算法。

计算机中的所有数据实例均由二进制字符串来表达。为了赋予这些二进制字符串实际的意义，必须要有**数据类型**。数据类型能够帮助我们解读二进制数据的含义，从而使我们能从与待解决问题相关的角度来看待数据。这些内建的底层数据类型（又称原生数据类型）提供了算法开发的基本单元。

举例来说，大部分编程语言为整数提供了相应的数据类型。计算机内存中的二进制字符串可以理解成整数并具有通常意义上的整数含义（例如 23、654 以及–19）。除此以外，数据类型也描述了该类数据能参与的所有运算。对于整数来说，就有加减乘除等常见运算。数值类型的数据通常都能进行以上运算。

我们经常遇到的困难是，问题及其解决方案都过于复杂。尽管由编程语言提供的简单的控制语句和数据类型能够表达复杂的解决方案，但它们在解决问题的过程中仍然存在不足。因此，我们需要想办法控制复杂度以便找到解决方案。

1.3.2　为何学习数据结构及抽象数据类型

为了控制问题及其求解过程的复杂度，计算机科学家利用抽象来帮助自己专注于全局，从而避免迷失在众多细节中。通过对问题进行建模，人们可以更高效地解决问题。模型可以帮助计算机科学家更一致地描述对应问题的算法要用到的数据。

如前所述，过程抽象将功能的实现细节隐藏了起来，从而使用户能从更高的视角来看待功能。**数据抽象**的基本思想与此类似。**抽象数据类型**（ADT）从逻辑上描述了如何看待数据及其对应运算而无须考虑具体实现。这意味着我们仅需要关心数据代表了什么，而可以忽略它们的构建方式。通过该层抽象，我们对数据进行了一层**封装**，其基本思想是封装具体的实现细节，使它们对用户不可见，这被称为**信息隐藏**。

图 1-2 展示了抽象数据类型及其使用方法。用户通过利用抽象数据类型提供的操作来与接口交互。抽象数据类型作为具体实现的外壳与用户进行交互。用户并不需要关心各种实现细节。

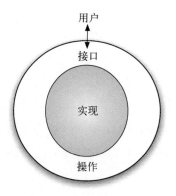

图 1-2　抽象数据类型

抽象数据类型的实现常被称为**数据结构**。它需要我们通过编程语言的语法结构和原生数据类型来提供数据的物理视角。正如之前讨论的，分成这两种视角有助于为问题定义复杂的数据模型，而无须考虑模型的实现细节。这便提供了一个**独立于实现**的数据视角。由于实现抽象数据类型通常会有很多种方法,因此这种实现的独立性使程序员能够改变具体实现细节,而不影响用户与数据的实际交互。用户能够始终专注于解决问题。

1.3.3　为何学习算法

计算机科学家通过观察他人如何解决问题以及亲自解决问题积累经验来学习。接触各种问题的解决技巧并学习不同算法的设计方法,有助于解决新的问题。通过学习一系列不同的算法,可以举一反三,从而在遇到类似的问题时,能够快速加以解决。

各种算法之间往往差异巨大。回想前文提到的平方根的例子,完全可能有多种方法来实现计算平方根的函数。某种算法可能使用了很少的资源,另一种算法返回结果所需的时间可能是其他算法的 10 倍。我们需要某种方式来比较这两种算法。尽管这两种算法都能得到结果,但是其中一种可能"更好"——更高效、更快,或者使用的内存更少。随着对算法的进一步学习,我们会掌握比较不同算法的分析技巧。这些技巧只分析算法本身的特性,而不依赖程序或者实现算法的计算机的特性。

最坏的情况是遇到难以解决的问题,即没有算法能够在合理的时间内解决该问题。因此,至关重要的一点是,要能区分有解的问题、无解的问题,以及虽然有解但是需要过多的资源和时间来求解的问题。

在选择算法时,经常会有所权衡。除了有解决问题的能力之外,计算机科学家也需要知晓如何评估一个解决方案。总之,问题通常有很多解决方案,如何找到一个解决方案并且确定其为优秀的方案,需要反复练习以至熟能生巧。

1.4　Python 基础

本节将复习 Python,并且为前一节提到的思想提供更详细的例子。如果你刚开始学习 Python 或者觉得自己需要更多的信息,建议你参考 Python 官网的"Python 语言参考手册""Python 教程"或者其他文档。本节的目标是帮助你复习 Python 并且强调一些在后续各章中非常重要的概念。

Python 是一门现代、易学、面向对象的编程语言。它拥有强大的内建数据类型以及简单易用的控制语句。由于 Python 是一门解释型语言,因此只需要查看和描述交互式会话就能进行学习。你应该记得,解释器会显示提示符>>>,然后计算你提供的 Python 语句。例如,以下代码显示了提示符、print 函数调用以及相应结果。

```
>>> print("Algorithms and Data Structures")
Algorithms and Data Structures
```

1.4.1 数据

前面提到，Python 支持面向对象编程范式。这意味着 Python 认为数据是问题解决过程中的关键点。在 Python 以及其他所有面向对象编程语言中，**类**都是对数据的构成（状态）以及数据能做什么（行为）的描述。由于类的使用者只能看到数据项的状态和行为，因此类与抽象数据类型是相似的。在面向对象编程范式中，数据项被称作**对象**。一个对象就是类的一个实例。

1. 内建原子数据类型

我们首先复习原子数据类型。Python 有两大内建数值类实现了整数类型和浮点数类型，相应的 Python 类就是 int 和 float。标准的数学运算符，即+、-、*、/以及**（幂），和能够改变运算优先级的括号一起使用。其他非常有用的运算符包括取余（取模）运算符%，以及整除运算符//。注意，当两个整数相除时，其结果是一个浮点数，而整除运算符截去小数部分，只返回商的整数部分。

```
>>> 2 + 3 * 4
14
>>> (2 + 3) * 4
20
>>> 2 ** 10
1024
>>> 6 / 3
2.0
>>> 7 / 3
2.3333333333333335
>>> 7 // 3
2
>>> 7 % 3
1
>>> 3 / 6
0.5
>>> 3 // 6
0
>>> 3 % 6
3
>>> 2 ** 100
1267650600228229401496703205376
```

Python 通过 bool 类实现表达真值的布尔数据类型。布尔对象可能的状态值是 True 或者 False，布尔运算符有 and、or 以及 not。

```
>>> True
True
>>> False
False
>>> False or True
True
>>> not (False or True)
```

```
False
>>> True and True
True
```

布尔对象也用作相等（==）、大于（>）等比较运算符的计算结果。此外，结合使用关系运算符与逻辑运算符可以表达复杂的逻辑问题。下面给出一些例子，表 1-1 包含更多运算符。

```
>>> 5 == 10
False
>>> 10 > 5
True
>>> (5 >= 1) and (5 <= 10)
True
>>> (1 < 5) or (10 < 1)
True
>>> 1 < 5 < 10
True
```

表 1-1　关系运算符和逻辑运算符

运　算　名	运　算　符	解　　释
小于	<	小于运算符
大于	>	大于运算符
小于或等于	<=	小于或等于运算符
大于或等于	>=	大于或等于运算符
等于	==	相等运算符
不等于	!=	不等于运算符
逻辑与	and	两个运算数都为 True 时结果为 True
逻辑或	or	某一个运算数为 True 时结果为 True
逻辑非	not	对真值取反，False 变为 True，True 变为 False

标识符在编程语言中被用作名字。Python 中的标识符以字母或者下划线（_）开头，区分大小写，可以是任意长度。需要记住的一点是，采用能表达含义的名字是良好的编程习惯，这会使程序代码更容易阅读和理解。

当一个名字第一次出现在赋值语句的左边部分时，相应的 Python 变量就会被创建。赋值语句将名字与实际值关联起来。变量保存的是指向数据的引用，而非数据本身。来看看下面的代码。

```
>>> the_sum = 0
>>> the_sum
0
>>> the_sum = the_sum + 1
>>> the_sum
1
>>> the_sum = True
>>> the_sum
True
```

赋值语句 the_sum = 0 会创建变量 the_sum，并且令其保存指向数据对象 0 的引用（如图 1-3 所示）。Python 会先计算赋值运算符右边的表达式，然后将指向该结果数据对象的引用赋给左边的变量名。在本例中，由于 the_sum 当前指向的数据是整数类型，因此该变量类型为整型。如果数据的类型发生改变（如图 1-4 所示），正如上面的代码给 the_sum 赋值 True，那么变量的类型也会变成布尔类型。赋值语句改变了变量的引用，这体现了 Python 的动态特性。同样的变量可以指向许多不同类型的数据。

图 1-3　变量指向数据对象的引用

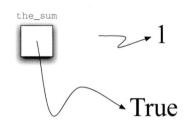

图 1-4　赋值语句改变变量的引用

2. 内建集合数据类型

除了数值类和布尔类，Python 还有众多强大的内建集合类。列表、字符串以及元组是概念上非常相似的有序集合，但是只有理解它们的差别，才能正确运用。集（set）和字典是无序集合。

列表是零个或多个指向 Python 数据对象的引用的有序集合，通过在方括号内以逗号分隔的一系列值来表达。空列表就是[]。列表是异构的，这意味着其指向的数据对象不需要都是同一个类，并且这一集合可以赋值给一个变量。下面的代码段展示了列表含有多个不同的 Python 数据对象。

```
>>> [1, 3, True, 6.5]
[1, 3, True, 6.5]
>>> my_list = [1, 3, True, 6.5]
>>> my_list
[1, 3, True, 6.5]
```

注意，当 Python 计算一个列表时，这个列表自己会被返回。然而，为了记住该列表以便后续处理，其引用需要被赋给一个变量。

由于列表是有序的，因此它支持一系列可应用于任意 Python 序列的运算，如表 1-2 所示。

表 1-2 可应用于任意 Python 序列的运算

运 算 名	运 算 符	解 释
索引	[]	取序列中的某个元素
连接	+	将序列连接在一起
重复	*	重复 N 次连接
成员	in	询问序列中是否有某元素
长度	len	询问序列的元素个数
切片	[:]	取出序列的一部分

需要注意的是，列表和序列的下标从 0 开始。my_list[1:3]会返回一个包含下标从 1 到 2 的元素列表（并没有包含下标为 3 的元素）。

如果需要快速初始化列表，可以通过重复运算来实现，如下所示。

```
>>> my_list = [0] * 6
>>> my_list
[0, 0, 0, 0, 0, 0]
```

非常重要的一点是，重复运算返回的结果是序列中指向数据对象的引用的重复。下面的例子可以很好地说明这一点。

```
>>> my_list = [1, 2, 3, 4]
>>> big_list = [my_list] * 3
>>> big_list
[[1, 2, 3, 4], [1, 2, 3, 4], [1, 2, 3, 4]]
>>> my_list[2] = 45
>>> big_list
[[1, 2, 45, 4], [1, 2, 45, 4], [1, 2, 45, 4]]
```

变量 big_list 包含 3 个指向 my_list 的引用。my_list 中的一个元素发生改变，big_list 中的 3 处都随即改变。

列表支持一些用于构建数据结构的方法，如表 1-3 所示。后面的例子展示了用法。

表 1-3 Python 列表提供的方法

方 法 名	用 法	解 释
append	a_list.append(item)	在列表末尾添加一个新元素
insert	a_list.insert(i,item)	在列表的第 i 个位置插入一个元素
pop	a_list.pop()	删除并返回列表中最后一个元素
pop	a_list.pop(i)	删除并返回列表中第 i 个位置的元素
sort	a_list.sort()	将列表元素排序
reverse	a_list.reverse()	将列表元素倒序排列

（续）

方 法 名	用 法	解 释
del	del a_list[i]	删除列表中第 i 个位置的元素
index	a_list.index(item)	返回 item 第一次出现时的下标
count	a_list.count(item)	返回 item 在列表中出现的次数
remove	a_list.remove(item)	从列表中移除第一次出现的 item

```
>>> my_list = [1024, 3, True, 6.5]
>>> my_list
[1024, 3, True, 6.5]
>>> my_list.append(False)
>>> my_list
[1024, 3, True, 6.5, False]
>>> my_list.insert(2, 4.5)
>>> my_list
[1024, 3, 4.5, True, 6.5, False]
>>> my_list.pop()
False
>>> my_list
[1024, 3, 4.5, True, 6.5]
>>> my_list.pop(1)
3
>>> my_list
[1024, 4.5, True, 6.5]
>>> my_list.pop(2)
True
>>> my_list
[1024, 4.5, 6.5]
>>> my_list.sort()
>>> my_list
[4.5, 6.5, 1024]
>>> my_list.reverse()
>>> my_list
[1024, 6.5, 4.5]
>>> my_list.count(6.5)
1
>>> my_list.index(4.5)
2
>>> my_list.remove(6.5)
>>> my_list
[1024, 4.5]
>>> del my_list[0]
>>> my_list
[4.5]
```

　　你会发现，像 pop 这样的方法在返回值的同时也会修改列表的内容，reverse 等方法则仅修改列表而不返回任何值。pop 默认返回并删除列表的最后一个元素，但是也可以用来返回并删除特定的元素。这些方法默认下标从 0 开始。你也会注意到那个熟悉的句点符号，它被用来调用某个对象的方法。my_list.append(False)可以读作"请求 my_list 调用其 append 方法并将 False 这一值传给它"。就连整数这类简单的数据对象都能通过这种方式调用方法。

```
>>> (54).__add__(21)
75
```

在上面的代码中，我们请求整数对象 54 执行其 add 方法（该方法在 Python 中被称为 __add__），并且将 21 作为要加的值传给它。其结果是两数之和，即 75。我们通常会将其写作 54+21。稍后会更多地讨论这些方法。

range 是一个常见的 Python 函数，我们常把它与列表放在一起讨论。range 会生成一个代表值序列的范围对象。使用 list 函数，能够以列表形式看到范围对象的值。下面的代码展示了这一点。

```
>>> range(10)
range(0, 10)
>>> list(range(10))
[0, 1, 2, 3, 4, 5, 6, 7, 8, 9]
>>> range(5, 10)
range(5, 10)
>>> list(range(5, 10))
[5, 6, 7, 8, 9]
>>> list(range(5, 10, 2))
[5, 7, 9]
>>> list(range(10, 1, -1))
[10, 9, 8, 7, 6, 5, 4, 3, 2]
```

范围对象表示一个整数序列。默认情况下，它从 0 开始。如果提供更多的参数，它可以从特定的数值开始和结束，并且能跳过中间的值。在第一个例子中，range(10)从 0 开始并且一直到 9 为止（不包含 10）；在第二个例子中，range(5,10)从 5 开始并且到 9 为止（不包含 10）；range(5,10,2)的结果类似，但是元素的间隔变成了 2（10 还是没有包含在其中）。

字符串是零个或多个字母、数字和其他符号的有序集合。这些字母、数字和其他符号被称为**字符**。常量字符串值通过引号（单引号或者双引号均可）与标识符进行区分。

```
>>> "David"
'David'
>>> my_name = "David"
>>> my_name[3]
'i'
>>> my_name * 2
'DavidDavid'
>>> len(my_name)
5
```

由于字符串是序列，因此之前提到的所有序列运算符都能用于字符串。此外，字符串还有一些特有的方法，表 1-4 列举了其中一些。

表 1-4　Python 字符串提供的方法

方 法 名	用 法	解 释
center	a_string.center(w)	返回一个字符串，使其长度为 w，原字符串居中并使用空格填充左右
count	a_string.count(item)	返回 item 出现的次数
ljust	a_string.ljust(w)	返回一个字符串，将原字符串靠左放置并填充空格至长度 w
lower	a_string.lower()	返回均为小写字母的字符串
rjust	a_string.rjust(w)	返回一个字符串，将原字符串靠右放置并填充空格至长度 w
find	a_string.find(item)	返回 item 第一次出现时的下标
split	a_string.split(s_char)	在 s_char 位置将字符串分割成子串

其中，split 对于处理数据非常有用。它取一个字符串，返回一个以分割符为分割点的字符串列表。在下面的例子中，“v”是分割点。如果没有指定分割点，split 方法将寻找空白字符，如 Tab、换行和空格。

```
>>> my_name
'David'
>>> my_name.upper()
'DAVID'
>>> my_name.center(10)
'   David  '
>>> my_name.find("v")
2
>>> my_name.split("v")
['Da', 'id']
```

列表和字符串的主要区别在于，列表能够被修改，字符串则不能。列表的这一特性被称为**可修改性**。列表具有可修改性，字符串则不具有。例如，可以通过下标和赋值操作来修改列表中的一个元素，但是字符串不允许这一改动。

```
>>> my_list
[1, 3, True, 6.5]
>>> my_list[0] = 2 ** 10
>>> my_list
[1024, 3, True, 6.5]
>>>
>>> my_name
'David'
>>> my_name[0] = "X"
Traceback (most recent call last):
  File "<stdin>", line 1, in <module>
TypeError: 'str' object does not support item assignment
```

由于都是异构数据序列，因此**元组**与列表非常相似。它们的区别在于，元组和字符串一样是不可修改的。元组通常写成由括号包含并且以逗号分隔的一系列值。与序列一样，元组允许之前描述的任一操作。

```
>>> my_tuple = (2, True, 4.96)
>>> my_tuple
(2, True, 4.96)
>>>  len(my_tuple)
3
>>> my_tuple[0]
2
>>> my_tuple * 3
(2, True, 4.96, 2, True, 4.96, 2, True, 4.96)
>>> my_tuple[0:2]
(2, True)
```

然而，如果尝试改变元组中的一个元素，就会发生错误。请注意，错误消息指明了问题的出处及原因。

```
>>> my_tuple[1] = False
Traceback (most recent call last):
  File "<stdin>", line 1, in <module>
TypeError: 'tuple' object does not support item assignment
```

集（set）是由零个或多个不可修改的 Python 数据对象组成的无序集合。集不允许重复元素，并且写成由花括号包含、以逗号分隔的一系列值。空集由 set() 来表示。集是异构的，并且可以通过下面的方法赋给变量。

```
>>> {3, 6, "cat", 4.5, False}
{False, 3, 4.5, 6, 'cat'}
>>> my_set = {3, 6, "cat", 4.5, False}
>>> my_set
{False, 3, 4.5, 6, 'cat'}
```

尽管集是无序的，但它还是支持之前提到的一些运算，如表 1-5 所示。

表 1-5　Python 集支持的运算

运　算　名	运　算　符	解　　释
成员	in	询问集中是否有某元素
长度	len	获取集的元素个数
|	a_set | other_set	返回一个包含 a_set 与 other_set 所有元素的新集
&	a_set & other_set	返回一个包含 a_set 与 other_set 共有元素的新集
-	a_set - other_set	返回一个集，其中包含只出现在 a_set 中的元素
<=	a_set <= other_set	询问 a_set 中的所有元素是否都在 other_set 中

```
>>> my_set
{False, 3, 4.5, 6, 'cat'}
>>> len(my_set)
5
>>> False in my_set
True
>>> "dog" in my_set
False
```

集支持一系列方法，如表 1-6 所示。在数学中运用过集合概念的人应该对它们非常熟悉。注意，union、intersection、issubset 和 difference 都有可用的运算符。

表 1-6　Python 集提供的方法

方　法　名	用　　法	解　　释
union	a_set.union(other_set)	返回一个包含 a_set 和 other_set 所有元素的集
intersection	a_set.intersection(other_set)	返回一个仅包含两个集共有元素的集
difference	a_set.difference(other_set)	返回一个集，其中仅包含只出现在 a_set 中的元素
issubset	a_set.issubset(other_set)	询问 a_set 是否为 other_set 的子集
add	a_set.add(item)	向 a_set 添加一个元素
remove	a_set.remove(item)	从 a_set 中移除 item
pop	a_set.pop()	随机移除 a_set 中的一个元素
clear	a_set.clear()	清除 a_set 中的所有元素

```
>>> my_set
{False, 3, 4.5, 6, 'cat'}
>>> your_set = {99, 3, 100}
>>> my_set.union(your_set)
{False, 3, 4.5, 'cat', 6, 99, 100}
>>> my_set | your_set
{False, 3, 4.5, 'cat', 6, 99, 100}
>>> my_set.intersection(your_set)
{3}
>>> my_set & your_set
{3}
>>> my_set.difference(your_set)
{False, 'cat', 4.5, 6}
>>> my_set - your_set
{False, 'cat', 4.5, 6}
>>> {3, 100}.issubset(your_set)
True
>>> {3, 100} <= your_set
True
>>> my_set.add("house")
>>> my_set
{False, 'house', 3, 4.5, 6, 'cat'}
>>> my_set.remove(4.5)
>>> my_set
{False, 'house', 3, 6, 'cat'}
>>> my_set.pop()
False
>>> my_set
{'house', 3, 6, 'cat'}
>>> my_set.clear()
>>> my_set
set()
```

最后要介绍的 Python 集合是字典。字典是无序结构，由相关的元素对构成，其中每对元素都由一个键和一个值组成。这种键-值对通常写成"键:值"的形式。字典由花括号包含的一系列以逗号分隔的键-值对表达，如下所示。

```
>>> capitals = {"Iowa": "Des Moines", "Wisconsin": "Madison"}
>>> capitals
{'Iowa': 'Des Moines', 'Wisconsin': 'Madison'}
```

可以通过键访问其对应的值，也可以向字典添加新的键-值对。访问字典的语法与访问序列的语法十分相似，只不过是使用键来访问，而不是下标。添加新值也类似。

```
>>> capitals["Iowa"]
'Des Moines'
>>> capitals["Utah"] = "Salt Lake City"
>>> capitals
{'Iowa': 'Des Moines', 'Wisconsin': 'Madison', 'Utah': 'Salt Lake City'}
>>> capitals["California"] = "Sacramento"
>>> len(capitals)
4
>>> for k in capitals:
...     print(capitals[k], "is the capital of", k)
...
Des Moines is the capital of Iowa
Madison is the capital  of  Wisconsin
Salt Lake City is the capital of Utah
Sacramento is the capital of California
```

需要谨记，在 Python 3.6 之前，字典并不是根据键来维护元素对的顺序的。第一个添加的键-值对（"Utah": "Salt-LakeCity"）被放在了字典的第一位，第二个添加的键-值对（"California": "Sacramento"）则被放在了最后。键的位置是由散列来决定的，第 5 章会详细介绍散列。字典在 Python 3.6 之后开始维护元素对的顺序，因此上面的例子中键值对出现的顺序和它们被添加到字典中的顺序相同。以上示例也说明，len 函数对字典的功能与对其他集合的功能相同。

字典既有运算符，又有方法。表 1-7 和表 1-8 分别展示了它们。keys、values 和 items 方法均会返回包含相应值的对象。可以使用 list 函数将字典转换成列表。在表 1-8 中可以看到，get 方法有两种版本。如果键没有出现在字典中，get 会返回 None。然而，第二个可选参数可以返回特定值。

表 1-7　Python 字典支持的运算

运　算　名	运　算　符	解　　　释
[]	a_dict[k]	返回与 k 相关联的值，如果没有则报错
in	key in a_dict	如果 key 在字典中，返回 True，否则返回 False
del	del a_dict[key]	从字典中删除 key 的键-值对

表 1-8   Python 字典提供的方法

方法名	用 法	解 释
keys	a_dict.keys()	返回包含字典中所有键的 dict_keys 对象
values	a_dict.values()	返回包含字典中所有值的 dict_values 对象
items	a_dict.items()	返回包含字典中所有键–值对的 dict_items 对象
get	a_dict.get(k)	返回 k 对应的值，如果没有则返回 None
get	a_dict.get(k, alt)	返回 k 对应的值，如果没有则返回 alt

```
>>> phone_ext={"david": 1410, "brad": 1137, "roman": 1171}
>>> phone_ext
{'david': 1410, 'brad': 1137, 'roman': 1171}
>>> phone_ext.keys()
dict_keys(['david', 'brad', 'roman'])
>>> list(phone_ext.keys())
['david', 'brad', 'roman']
>>> phone_ext.values()
dict_values([1410, 1137, 1171])
>>> list(phone_ext.values())
[1410, 1137, 1171]
>>> phone_ext.items()
dict_items([('david', 1410), ('brad', 1137), ('roman', 1171)])
>>> list(phone_ext.items())
[('david', 1410), ('brad', 1137), ('roman', 1171)]
>>> phone_ext.get("kent")
>>> phone_ext.get("kent", "NO ENTRY")
'NO ENTRY'
```

1.4.2   输入与输出

程序经常需要与用户进行交互，以获得数据或者提供某种结果。目前的大多数程序使用对话框作为要求用户提供某种输入的方式。尽管 Python 确实有方法来创建这样的对话框，但是可以利用更简单的函数。Python 提供了一个函数，它使得我们可以要求用户输入数据并且返回一个字符串的引用。这个函数就是 input。

input 函数接收一个字符串作为参数。由于该字符串包含有用的文本来提示用户输入，因此它经常被称为**提示字符串**。举例来说，可以像下面这样调用 input。

```
>>> a_name = input("Please enter your name: ")
```

不论用户在提示字符串后面输入什么内容，都会被存储在 a_name 变量中。使用 input 函数，可以非常简便地写出程序，让用户输入数据，然后再对这些数据进行进一步处理。例如，在下面的两条语句中，第一条要求用户输入姓名，第二条则打印出对输入字符串进行一些简单处理后的结果。

```
>>> a_name = input("Please enter your name: ")
Please enter your name: Roman
```

```
>>> print("Your name in all capitals is", a_name.upper(),
...        "and has length", len(a_name))
Your name in all capitals is ROMAN and has length 5
```

需要注意的是，input 函数返回的值是一个字符串，它仅包含用户在提示字符串后面输入的所有字符。如果需要将这个字符串转换成其他类型，必须明确地提供类型转换。在下面的语句中，用户输入的字符串被转换成了浮点数，以便于后续的算术处理。

```
>>> s_radius = input("Please enter the radius of the circle ")
Please enter the radius of the circle 10
>>> s_radius
'10'
>>> radius = float(s_radius)
>>> radius
10.0
>>> diameter = 2 * radius
>>> diameter
20.0
```

格式化字符串

print 函数为输出 Python 程序的值提供了一种非常简便的方法。它接收零个或者多个参数，并且将单个空格作为默认分隔符来显示结果。通过设置 sep 这一实际参数可以改变分隔符。此外，每一次打印都默认以换行符结尾。这一行为可以通过设置实际参数 end 来更改。下面是一些例子。

```
>>> print("Hello")
Hello
>>> print("Hello", "World")
Hello World
>>> print("Hello", "World", sep="***")
Hello***World
>>> print("Hello", "World", end="***")
Hello World***>>>
```

更多地控制程序的输出格式往往十分有用。幸运的是，Python 提供了另一种叫作**格式化字符串**的方式。格式化字符串是一个模板，其中包含保持不变的单词或空格，以及之后插入的变量的占位符。例如，下面的语句包含 is 和 years old.，但是名字和年龄会根据运行时变量的值而发生改变。

```
>>> print(a_name, "is", age, "years old.")
```

使用格式化字符串，可以将上面的语句重写成下面的语句。

```
>>> print("%s is %d years old." % (a_name, age))
```

这个简单的例子展示了一个新的字符串表达式。%是字符串运算符，被称作**格式化运算符**。表达式的左边部分是模板（也叫格式化字符串），右边部分则是一系列用于格式化字符串的值。

需要注意的是，右边的值的个数与格式化字符串中 % 的个数一致。这些值将依次从左到右地被换入格式化字符串。

我们进一步观察这个格式化表达式的左右两部分。格式化字符串可以包含一个或者多个转换声明。转换字符告诉格式化运算符，什么类型的值会被插入到字符串中的相应位置。在上面的例子中，%s 声明了一个字符串，%d 则声明了一个整数。其他可能的类型声明还包括 i、u、f、e、g、c 和 %。表 1-9 总结了所有的类型声明。

表 1-9　格式化字符串可用的类型声明

字　　符	输出格式
d、i	整数
u	无符号整数
f	m.dddd 格式的浮点数
e	m.ddddE+/-xx 格式的浮点数
E	m.ddddE+/-xx 格式的浮点数
g	对指数小于 -4 或者大于 5 的使用 %e，否则使用 %f
c	单个字符
s	字符串，或者任意可以通过 str 函数转换成字符串的 Python 数据对象
%	插入一个常量 % 符号

我们还可以在 % 和格式化字符之间加入一个格式化修改符。格式化修改符可以根据给定的宽度对值进行左对齐或者右对齐，也可以通过小数点之后的一些数字来指定宽度。表 1-10 解释了这些格式化修改符。

表 1-10　格式化修改符

修　改　符	例　　子	解　　释
数字	%20d	将值放在 20 个字符宽的区域中
-	%-20d	将值放在 20 个字符宽的区域中，并且左对齐
+	%+20d	将值放在 20 个字符宽的区域中，并且右对齐
0	%020d	将值放在 20 个字符宽的区域中，并在前面补上 0
.	%20.2f	将值放在 20 个字符宽的区域中，并且保留小数点后 2 位
(name)	%(name)d	从字典中获取 name 键对应的值

格式化运算符的右边是将插入格式化字符串的一些值。这个集合可以是元组或者字典。如果这个集合是元组，那么值就根据位置次序被插入。也就是说，元组中的第一个元素对应格式化字符串中的第一个格式化字符。如果这个集合是字典，那么值就根据它们对应的键被插入，并且所有的格式化字符必须使用 (name) 修改符来指定键名。

```
>>> price = 24
>>> item = "banana"
>>> print("The %s costs %d cents" % (item,  price))
The banana costs 24 cents
>>> print("The %+10s costs %5.2f cents" % (item, price))
The      banana costs 24.00 cents
>>> print("The %+10s costs %10.2f cents" % (item, price))
The      banana costs      24.00 cents
>>> itemdict = {"item": "banana", "cost": 24}
>>> print("The %(item)s costs %(cost)7.1f cents" % itemdict)
The banana costs     24.0 cents
```

除了格式化字符串可以使用格式化字符和修改符之外，Python 的字符串还包含了一个 `format` 方法。该方法可以与新的 `Formatter` 类结合起来使用，从而实现复杂字符串的格式化。

```
>>> print("The {} costs {} cents".format(item, price))
The banana costs 24 cents
>>> print("The {:s} costs {:d} cents".format(item, price))
The banana costs 24 cents
```

Python 3.6 引入了 f-strings，可以利用变量名来代替占位符。格式化转换符仍然可以在 f-string 中使用，但是对齐符号与之前占位符中使用的不同（如表 1-11 所示）。我们将在本书的后续内容中使用这种格式化方法。

表 1-11 f-string 格式化

修 改 符	例 子	解 释
数字	:20d	将值放在 20 个字符宽的区域中
<	:<20d	将值放在 20 个字符宽的区域中，并且左对齐
>	:>20d	将值放在 20 个字符宽的区域中，并且右对齐
^	:^20d	将值放在 20 个字符宽的区域中央
0	:020d	将值放在 20 个字符宽的区域中，并在前面补上 0
.	:20.2f	将值放在 20 个字符宽的区域中，并且保留小数点后 2 位

```
>>> print(f"The {item:10} costs {price:10.2f} cents")
The banana      costs      24.00 cents
>>> print(f"The {item:<10} costs {price:<10.2f} cents")
The banana     costs 24.00      cents
>>> print(f"The {item:^10} costs {price:^10.2f} cents")
The   banana   costs   24.00    cents
>>> print(f"The {item:>10} costs {price:>10.2f} cents")
The     banana costs      24.00 cents
>>> print(f"The {item:>10} costs {price:>010.2f} cents")
The     banana costs 0000024.00 cents
>>> itemdict = {"item": "banana", "price": 24}
>>> print(f"Item:{itemdict['item']:.>10}\n" +
...       f"Price:{'$':.>4}{itemdict['price']:5.2f}")
Item:....banana
Price:...$24.00
```

读者可以在 Python 库参考手册中了解关于这些特性的更多内容。

1.4.3   控制结构

正如前文所述，算法需要两个重要的控制结构：迭代和分支。Python 通过多种方式支持这两种控制结构。程序员可以根据需要选择最有效的结构。

对于迭代，Python 提供了标准的 while 语句以及非常强大的 for 语句。while 语句会在给定条件为真时重复执行一段代码，如下所示。

```
>>> counter = 1
>>> while counter <= 5:
...     print("Hello, world")
...     counter = counter + 1
...
Hello, world
Hello, world
Hello, world
Hello, world
Hello, world
```

这段代码将 "Hello, world" 打印了 5 遍。Python 会在每次重复执行前计算 while 语句中的条件表达式。如果条件结果为 True，则会执行循环体内的代码。由于 Python 本身要求强制缩进，因此可以非常容易地看清楚 while 语句的结构。

while 语句是非常通用的迭代结构，我们在很多不同的算法中会用到它。在很多情况下，迭代过程由复合条件来控制。

```
while counter <= 10 and not done:
...
```

在这个例子中，迭代语句只有在上面两个条件都满足的情况下才会被执行。变量 counter 的值需要小于或等于 10，并且变量 done 的值需要为 False（not False 就是 True），因此 True and True 的最后结果才是 True。

while 语句在众多情况下都非常有用，另一个迭代结构 for 语句则可以很好地和 Python 的各种集合结合在一起使用。for 语句可以用于遍历一个序列集合的每个成员，如下所示。

```
>>> for item in [1, 3, 6, 2, 5]:
...     print(item)
...
1
3
6
2
5
```

for 语句将列表 [1,3,6,2,5] 中的每一个值依次赋给变量 item。然后，迭代语句就会被执行。这种做法对任意的序列集合（列表、元组以及字符串）都有效。

for 语句的一个常见用法是在一定的值范围内进行有限次数的迭代。下面的语句会调用 print 函数 5 次。range 函数会返回一个包含序列 0、1、2、3、4 的范围对象，然后每个值都会被赋给变量 item。接着，Python 会计算该值的平方并且打印结果。

```
>>> for item in range(5):
...     print(item ** 2)
...
0
1
4
9
16
```

for 语句的另一个非常有用的使用场景是处理字符串中的每一个字符。下面的代码段遍历一个字符串列表，并且将每一个字符串中的每一个字符都添加到结果列表中。最终的结果就是一个包含所有字符串的所有字符的列表。

```
>>> word_list = ["cat", "dog", "rabbit"]
>>> letter_list = []
>>> for a_word in word_list:
...     for a_letter in a_word:
...         letter_list.append(a_letter)
...
>>> letter_list
['c', 'a', 't', 'd', 'o', 'g', 'r', 'a', 'b', 'b', 'i', 't']
```

分支语句允许程序员进行询问，然后根据结果采取不同的行动。绝大多数的编程语言提供两种有用的分支结构：if 以及 if...else。以下是使用 if...else 语句的一个简单的二元分支示例。

```
>>> import math
>>> n = 16
>>> if n < 0:
...     print("Sorry, value is negative")
... else:
...     print(math.sqrt(n))
...
4.0
```

在这个例子中，Python 会检查 n 所指向的对象是否小于 0。如果是，就会打印一条消息说其为负值；否则会执行 else 分支来计算它的平方根。

和其他所有控制结构一样，分支结构支持嵌套，一个问题的结果能帮助决定是否需要继续问下一个问题。例如，假设 score 是指向计算机科学考试分数的变量。

```
>>> if score >= 90:
...     print("A")
... else:
...     if score >= 80:
...         print("B")
...     else:
...         if score >= 70:
...             print("C")
...         else:
...             if score >= 60:
...                 print("D")
...             else:
...                 print("F")
```

这一代码段通过打印字母等级来对变量 score 进行分类。如果分数大于或等于 90，这一语句会打印 A；如果小于 90（else），会接着问下一个问题。如果分数大于或等于 80，因为小于 90，所以它一定介于 80 和 89 之间，那么语句就会打印 B。可以发现，Python 的缩进模式帮助我们在不需要额外语法元素的情况下有效地关联对应的 if 和 else。

另一种表达嵌套分支的语法是使用 elif 关键字。将 else 和下一个 if 结合起来，可以减少额外的嵌套层次。注意，最后的 else 仍然是必需的，它用来在所有分支条件都不满足的情况下提供默认分支。

```
>>> if score >= 90:
...     print("A")
... elif score >= 80:
...     print("B")
... elif score >= 70:
...     print("C")
... elif score >= 60:
...     print("D")
... else:
...     print("F")
```

Python 也有单路分支结构，即 if 语句。如果条件为真，就会执行相应的代码；如果条件为假，程序会跳过 if 语句，执行下面的语句。例如，下面的代码段会首先检查变量 n 的值是否为负。如果值为负，那么就取它的绝对值，再计算它的平方根。

```
>>> if n < 0:
...     n = math.abs(n)
...
>>> print(math.sqrt(n))
```

列表可以使用迭代结构和分支结构来创建。这种方式被称为**列表解析式**。通过列表解析式，可以根据一些处理和分支标准轻松创建列表。举例来说，如果想创建一个包含前 10 个完全平方数的列表，可以使用以下 for 语句。

```
>>> sq_list = []
>>> for x in range(1, 11):
...     sq_list.append(x * x)
...
>>> sq_list
[1, 4, 9, 16, 25, 36, 49, 64, 81, 100]
```

使用列表解析式，只需一行代码即可创建完成。

```
>>> sq_list = [x * x for x in range(1, 11)]
>>> sq_list
[1, 4, 9, 16, 25, 36, 49, 64, 81, 100]
```

变量 x 会依次取由 for 语句指定的 1 到 10 为值。之后，计算 x*x 的值并将结果添加到正在构建的列表中。

列表解析式也允许添加一个分支语句来控制添加到列表中的元素，如下所示。

```
>>> sq_list=[x * x for x in range(1,11) if x % 2 != 0]
>>> sq_list
[1, 9, 25, 49, 81]
```

这一列表解析式构建的列表只包含 1 到 10 中奇数的平方数。任意支持迭代的序列都可用于列表解析式。

```
>>>[ch.upper() for ch in "comprehension" if ch not in "aeiou"]
['C', 'M', 'P', 'R', 'H', 'N', 'S', 'N']
```

1.4.4 异常处理

在编写程序时通常会遇到两种错误。第一种是语法错误，也就是说，程序员在编写语句或者表达式时出错。例如，在写 for 语句时忘记加冒号。

```
>>> for i in range(10)
  File "<stdin>", line 1
    for i in range(10)
                      ^
SyntaxError: invalid syntax
```

在这个例子中，Python 解释器发现，由于语句不符合 Python 语法规范，因此它无法执行这条指令。初学者经常会犯语法错误。

第二种是逻辑错误，即程序能执行完成但返回了错误的结果。这可能是由于算法本身有错，或者程序员没有正确地实现算法。有时，逻辑错误会导致诸如除以 0、越界访问列表等非常严重的情况。这些逻辑错误会导致运行时错误，进而导致程序终止运行。通常，这些运行时错误被称为**异常**。

许多初级程序员简单地把异常等同于引起程序终止的严重运行时错误。然而，大多数编程语言提供了让程序员能够处理这些错误的方法。此外，程序员也可以在检测到程序执行有问题的情况下自己创建异常。

当异常发生时，我们称程序"抛出"异常。可以用 `try` 语句来"处理"被抛出的异常。例如，以下代码段要求用户输入一个整数，然后从数学库中调用平方根函数。如果用户输入了一个大于或等于 0 的值，那么其平方根就会被打印出来。但是，如果用户输入了一个负数，平方根函数就会报告 `ValueError` 异常。

```
>>> import math
>>> a_number = int(input("Please enter an integer "))
Please enter an integer -23
>>> print(math.sqrt(a_number))
Traceback (most recent call last):
  File "<stdin>", line 1, in <module>
ValueError: math domain error
```

可以在 `try` 语句块中调用 `print` 函数来处理这个异常。对应的 `except` 语句块"捕捉"到这个异常，并且为用户打印一条提示消息。

```
>>> try:
...     print(math.sqrt(a_number))
... except:
...     print("Bad value for the square root function")
...     print("Using the absolute value instead")
...     print(math.sqrt(abs(a_number)))
...
Bad value for the square root function
Using the absolute value instead
4.795831523312719
```

`except` 会捕捉到 `sqrt` 抛出的异常并打印提示消息，然后会使用对应数字的绝对值来保证 `sqrt` 的参数非负。这意味着程序并不会终止，而是继续执行后续语句。

程序员也可以使用 `raise` 语句来触发运行时异常。例如，可以先检查值是否为负，并在值为负时抛出异常，而不是给 `sqrt` 函数提供负数。下面的代码段显示了创建新的 `RuntimeError` 异常的结果。注意，程序仍然会终止，但是导致其终止的异常是由我们自己手动创建的。

```
>>> if a_number < 0:
...     raise RuntimeError("You can't use a negative number")
... else:
...     print(math.sqrt(a_number))
...
Traceback (most recent call last):
  File "<stdin>", line 2, in <module>
RuntimeError: You can't use a negative number
```

除了 `RuntimeError` 以外，还可以抛出很多不同类型的异常。请查看 Python 参考手册，了解完整的异常类型以及如何自己创建异常。

1.4.5 定义函数

之前的过程抽象例子调用了 Python 数学模块中的 `sqrt` 函数来计算平方根。通常来说，可以通过定义函数来隐藏任何计算的细节。函数的定义需要一个函数名、一系列参数以及一个函数体。函数也可以显式地返回一个值。例如，下面定义的简单函数会返回传入值的平方。

```
>>> def square(n):
...     return n ** 2
...
>>> square(3)
9
>>> square(square(3))
81
```

这个函数定义包含函数名 `square` 以及一个括号包含的形式参数列表。在这个函数中，n 是唯一的形式参数，这意味着 `square` 函数只需要一个输入参数就能完成任务。计算 n**2 并返回结果的细节被隐藏起来。如果要调用 `square` 函数，可以为其提供一个实际参数值（在本例中是 3 ），并要求 Python 环境计算。注意，`square` 函数的返回值可以作为参数传递给另一个函数调用。

运用著名的牛顿迭代法（也称牛顿−拉弗森方法，因艾萨克·牛顿和约瑟夫·拉弗森而得名），可以自己实现平方根函数。用于近似求解平方根的牛顿迭代法使用迭代计算的方法来求解正确的结果。

$$newguess = \frac{1}{2} \times (oldguess + \frac{n}{oldguess})$$

以上公式接收一个值 n，并且通过在每一次迭代中将 newguess 赋值给 oldguess 来求更近似的平方根值。初次猜测的平方根是 n/2。代码清单 1-1 展示了该函数的定义，它接收值 n 并且返回 20 轮迭代之后 n 的平方根。牛顿迭代法的细节都隐藏在函数定义之中，用户不需要知道任何实现细节就可以调用该函数来求解平方根。代码清单 1-1 同时也展示了代码注释符#的用法。任何跟在#之后一行内的字符都是注释。Python 解释器不会执行这些注释。

代码清单 1-1　通过牛顿迭代法求解平方根

```
1   def square_root(n):
2       root = n/2 # 初次猜测的平方根是n/2
3       for k in range(20):
4           root = (1/2)*(root + (n / root))
5       return root
```

```
>>> square_root(9)
3.0
>>> square_root(4563)
67.54998149518622
```

1.4.6 Python 面向对象编程：定义类

前文说过，Python 是一门面向对象的编程语言。到目前为止，我们已经使用了一些内建的类来展示数据和控制结构的例子。面向对象编程语言最强大的一项特性是允许程序员（问题求解者）创建全新的类来对求解问题所需的数据进行建模。

我们之前使用了抽象数据类型来对数据对象的状态及行为进行逻辑描述。通过构建实现抽象数据类型的类，程序员可以利用抽象过程，同时为真正在程序中运用抽象提供必要的细节。每当需要实现抽象数据类型时，就可以创建新类。

1. Fraction 类

可以通过构建一个实现抽象数据类型 Fraction 的类来展示如何实现用户自定义的类。Python 已经提供了很多数值类，但有些时候，我们需要创建类似于分数的数据对象。

像 $\dfrac{3}{5}$ 这样的分数由两部分组成。上面的值称作分子，可以是任意整数；下面的值称作分母，可以是任意大于 0 的整数（负的分数带有负的分子）。尽管可以用浮点数来近似表示分数，但我们在此希望能精确表示分数的值。

Fraction 对象支持的运算应与其他数值类型一样，包括加、减、乘、除；也需要能够使用标准的斜线形式来表示分数，比如 3/5。此外，所有的分数方法都应该返回结果的最简形式。这样一来，不论进行何种运算，最后的结果都是最简分数。

在 Python 中定义新类的做法是，提供一个类名以及一系列与函数定义语法类似的方法定义。以下是一个方法定义框架。

```
class Fraction:
    # 方法定义
```

所有类都应该首先提供构造方法。构造方法定义了数据对象的创建方式。要创建一个 Fraction 对象，需要提供分子和分母两部分数据。在 Python 中，构造方法总是命名为__init__（即在 init 的前后分别有两个下划线），如代码清单 1-2 所示。

代码清单 1-2 Fraction 类及其构造方法

```
1    class Fraction:
2        """Fraction 类"""
3        def __init__(self, top, bottom):
4            """构造方法定义"""
5            self.num = top
6            self.den = bottom
```

注意，形式参数列表包含 3 项。`self` 是一个总是指向对象本身的特殊参数，它必须是第一个形式参数。然而，在调用方法时，从来不需要提供相应的实际参数。如前所述，分数需要分子与分母两部分状态数据。构造方法中的 `self.num` 定义了 `Fraction` 对象有一个叫作 `num` 的内部数据对象作为其状态的一部分。同理，`self.den` 定义了分母。这两个实际参数的值在初始时赋给了状态，使得新创建的 `Fraction` 对象能够知道其初始值。

要创建 `Fraction` 类的实例，必须调用构造方法。使用类名并且传入状态的实际值就能完成调用（注意，不要直接调用 `__init__`）。

```
my_fraction = Fraction(3, 5)
```

以上代码创建了一个对象，名为 `my_fraction`，值为 3/5。图 1-5 展示了这个对象。

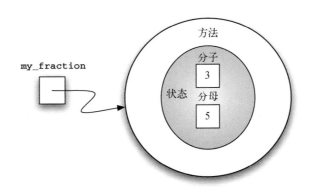

图 1-5　Fraction 类的一个实例

接下来需要实现这一抽象数据类型所支持的方法。考虑一下，如果试图打印 `Fraction` 对象，会发生什么呢？

```
>>> my_fraction = Fraction(3, 5)
>>> print(my_fraction)
<__main__.Fraction object at 0x103203eb8>
```

`Fraction` 对象 `my_fraction` 并不知道如何响应打印请求。`print` 函数要求对象将自己转换成一个可以写到输出端的字符串。`my_fraction` 唯一能做的就是显示存储在变量中的实际引用（地址本身）。这不是我们想要的结果。

有两种办法可以解决这个问题。一种是定义一个 `show` 方法，使得 `Fraction` 对象能够将自己作为字符串来打印。代码清单 1-3 展示了该方法的实现细节。如果像之前那样创建了一个 `Fraction` 对象，可以要求它显示自己（或者说，用合适的格式将自己打印出来）。不幸的是，这种方法并不通用。为了能正确打印，我们需要告诉 `Fraction` 类如何将自己转换成字符串。这也是 `print` 函数所需要的。

代码清单 1-3   show 方法

```
1    def show(self):
2        print(f"{self.num}/{self.den}")
```

```
>>> my_fraction = Fraction(3, 5)
>>> my_fraction.show()
3/5
>>> print(my_fraction)
<__main__.Fraction object at 0x40bce9ac>
```

Python 的所有类都提供了一套标准方法，但是它们可能没有正常工作。其中之一就是将对象转换成字符串的方法 __str__。这个方法的默认实现是像我们之前所见的那样返回实例的地址字符串。我们需要做的是为这个方法提供一个"更好"的实现，即**重写**默认实现，或者说重新定义该方法的行为。

为了达到这一目标，仅需定义一个名为 __str__ 的方法，并且提供新的实现，如代码清单 1-4 所示。除了特殊参数 self 之外，该方法定义不需要其他参数。新的方法使用 f-string 构建字符串表示。一旦要求 Fraction 对象转换成字符串，就会返回结果。注意该方法的各种用法。

代码清单 1-4   __str__ 方法

```
1    def __str__(self):
2        return f"{self.num}/{self.den}"
```

```
>>> my_fraction = Fraction(3, 5)
>>> print(my_fraction)
3/5
>>> print(f"I ate {my_fraction} of pizza")
I ate 3/5 of pizza
>>> my_fraction.__str__()
3/5
>>> str(my_fraction)
3/5
```

我们还可以重写 Fraction 类中的很多其他方法，其中最重要的一些是基本的数学运算。我们想创建两个 Fraction 对象，然后通过+运算符将它们相加。目前，如果试图将两个分数相加，会得到下面的结果。

```
>>> f1 = Fraction(1, 4)
>>> f2 = Fraction(1, 2)
>>> f1 + f2
Traceback (most recent call last):
  File "<stdin>", line 1, in <module>
TypeError: unsupported operand type(s) for +: 'Fraction' and 'Fraction'
```

如果仔细研究这个错误，会发现加号+无法处理 Fraction 的操作数。可以通过重写 Fraction 类的 __add__ 方法来修正这个错误。该方法需要两个参数，第一个仍然是 self，第二个代表了表达式中的另一个操作数。

```
f1.__add__(f2)
```

以上代码会要求 Fraction 对象 f1 将 Fraction 对象 f2 加到自己的值上。可以将其写成标准表达式：f1 + f2。

两个分数需要有相同的分母才能相加。确保分母相同最简单的方法是使用两个分母的乘积作为分母。

$$\frac{a}{b} + \frac{c}{d} = \frac{ad}{bd} + \frac{cb}{bd} = \frac{ad+cb}{bd}$$

代码清单 1-5 展示了具体实现。__add__ 方法返回一个包含分子和分母的新 Fraction 对象。可以利用这一方法来编写标准的分数数学表达式，将加法结果赋给变量，并且打印结果。

代码清单 1-5 __add__ 方法

```
1  def __add__(self, other_fraction):
2      new_num = self.num * other_fraction.den + \
3                  self.den * other_fraction.num
4      new_den = self.den * other_fraction.den
5
6      return Fraction(new_num, new_den)
```

```
>>> f1 = Fraction(1, 4)
>>> f2 = Fraction(1, 2)
>>> print(f1 + f2)
6/8
```

虽然这一方法能够与我们预想的一样执行加法运算，但是还有一处可以改进。1/4+1/2 的确等于 6/8，但它并不是最简分数。最好的表达应该是 3/4。为了保证结果总是最简分数，需要一个辅助方法来化简分数。该方法需要寻找分子和分母的**最大公因数**（greatest common divisor，GCD），然后将分子和分母分别除以最大公因数，最后的结果就是最简分数。

要寻找最大公因数，最著名的方法就是欧几里得算法，第 8 章将详细讨论。欧几里得算法指出，对于整数 m 和 n，如果 m 能被 n 整除，那么它们的最大公因数就是 n。然而，如果 m 不能被 n 整除，那么结果是 n 与 m 除以 n 的余数的最大公因数。代码清单 1-6 提供了一个迭代实现。注意，这种实现只有在分母为正的时候才有效。对于 Fraction 类，这是可以接受的，因为之前已经定义过，负的分数带有负的分子，其分母为正。

代码清单 1-6 gcd 函数

```
1  def gcd(m,n):
2      while m % n != 0:
```

```
3          m, n = n, m % n
4          return n
```

现在可以利用这个函数来化简分数。为了将一个分数转化成最简形式，需要将分子和分母都除以它们的最大公因数。对于分数 6/8，最大公因数是 2。因此，将分子和分母都除以 2，便得到 3/4。代码清单 1-7 展示了实现细节。

代码清单 1-7　改良版 __add__ 方法

```
1          def __add__(self, other_fraction):
2          new_num = self.num * other_fraction.den + \
3                      self.den * other_fraction.num
4          new_den = self.den * other_fraction.den
5          cmmn = gcd(new_num, new_den)
6          return Fraction(new_num // cmmn, new_den // cmmn)
```

```
>>> f1 = Fraction(1, 4)
>>> f2 = Fraction(1, 2)
>>> print(f1 + f2)
3/4
```

Fraction 对象现在已经有了两个非常有用的方法，如图 1-6 所示。

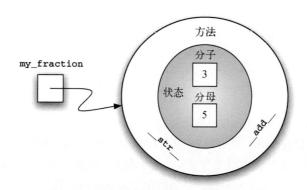

图 1-6　包含两个方法的 Fraction 类实例

为了允许两个分数互相比较，还需要添加一些方法。假设有两个 Fraction 对象，f1 和 f2。只有在它们是同一个对象的引用时，f1 == f2 才为 True。在当前实现中，分子和分母相同的两个不同的对象是不相等的。这被称为浅相等，如图 1-7 所示。

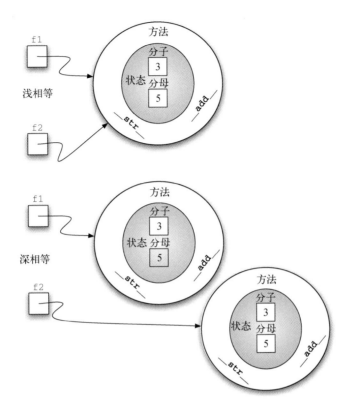

图 1-7 浅相等与深相等

通过重写__eq__方法，可以建立**深相等**——根据值来判断相等，而不是根据引用。__eq__是又一个在任意类中都有的标准方法。它比较两个对象，并且在它们的值相等时返回 True，否则返回 False。

在 Fraction 类中，可以通过统一两个分数的分母并比较分子来实现__eq__方法，如代码清单 1-8 所示。需要注意的是，其他的关系运算符也可以重写。例如，__le__方法提供判断小于等于的功能。

代码清单 1-8 __eq__方法

```
1  def __eq__(self, other_fraction):
2      first_num = self.num * other_ fraction.den
3      second_num = other_fraction.num * self.den
4
5      return first_num == second_num
```

代码清单 1-9 提供了到目前为止 Fraction 类的完整实现。剩余的算术方法及关系方法留作练习。

代码清单 1-9   Fraction 类的完整实现

```
1   class Fraction:
2       def __init__(self, top, bottom):
3           self.num = top
4           self.den = bottom
5
6       def __str__(self):
7           return f"{self.num}/{self.den}"
8
9       def __eq__(self, other_fraction):
10          first_num = self.num * other_fraction.den
11          second_num = other_fraction.num * self.den
12
13          return first_num == second_num
14
15      def __add__(self, other_fraction):
16          new_num = self.num * other_fraction.den \
17           + self.den * other_fraction.num
18          new_den = self.den * other_fraction.den
19          cmmn = gcd(new_num, new_den)
20          return Fraction(new_num // cmmn, new_den // cmmn)
21
22      def show(self):
23          print(f"{self.num}/{self.den}")
```

2. 继承：逻辑门与电路

本节介绍面向对象编程的另一个重要方面。**继承**使一个类与另一个类相关联，就像人们相互联系一样。孩子从父母那里继承了特征。与之类似，Python 中的**子类**可以从父类继承特征数据和行为。父类也称为**超类**。

图 1-8 展示了内建的 Python 集合类以及它们的相互关系。我们将这样的关系结构称为**继承层次结构**。举例来说，列表是有序集合的子类。因此，我们将列表称为子类，有序集合称为父类（或者分别称为子类列表和超类序列）。这种关系通常被称为 **Is-a 关系**（Is-a 意即列表是一个有序集合）。这意味着，列表从有序集合继承了重要的特征，也就是内部数据的顺序以及诸如拼接、重复和索引等方法。

列表、字符串和元组都是有序集合，它们都继承了共同的数据组织和操作。不过，根据数据是否同类以及集合是否可修改，它们彼此又有区别。子类从父类继承共同的特征，但是通过额外的特征彼此区分。

通过将类组织成继承层次结构，面向对象编程语言使以前编写的代码得以扩展到新的应用场景中。此外，这种继承结构有助于我们更好地理解类之间的各种关系，从而更高效地构建抽象表示。

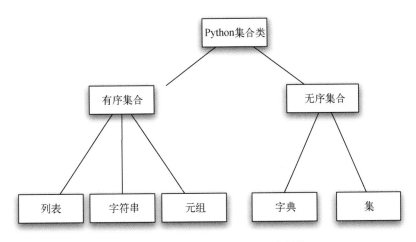

图 1-8 Python 集合类的继承层次结构

为了进一步探索这个概念，我们来构建一个**模拟**程序，用于模拟数字电路。逻辑门是这个模拟程序的基本构造单元，它们代表其输入和输出之间的布尔代数关系。一般来说，逻辑门都有单一的输出。输出值取决于提供的输入值。

与门（AND gate）有两个输入，每一个都是 0 或 1（分别代表 False 和 True）。如果两个输入都是 1，那么输出就是 1；如果至少有一个输入是 0，那么输出就是 0。或门（OR gate）也有两个输入。当至少有一个输入为 1 时，输出就为 1；当两个输入都是 0 时，输出是 0。

非门（NOT gate）与其他两种逻辑门不同，它只有一个输入。输出刚好与输入相反。如果输入是 0，输出就是 1。反之，如果输入是 1，输出就是 0。图 1-9 展示了每一种逻辑门的表示方法。每一种都有一张**真值表**，用于展示输入与输出的对应关系。

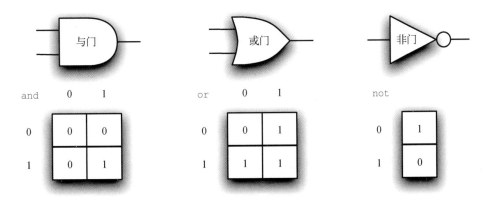

图 1-9 3 种逻辑门

通过不同的模式将这些逻辑门组合起来并提供一系列输入值，可以构建具有逻辑功能的电路。图 1-10 展示了一个包含两个与门、一个或门和一个非门的电路。两个与门的输出直接作为输入传给或门，然后其输出又输入给非门。如果在 4 个输入处（每个与门有两个输入）提供一系列值，那么非门就会输出结果。图 1-10 也展示了这一过程。

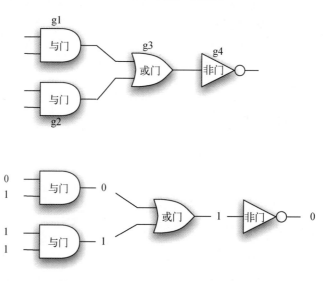

图 1-10　电路示例

为了实现电路，首先需要构建逻辑门的表示。逻辑门可以组织成图 1-11 所示的类继承层次结构。顶部的 LogicGate 类代表逻辑门的通用特性：逻辑门的标签和一个输出。下面一层子类将逻辑门分成两种：有一个输入的逻辑门和有两个输入的逻辑门。再往下，就是具体的逻辑门。

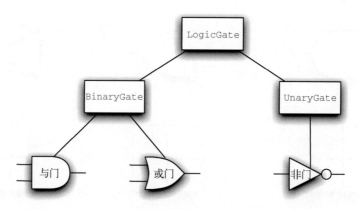

图 1-11　逻辑门的继承层次结构

我们可以从实现最通用的类 LogicGate 开始来逐一实现这些类。如前所述，每一个逻辑门都有一个用于识别的标签以及一个输出。此外，还需要一些方法，以便用户获取逻辑门的标签。

　　所有逻辑门还需要能够知道自己的输出值。这就要求逻辑门能够根据当前的输入值进行合理的逻辑运算。为了生成结果，逻辑门需要知道自己对应的逻辑运算是什么。这意味着需要调用一个方法来进行逻辑运算。代码清单 1-10 展示了 LogicGate 类的完整实现。

代码清单 1-10　超类 LogicGate

```
1   class LogicGate:
2       def __init__(self, lbl):
3           self.label = lbl
4           self.output = None
5
6       def get_label(self):
7           return self.label
8
9       def get_output(self):
10          self.output = self.perform_gate_logic()
11          return self.output
```

　　目前我们还不用实现 perform_gate_logic 函数。原因在于，我们不知道每一种逻辑门将如何进行自己的逻辑运算。这些细节会交由继承层次结构中的每一个逻辑门来实现。这是一种在面向对象编程中非常强大的思想——我们创建了一个使用尚未存在的代码的方法。参数 self 是指向实际调用方法的逻辑门对象的引用。任何添加到继承层次结构中的新逻辑门都仅需要实现之后会被调用的 perform_gate_logic 函数。一旦实现完成，逻辑门就可以提供运算结果。扩展已有的继承层次结构并提供使用新类所需的特定函数，这种能力对于重用代码来说非常重要。

　　我们依据输入的个数来为逻辑门分类。如图 1-11 所示，与门和或门有两个输入，非门只有一个输入。LogicGate 有两个超类：BinaryGate，有两个输入；UnaryGate，仅有一个输入。在计算机电路设计中，这些输入被称作"引脚"（pin），我们在实现中也使用这一术语。

　　代码清单 1-11 和代码清单 1-12 实现了这两个类。两个类中的构造方法首先通过父类的 __init__ 方法来显式调用父类的构造方法。当创建 BinaryGate 类的实例时，首先要初始化所有从 LogicGate 中继承来的数据项，在这里就是逻辑门的标签。接着，构造方法添加两个输入（pin_a 和 pin_b）。这是在构建类继承层次结构时常用的模式。子类的构造方法需要先调用父类的构造方法，然后再初始化自己独有的数据。

代码清单 1-11　BinaryGate 类

```
1   class BinaryGate(LogicGate):
2       def __init__(self, lbl):
3           LogicGate.__init__(self, lbl)
4           self.pin_a = None
5           self.pin_b = None
6
```

```
7        def get_pin_a(self):
8            return int(input(f"Enter pin A input for gate \
9                {self.get_label()}: "))
10
11       def get_pin_b(self):
12           return int(input(f"Enter pin B input for gate \
13               {self.getLabel()}: "))
```

代码清单 1-12　UnaryGate 类

```
1    class UnaryGate(LogicGate):
2        def __init__(self, lbl):
3            LogicGate.__init__(self, lbl)
4            self.pin = None
5
6        def get_pin(self):
7            return int(input(f"Enter pin input for gate \
8                {self.getLabel()}: "))
```

Python 提供了一个 super 方法用于显式指定父类。这是一种更为通用的机制,被广泛使用,尤其是当一个类有多个父类时。在上面的例子中,LogicGate.__init__(self, lbl) 可以被 super().__init__(lbl)、super(UnaryGate, self).__init__(lbl) 或者 super().__init__(" UnaryGate", lbl) 替换。我们不在此讨论更深入的细节。

BinaryGate 类增添的唯一行为就是取得两个输入值。由于这些值来自外部,因此通过一条输入语句来要求用户提供。UnaryGate 类也有类似的实现,不过它只有一个输入。

有了不同输入个数的逻辑门所对应的通用类之后,就可以构建具有独特行为的具体逻辑门。例如,由于与门需要两个输入,因此 AndGate 是 BinaryGate 的子类。和之前一样,构造方法的第一行调用父类(BinaryGate)的构造方法,该构造方法又会调用它的父类(LogicGate)的构造方法。注意,由于已经继承了两个输入、一个输出和逻辑门标签,因此 AndGate 类并没有添加任何新的数据。

AndGate 类唯一需要添加的是布尔运算行为。这就是提供 perform_gate_logic 的地方。对于与门来说,perform_gate_logic 首先需要获取两个输入值,然后只有在它们都为 1 时返回 1。代码清单 1-13 展示了 AndGate 类的完整实现。

代码清单 1-13　AndGate 类

```
1    class AndGate(BinaryGate):
2        def __init__(self, lbl):
3            super().__init__(lbl)
4
5        def perform_gate_logic(self):
6            a = self.get_pin_a()
7            b = self.get_pin_b()
```

```
8              if a == 1 and b == 1:
9                  return 1
10             else:
11                 return 0
```

我们可以创建一个实例并进行计算来验证 AndGate 类的行为。下面的代码展示了 AndGate 对象 g1，它有一个内部标签"G1"。当调用 get_output 方法时，该对象必须首先调用它的 perform_gate_logic 方法，这个方法会获取两个输入值。一旦取得输入值，就会显示正确的结果。

```
>>> g1 = AndGate("G1")
>>> g1.get_output()
Enter pin A input for gate G1: 1
Enter pin B input for gate G1: 0
0
```

或门和非门都能以相同的方式来构建。OrGate 也是 BinaryGate 的子类，NotGate 则会继承 UnaryGate 类。由于计算逻辑不同，这两个类都需要提供自己的 perform_gate_logic 函数。

要使用逻辑门，可以先构建这些类的实例，然后查询结果（这需要用户提供输入）。

```
>>> g2 = OrGate("G2")
>>> g2.get_output()
Enter pin A input for gate G2: 1
Enter pin B input for gate G2: 1
1
>>> g2.get_output()
Enter pin A input for gate G2: 0
Enter pin B input for gate G2: 0
0
>>> g3 = NotGate("G3")
>>> g3.get_output()
Enter pin input for gate G3: 0
1
```

有了基本的逻辑门之后，便可以开始构建电路。为此，需要将逻辑门连接在一起，前一个的输出是后一个的输入。为了做到这一点，我们要实现一个叫作 Connector 的新类。

Connector 类并不在逻辑门的继承层次结构中。但是，它会使用该结构，从而使每一个连接器的两端都有一个逻辑门（如图 1-12 所示）。这被称为 Has-a 关系（Has-a 意即"有一个"），它在面向对象编程中非常重要。前文用 Is-a 关系来描述子类与父类的关系，例如 UnaryGate 是一个 LogicGate。

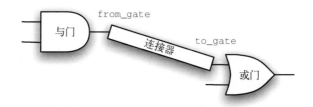

图 1-12   连接器将一个逻辑门的输出与另一个逻辑门的输入连接起来

Connector 与 LogicGate 是 **Has-a** 关系。这意味着连接器内部包含 LogicGate 类的实例，但是不在继承层次结构中。在设计类时，区分 **Is-a** 关系（需要继承）和 **Has-a** 关系（不需要继承）非常重要。

代码清单 1-14 展示了 Connector 类。每一个连接器对象都包含 from_gate 和 to_gate 两个逻辑门实例，数据值会从一个逻辑门的输出"流向"下一个逻辑门的输入。对 set_next_pin 的调用（实现如代码清单 1-15 所示）对于建立连接来说非常重要。需要将这个方法添加到逻辑门类中，以使每一个 to_gate 能够选择适当的输入。

代码清单 1-14   Connector 类

```
1    class Connector:
2        def __init__(self, fgate, tgate):
3            self.from_qate = fgate
4            self.to_gate = tgate
5            tgate.set_next_pin(self)
6        def get_from(self):
7            return self.from_gate
8        def get_to(self):
9            return self.to_gate
```

代码清单 1-15   set_next_pin 方法

```
1    def set_next_pin(self, source):
2        if self.pin_a == None:
3            self.pin_a = source
4        else:
5            if self.pin_b == None:
6                self.pin_b = source
7            else:
8                raise RuntimeError("Error: NO EMPTY PINS")
```

BinaryGate 类有两个输入，连接器只能连接其中一个。如果两个输入针脚都能连接，那么默认选择 pin_a。如果 pin_a 已经有了连接，就选择 pin_b。如果两个输入都已有连接，则无法连接逻辑门。

现在的输入来源有两个：外部以及上一个逻辑门的输出。这需要对方法 get_pin_a 和

get_pin_b 进行修改（请参考代码清单 1-16）。如果输入没有与任何逻辑门相连接（None），那就和之前一样要求用户输入。如果有了连接，就访问该连接并且获取 from_gate 的输出值。这会触发 from_gate 处理其逻辑。该过程会一直持续，直到获取所有输入并且最终的输出值成为正在查询的逻辑门的输入。在某种意义上，这个电路反向工作，以获得所需的输入，再计算最后的结果。

代码清单 1-16 修改后的 get_pin_a 方法

```
1    def get_pin_a(self):
2        if self.pin_a is None:
3            return input(
4                f"Enter pin A input for gate \
5                {self.getLabel()}: "
6            )
7        else:
8            return self.pin_a.get_from().get_output()
```

下面的代码段构造了图 1-10 中的电路。

```
>>> g1 = AndGate("G1")
>>> g2 = AndGate("G2")
>>> g3 = OrGate("G3")
>>> g4 = NotGate("G4")
>>> c1 = Connector(g1, g3)
>>> c2 = Connector(g2, g3)
>>> c3 = Connector(g3, g4)
```

两个与门（g1 和 g2）的输出与或门（g3）的输入相连接，或门的输出又与非门（g4）的输入相连接。非门的输出就是整个电路的输出。

```
>>> g4.get_output()
Enter pin A input for gate G1: 0
Enter pin B input for gate G1: 1
Enter pin A input for gate G2: 1
Enter pin B input for gate G2: 1
0
```

1.5 小结

- 计算机科学是研究如何解决问题的学科。
- 计算机科学利用抽象这一工具来表示过程和数据。
- 抽象数据类型通过隐藏数据的细节来使程序员能够管理问题的复杂度。
- Python 是一门强大、易用的面向对象编程语言。
- 列表、元组以及字符串是 Python 的内建有序集合。
- 字典和集是无序集合。

- 类使得程序员能够实现抽象数据类型。
- 程序员既可以重写标准方法，也可以构建新的方法。
- 类可以通过继承层次结构来组织。
- 类的构造方法总是先调用其父类的构造方法，然后才处理自己的数据和行为。

1.6　关键术语

f-string	Has-a 关系	Is-a 关系
self	编程	超类
抽象	抽象数据类型	重载
独立于实现	对象	方法
封装	格式化运算符	格式化字符串
过程抽象	集	继承
继承层次结构	接口	可计算
可修改性	类	列表
列表解析式	模拟	浅相等
深相等	数据抽象	数据结构
数据类型	算法	提示符
信息隐藏	异常	元组
真值表	子类	字典
字符串		

1.7　练习

1. 为校园里的人构建一个继承层次结构，包括教职员工及学生。他们有何共同之处？又有何区别？

2. 为银行账户构建一个继承层次结构。

3. 为不同类型的计算机构建一个继承层次结构。

4. 利用本章提供的类，以交互方式构建一个电路并对其进行测试。

5. 实现简单的方法 get_num 和 get_den，它们分别返回分数的分子和分母。

6. 如果所有分数从一开始就是最简形式会更好。修改 Fraction 类的构造方法，立即使用最大公因数来化简分数。注意，这意味着__add__不再需要化简结果。

7. 实现下列简单的算术运算：__sub__、__mul__和__truediv__。

8. 实现下列关系运算：__gt__、__ge__、__lt__、__le__和__ne__。

9. 修改 Fraction 类的构造方法，使其检查并确保分子和分母均为整数。如果任一不是整数，就抛出异常。

10. 我们假设负的分数是由负的分子和正的分母构成的。使用负的分母会导致某些关系运算符返回错误的结果。一般来说，这是多余的限制。请修改构造方法，使得用户能够传入负的分母，并且所有的运算符都能返回正确的结果。

11. 研究__radd__方法。它与__add__方法有何区别？何时应该使用它？请动手实现__radd__。

12. 研究__iadd__方法。它与__add__方法有何区别？何时应该使用它？请动手实现__iadd__。

13. 研究__repr__方法。它与__str__方法有何区别？何时应该使用它？请动手实现__repr__。

14. 研究其他类型的逻辑门（例如与非门、或非门、异或门）。将它们加入电路的继承层次结构。你需要额外添加多少代码？

15. 最简单的算术电路是半加器。研究简单的半加器电路并实现它。

16. 将半加器电路扩展为 8 位的全加器。

17. 本章展示的电路模拟是反向工作的。换句话说，给定一个电路，其输出结果是通过反向访问输入值来产生的，这会导致其他的输出值被反向查询。这个过程一直持续到外部输入值被找到，此时用户会被要求输入数值。修改当前的实现，使电路正向计算结果。当收到输入值的时候，电路就会生成输出结果。

18. 设计一个表示一张扑克牌的类，以及一个表示一副扑克牌的类。使用这两个类实现你最喜欢的扑克牌游戏。

19. 在网络上或报纸上找到一个数独游戏，并编写一个程序求解。

第 2 章

算法分析

2

2.1 本章目标

- ❑ 理解算法分析的重要性。
- ❑ 能够使用大 O 符号描述执行时间。
- ❑ 针对 Python 列表和字典的常见操作，理解用大 O 符号表示的执行时间。
- ❑ 理解 Python 数据的实现如何影响算法分析。
- ❑ 理解如何对简单的 Python 程序进行基准测试。

2.2 何谓算法分析

刚接触计算机科学的同学可能常常拿自己的程序和别人的做比较。你可能已经注意到了，计算机程序，尤其是简单的程序，经常看起来很相似。这就产生了一个有趣的问题：当两个看上去不同的程序解决同一个问题时，会有优劣之分吗？

要回答这个问题，我们首先需要清楚算法和实现它的程序是非常不同的。第 1 章说过，算法是为逐步解决问题而设计的一系列通用指令。它是解决该类问题任一实例的方法。给定某个输入，算法能产出对应的结果。程序则是用某种编程语言对算法编码。基于不同的程序员和编程语言，同一个算法可以对应许多程序。

为了进一步说明两者的区别，我们来看代码清单 2-1 中的函数。该函数解决了计算前 n 个整数之和这一问题。算法的思路是使用一个初始值为 0 的累加器变量，然后遍历 n 个整数，并将值逐一加到累加器上。

代码清单 2-1 计算前 n 个整数之和

```
1    def sum_of_n(n):
2        the_sum = 0
3        for i in range(1, n + 1):
4            the_sum = the_sum + i
```

```
5
6          return the_sum
```

代码清单 2-2 乍看有些奇怪,但是仔细观察后,你会发现这个函数所做的工作在本质上和代码清单 2-1 中的函数相同。之所以不能一眼看出来,是因为代码质量不够高。没有用好的变量名提高可读性,而且在累加时还使用了一条多余的赋值语句。

代码清单 2-2 计算前 n 个整数之和的另一种写法

```
1    def foo(tom):
2        fred = 0
3        for bill in range(1, tom + 1):
4            barney = bill
5            fred = fred + barney
6
7        return fred
```

关于之前提出的问题:“哪一个程序更好?”答案其实取决于读者的标准。如果关注可读性,那么 sum_of_n 函数显然比 foo 函数更好。实际上,你可能已经在编程入门课上看过很多类似的例子,毕竟入门课的目标之一就是教你写出易读、易理解的程序。然而除了可读性,我们还对算法本身的特质感兴趣。(我们当然希望读者继续努力写出易读、易理解的代码。)

算法分析关心的是基于所使用的计算资源对算法进行比较。我们说甲算法比乙算法好,依据是甲算法有更高的资源利用率或使用更少的资源。从这个角度来看,上面两个函数其实差不多,它们本质上都利用同一个算法解决累加问题。

很重要的一个问题是:计算资源究竟指什么?存在两种思考角度。一是考虑算法在解决问题时要占用的空间或内存。解决方案所需的空间总量一般由问题实例本身决定。但有些算法也会有特定的空间需求,在遇到此类情况时,我们会非常仔细地解释相应的变化。

另一种角度是根据算法执行所需的时间进行分析和比较。这个指标有时称作算法的**执行时间**或**运行时间**。衡量 sum_of_n 函数执行时间的一种方法是做基准分析。也就是说,我们会记录程序计算出结果所消耗的实际时间。在 Python 中,我们可以记录下函数在系统中执行的开始时间和结束时间。time 模块中有一个 time 函数,它会以秒为单位返回自特定时间点起到当前的系统时钟时间。在需要分析的函数首尾各调用一次 time 函数,两者之差即为函数的执行时间。

代码清单 2-3 展示了嵌入 time 函数进行统计的 sum_of_n 函数。sum_of_n 会返回一个由结果与计算时间(单位为秒)构成的元组。如果调用 5 次计算前 10 000 个整数之和,会得到以下结果。

```
>>> for i in range(5):
...     print("Sum is %d required %10.7f seconds" % sum_of_n_2(10000))
Sum is 50005000 required  0.0018950 seconds
```

```
Sum is 50005000 required  0.0018620 seconds
Sum is 50005000 required  0.0019171 seconds
Sum is 50005000 required  0.0019162 seconds
Sum is 50005000 required  0.0019360 seconds
```

代码清单 2-3   对求和进行计时

```
1    import time
2
3    def sum_of_n_2(n):
4        start = time.time()
5        the_sum = 0
6        for i in range(1, n + 1):
7            the_sum = the_sum + i
8        end = time.time()
9        return the_sum, end - start
```

5 次函数的执行时间基本一致，平均约为 0.0019 秒。如果计算前 100 000 个整数之和，又会如何呢？

```
>>> for i in range(5):
...     print("Sum is %d required %10.7f seconds" % sum_of_n_2(100000))
...
Sum is 5000050000 required  0.0199420 seconds
Sum is 5000050000 required  0.0180972 seconds
Sum is 5000050000 required  0.0194821 seconds
Sum is 5000050000 required  0.0178988 seconds
Sum is 5000050000 required  0.0188949 seconds
```

尽管每次执行时间都变长了，但还是很一致，差不多都是之前的 10 倍。如果 n 取 1 000 000，结果如下。

```
>>> for i in range(5):
...     print("Sum is %d required %10.7f seconds" % sum_of_n_2(1000000))
...
Sum is 500000500000 required  0.1948988 seconds
Sum is 500000500000 required  0.1850290 seconds
Sum is 500000500000 required  0.1809771 seconds
Sum is 500000500000 required  0.1729250 seconds
Sum is 500000500000 required  0.1646299 seconds
```

这次的平均执行时间差不多又是之前的 10 倍。

代码清单 2-4 给出了解决累加问题的另一种方法。函数 sum_of_n_3 使用下面的公式计算前 n 个整数之和，避免了循环。

$$\sum_{i=1}^{n} i = \frac{n(n+1)}{2}$$

代码清单 2-4　无循环计算前 n 个整数之和

```
1    def sum_of_n3(n):
2        return (n * (n + 1)) / 2
```

如果对 `sum_of_n_3` 做同样的基准测试，n 分别取 10 000、100 000、1 000 000、10 000 000 和 100 000 000，会得到以下结果。

```
Sum is 50005000 required 0.00000095 seconds
Sum is 5000050000 required 0.00000191 seconds
Sum is 500000500000 required 0.00000095 seconds
Sum is 50000005000000 required 0.00000095 seconds
Sum is 5000000050000000 required 0.00000119 seconds
```

关于这个结果，有两点要注意。首先，所有的执行时间都比之前的例子短。其次，不管 n 取什么值，函数执行时间都很稳定。`sum_of_n_3` 的执行时间不受整数个数的影响。

以上基准测试结果的意义到底是什么呢？直觉上，循环方案由于存在重复步骤因而工作量更大。这可能是其耗时更久的原因。此外，循环方案的耗时会随着 n 一起增长。如果我们在另一台计算机上运行这个函数，或用另一种编程语言来实现，耗时很可能会变得不同。如果使用老旧的计算机，`sum_of_n_3` 的执行时间会更长。

我们需要一种更好的方式来描述算法的执行时间。基准测试计算的是执行算法的实际时间。由于它依赖特定的计算机、程序、时间、编译器与编程语言，因此并没有为我们提供一种很好的衡量方式。我们希望找到一种独立于程序或计算机的衡量指标。这样的指标能够帮助我们仅衡量算法本身的特性，并且可以比较不同实现下的算法。

2.2.1　大 O 记法

当我们试图摆脱程序或计算机的影响来描述算法的效率时，对算法的操作或步骤进行量化非常重要。如果将每一个步骤看成基本计算单位，那么算法的执行时间就可以表述为解决问题所需的步骤数。确定合适的基本计算单位很复杂，也依赖算法的实现。

对于之前的累加算法，计算总和所用的赋值语句的数目就是一个很好的基本计算单位。在 `sum_of_n` 函数中，赋值语句数是 1（`the_sum = 0`）加上 n（`the_sum = the_sum + i` 的运行次数）。我们可以将其定义成函数 T，令 $T(n)=1+n$。参数 n 常被称作**问题规模**，可以将函数解读为"当问题规模为 n 时，解决问题所需的时间是 $T(n)$，即需要 $1+n$ 步"。

在前面给出的累加函数中，用累加次数定义问题规模是合理的。我们可以说处理前 100 000 个整数的问题规模比处理前 1000 个整数的大。鉴于此，前者运行的时间比后者长就很合理。接下来揭示算法的执行时间如何随问题规模而变化。

　　计算机科学家将分析向前推进了一步。精确的步骤数并不是在 $T(n)$ 函数中起主导作用的因素。也就是说，随着问题规模的增长，$T(n)$ 函数的某一部分会比其余部分增长得更快。而起主导作用的部分最后会被用于比较。数量级函数描述的是在 n 增长时，$T(n)$ 增长最快的部分。**数量级**（order of magnitude）常被称作**大 O 记法**（O 指 order），记作 $O(f(n))$。它提供了计算所需实际步骤数的一个近似值。$f(n)$ 函数为 $T(n)$ 函数中起主导作用的部分提供了简单的表示。

　　对于 $T(n) = 1 + n$，随着 n 越来越大，常数 1 对最终结果的影响越来越小。如果要给出 $T(n)$ 的近似值，可以舍去 1，直接说执行时间是 $O(n)$。注意，1 对于 $T(n)$ 来说是重要的。但是随着 n 的增长，近似值在没有 1 的情况下也很精确。

　　再举个例子，假设某算法的步骤数是 $T(n) = 5n^2 + 27n + 1005$。当 n 很小时，例如 1 或 2，常数 1005 看起来是这个函数中起主导作用的部分。然而，随着 n 增长，n^2 变得更重要。实际上，当 n 很大时，另两项的作用对于最终结果来说就不显著了，因此可以忽略后两项而只关注 $5n^2$。另外，当 n 变大时，系数 5 的作用也不显著了。因此可以说，函数 $T(n)$ 的数量级是 $f(n) = n^2$，或者说是 $O(n^2)$。

　　累加的例子没有体现的一点是，算法的性能有时不仅依赖问题规模，还依赖数据值。对于这种算法，我们需要用**最坏情况**、**最好情况**和**平均情况**来描述性能。最坏情况指的是某一个数据集会让算法的性能极差；另一个数据集可能会让同一个算法的性能极好（最好情况）。大部分情况下，算法的性能介于两个极端之间（平均情况）。计算机科学家要理解这些区别，以免被某个特例误导。

　　在学习算法的过程中，表 2-1 所示的函数会经常出现。为了判断哪一个才是 $T(n)$ 的主导部分，我们必须了解它们在 n 变大时彼此有多大差别。

表 2-1　常见的大 O 函数

$f(n)$	名　　称
1	常数
$\log n$	对数
n	线性
$n \log n$	线性对数
n^2	平方
n^3	立方
2^n	指数

　　图 2-1 展示了表 2-1 中各个函数的图象。当 n 较小时，这些函数之间的界限不是很明确，很难看出谁起主导作用。但是随着 n 的增长，它们之间的差别就很明显了。

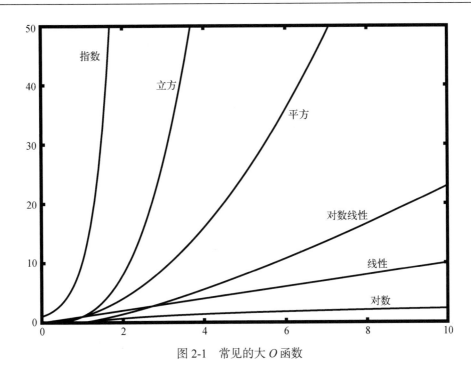

图 2-1 常见的大 O 函数

最后来看代码清单 2-5 所示的 Python 代码示例。尽管这个程序没有做实际工作，但我们可以借由它来学习如何对实际代码进行性能分析。

代码清单 2-5 Python 代码示例

```
1   a = 5
2   b = 6
3   c = 10
4   for i in range(n):
5       for j in range(n):
6           x = i * i
7           y = j * j
8           z = i * j
9   for k in range(n):
10      w = a * k + 45
11      v = b * b
12  d = 33
```

赋值操作的数量是 4 项之和：$T(n) = 3 + 3n^2 + 2n + 1$。第 1 项是常数 3，对应起始部分的 3 条赋值语句。第 2 项是 $3n^2$，因为有 3 条语句要在嵌套循环中重复 n^2 次。第 3 项是 $2n$，因为两条语句要循环 n 遍。第 4 项是常数 1，代表最后一条赋值语句。

$$T(n) = 3 + 3n^2 + 2n + 1 = 3n^2 + 2n + 4$$

很容易看出来，n^2 起主导作用，所以这段代码的时间复杂度是 $O(n^2)$。当 n 变大时，其他项以及主导项的系数都可以忽略。

图 2-2 展示了一部分常见的大 O 函数与前面讨论的 $T(n)$ 函数的对比情况。注意，$T(n)$ 一开始比立方函数大。然而，随着 n 的增长，立方函数很快就超越了 $T(n)$，而 $T(n)$ 和平方函数的增长越来越接近。

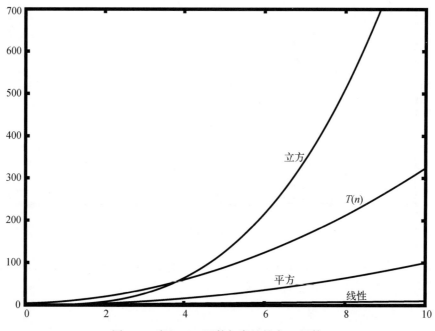

图 2-2　对比 $T(n)$ 函数与常见的大 O 函数

2.2.2　异序词检测示例

经典的异序词检测问题是展示不同数量级的算法的好例子。如果一个字符串只是重排了另一个字符串的字符，那么这个字符串就是另一个的异序词，比如 heart 与 earth，以及 python 与 typhon。为了简单一些，我们假设要检查的两个字符串长度相同，并且都是由 26 个英文字母的小写形式组成。我们的目标是编写一个能接收两个字符串并判断它们是否为异序词的布尔函数。

1. 方案 1：清点法

第一个方案是检查两个字符串的长度，看看第 1 个字符串的每个字符是否都出现在第 2 个字符串中。如果所有的字符都能对上，那么两个字符串肯定是异序词。清点是用 Python 中的特殊值 None 取代字符来实现的。但由于 Python 中的字符串是不可修改的，因此我们先要将第 2 个字符串转换成列表，然后在字符列表中逐个查找第 1 个字符串中的字符，如果找到了对应字符，就替换为 None。代码清单 2-6 给出了这个函数。

代码清单 2-6　实现字符清点

```
1   def anagram_solution_1(s1, s2):
2       still_oK = True
3       if len(s1) != len(s2):
4           still_ok = False
5
6       a_list = list(s2)
7       pos_1 = 0
8
9       while pos_1 < len(s1) and still_oK:
10          pos_2 = 0
11          found = False
12          while pos_2 < len(a_list) and not found:
13              if s1[pos_1] == a_list[pos_2]:
14                  found = True
15              else:
16                  pos_2 = pos_2 + 1
17          if found:
18              a_list[pos_2] = None
19          else:
20              Still_ok = False
21          pos_1 = pos_1 + 1
22
23      return still_ok
```

对算法进行分析时需要注意 s1 中的 n 个字符，检查每一个时都需要遍历 s2 中的 n 个字符。要匹配 s1 中的一个字符，列表中的 n 个位置都要被访问一次。因此，访问次数就成了从 1 到 n 的整数之和，这可以用以下公式来表示。

$$\sum_{i=1}^{n} i = \frac{n(n+1)}{2} = \frac{1}{2}n^2 + \frac{1}{2}n$$

当 n 变大时，起主导作用的是 n^2，而 $\frac{1}{2}$ 可以忽略。所以，这个方案的时间复杂度是 $O(n^2)$。

2. 方案 2：排序比较法

尽管 s1 与 s2 是不同的字符串，但只要由相同的字符构成，它们就是异序词。基于这一点，如果我们按照字母表顺序给字符排序，所有异序词字符串得到的结果将会是同一个字符串。代码清单 2-7 给出了这个方案的实现代码。在 Python 中，我们可以先将字符串转换为列表，然后使用内建的 sort 方法对列表排序。

代码清单 2-7　排序比较法

```
1   def anagram_solution_2(s1, s2):
2       a_list_1 = list(s1)
3       a_list_2 = list(s2)
4
```

```
5        a_list_1.sort()
6        a_list_2.sort()
7
8        pos = 0
9        matches = True
10
11       while pos < len(s1) and matches:
12           if a_list_1[pos] == a_list_2[pos]:
13               pos = pos + 1
14           else:
15               matches = False
16
17       return matches
```

乍看之下，由于在排序之后只需要遍历一次就可以比较 n 个字符，因此这个算法的时间复杂度像是 $O(n)$。然而，调用两次 sort 方法会花费时间。我们在第 5 章中会看到，排序的时间复杂度基本上是 $O(n^2)$ 或 $O(n\log n)$，因此排序操作起主导作用。也就是说，该算法和排序运算的数量级相同。

3. 方案 3：暴力法

用暴力解决问题的方法基本上就是穷尽所有的可能。对于异序词检测问题而言，可以用 s1 中的字符生成所有可能的字符串，看看 s2 是否在其中。但这个方法有个问题。用 s1 中的字符生成所有可能的字符串时，第 1 个字符有 n 种可能，第 2 个字符有 $n-1$ 种可能，第 3 个字符有 $n-2$ 种可能，依次类推。字符串的总数是 $n\times(n-1)\times(n-2)\times\cdots\times3\times2\times1$，即 $n!$。也许有些字符串会重复，但程序无法预见，所以肯定会生成 $n!$ 个字符串。

当 n 较大时，$n!$ 增长得比 2^n 还要快。实际上，如果 s1 有 20 个字符，那么字符串的个数就是 20! = 2 432 902 008 176 640 000。假设每秒处理一个，处理完整个列表要花 77 146 816 596 年。这可不是个好方案。

4. 方案 4：计数比较法

最后一个方案基于下面的特性：两个异序词有同样数目的 a、同样数目的 b、同样数目的 c，等等。要判断两个字符串是否为异序词，先数一下每个字符出现的次数。因为字符可能有 26 种，所以使用 26 个计数器，对应每个字符。每遇到一个字符，就将对应的计数器加 1。最后，如果两个计数器列表相同，那么两个字符串肯定是异序词。代码清单 2-8 给出了这个方案的实现代码。

代码清单 2-8 计数比较法

```
1    def anagram_solution_4(s1, s2):
2        c1 = [0] * 26
3        c2 = [0] * 26
4
5        for i in range(len(s1)):
6            pos = ord(s1[i]) - ord('a')
```

```
7              c1[pos] = c1[pos] + 1
8
9      for i in range(len(s2)):
10             pos = ord(s2[i]) - ord('a')
11             c2[pos] = c2[pos] + 1
12
13     j = 0
14     still_ok = True
15     while j < 26 and still_ok:
16             if c1[j] == c2[j]:
17                 j = j + 1
18             else:
19                 still_ok = False
20
21     return still_ok
```

这个方案中也有循环。但不同于方案 1，这里的循环没有嵌套。前两个计数循环都是基于 n 的。第 3 个循环比较两个列表，由于可能有 26 种字符，因此会循环 26 次。全部加起来，得到总步骤数 $T(n) = 2n + 26$，即 $O(n)$。我们找到了解决异序词检测问题的线性阶数量级算法。

结束这个例子的讲解之前，我们还需要讨论空间需求。尽管方案 4 的执行时间是线性的，它还是要用额外的空间来存储计数器。也就是说，这个算法用额外的空间换来了更短的时间。

这种情形很常见。很多时候，我们需要在时间和空间之间进行权衡。本例中，额外使用的空间并不大，但是如果有数以百万计的字符，那就需要我们十分注意。面对多种算法和具体的问题，计算机科学家需要决定如何利用好计算资源。

2.3　Python 数据结构的性能

现在我们对大 O 记法及其不同函数的差别有了大致的了解。本节的目标是用大 O 记法来描述 Python 的列表和字典操作的性能。我们之后会做一些计时实验来展示每个数据结构上某些操作的成本与收益。由于这些 Python 数据结构是后续用来实现其他数据结构的基石，因此理解它们的效率非常重要。本节不会解释性能优劣的具体原因。在后续章节中，你会看到列表和字典的一些可能的实现，以及为何性能取决于实现。

2.3.1　列表

在实现列表数据结构时，Python 的设计者有许多选择，每一个选择都会影响操作的性能。为了做出正确的选择，他们考虑了列表最常见的用法，并据此优化列表的实现，使得常用的操作非常高效。当然，他们也尽力提高低频操作的效率，但在需要权衡时，会牺牲低频操作的性能以加速常用操作。

两个常用操作是索引和给某个位置赋值。无论列表多长，这两个操作所花的时间都恒定。像这种与列表长度无关的操作就是常数阶的。

另一个常用的操作是加长列表。有两种方式：采用 append 方法，或者执行连接操作。append 方法是常数阶的。但是，如果待连接列表的长度为 k，连接操作的时间复杂度就是 $O(k)$。知道这一点很重要，因为它能帮你选择正确的工具，使程序更高效。

如果要从 0 开始生成含有 n 个数的列表，有下面 4 种方式。首先，用 for 循环通过连接操作创建列表；其次，采用 append 方法；再次，使用列表解析式；最后，用列表构造器调用 range 函数（这可能是最容易想到的方式）。代码清单 2-9 给出了 4 种方式的代码。

代码清单 2-9　生成列表的 4 种方式

```
1        def test1():
2            l = []
3            for i in range(1000):
4                l = l + [i]
5
6
7        def test2():
8            l = []
9            for i in range(1000):
10                l.append(i)
11
12
13        def test3():
14            l = [i for i in range(1000)]
15
16
17        def test4():
18            l = list(range(1000))
```

我们利用 Python 的 timeit 模块来得到每个函数的执行时间。该模块使 Python 开发人员能够在多种操作系统下有尽可能相似的机制和一致的环境运行函数，以实现跨平台计时。

要使用 timeit 模块，首先需要创建一个 Timer 对象，它接收两条 Python 语句作为参数。第 1 个参数是要需要进行计时的 Python 语句；第 2 个参数是只运行一次的初始化语句。timeit 模块会统计多次执行语句要用多久。默认情况下，timeit 会执行 100 万次语句，并在完成后返回一个浮点数格式的秒数。因为返回的是执行 100 万次所用的秒数，所以我们也可以把结果视作执行 1 次所用的微秒数。此外，可以给 timeit 传入参数 number，以指定语句的执行次数。下面的例子展示了测试函数各运行 1000 次所花的时间。

```
from timeit import Timer


t1 = Timer("test1()", "from __main__ import test1")
print(f"concatenation: {t1.timeit(number=1000):15.2f} milliseconds")
t2 = Timer("test2()", "from __main__ import test2")
```

```
print(f"appending: {t2.timeit(number=1000):19.2f} milliseconds")
t3 = Timer("test3()", "from __main__ import test3")
print(f"list comprehension: {t3.timeit(number=1000):10.2f} milliseconds")
t4 = Timer("test4()", "from __main__ import test4")
print(f"list range: {t4.timeit(number=1000):18.2f} milliseconds")

concatenation:          6.54 milliseconds
appending:              0.31 milliseconds
list comprehension:     0.15 milliseconds
list range:             0.07 milliseconds
```

在上面例子中，我们在对 test1()、test2() 等的函数调用计时。初始化的语句可能看着有些奇怪，所以我们仔细研究一下。你可能已经熟悉 from...import 语句，但它通常用在 Python 程序文件的开头。本例中，from __main__ import test1 将 test1 函数从__main__命名空间导入 timeit 设置计时的命名空间。timeit 模块这么做，是为了在一个干净的环境中运行计时测试，以免某些变量以某种意外的方式干扰函数的性能。

实验结果清楚地表明，0.31 毫秒的 append 操作远快于 6.54 毫秒的连接操作。我们也测试了另外两种列表创建操作的时间：使用列表解析式，以及使用列表构造器调用 range。有趣的是，相比于用 for 循环进行追加操作，使用列表解析式几乎快了一倍。

关于这个小实验要说明的最后一点是，执行时间其实包含了调用测试函数的额外开销，但可以假设 4 种情形的函数调用开销相同，所以对比操作还是有意义的。鉴于此，说连接操作花了 6.54 毫秒不太准确，应该说用于连接操作的测试函数花了 6.54 毫秒。我们可以测一下调用空函数的时间，然后从之前得到的数字中减去。

知道如何准确衡量性能之后，我们可以对照表 2-2 查看基本列表操作的大 O 效率。仔细考虑之后，你可能会对两种 pop 调用的时间有疑问。在列表末尾调用 pop 时，操作是常数阶的；在列表头一个元素或中间某处调用 pop 时，则是 n 阶的。原因在于 Python 对列表的实现方式。在 Python 中，从列表头拿走一个元素，其他元素都要向列表头挪一位。你可能觉得这个做法有点儿傻，但这种实现保证了索引操作为常数阶。Python 的设计者认为这是必需的权衡取舍。

表 2-2　Python 列表操作的大 O 效率

操　　作	大 O 效率
索引	$O(1)$
索引赋值	$O(1)$
追加	$O(1)$
pop()	$O(1)$
pop(i)	$O(n)$
insert(i, item)	$O(n)$

（续）

操　作	大 O 效率
删除	$O(n)$
遍历	$O(n)$
包含	$O(n)$
切片	$O(k)$
删除切片	$O(n)$
设置切片	$O(n+k)$
反转	$O(n)$
连接	$O(k)$
排序	$O(n \log n)$
乘法	$O(nk)$

我们使用 timeit 模块做另一个实验来展示 pop() 和 pop(i) 的性能差异。对一个长度已知的列表，分别从列表头和列表尾弹出一个元素，并且衡量不同长度下的 pop 操作执行时间。预期结果是，无论列表长度如何，从列表尾弹出元素的时间是恒定的，而从列表头弹出元素的时间会随着列表变长而增加。

代码清单 2-10 展示了测量两种 pop 操作效率的代码。可以看到，从列表尾弹出元素花了 0.000 14 毫秒，从列表头弹出花了 2.097 79 毫秒。对于含有 200 万个元素的列表来说，后者用时是前者的 15 000 倍。

代码清单 2-10　pop 的性能分析

```
1    pop_zero = Timer("x.pop(0)", "from __main__ import x")
2    pop_end = Timer("x.pop()", "from __main__ import x")
3
4    x = list(range (2000000))
5    print(f"pop(0): {pop_zero.timeit(number=1000):10.5f} \
6    milliseconds")
7
8    x = list(range(2000000))
9    print(f"pop(): {pop_end.timeit(number=1000):11.5f} \
10   milliseconds")
11
12   pop(0):    2.09779 milliseconds
13   pop():     0.00014 milliseconds
```

有两点需要说明。首先是 from __main__ import x 语句。尽管没有定义一个函数，但是我们仍然希望能在测试中使用列表对象 x。这个办法允许我们只对 pop 语句计时，从而准确地获得这一个操作的耗时。其次，因为计时重复了 1000 次，所以列表每次循环都少一个元素。不过，由于列表的初始长度是 200 万，因此对于整体长度来说，只减少了 0.05%。

虽然测试结果说明 pop(0) 确实比 pop() 慢，但是并没有证明 pop(0) 的时间复杂度是 $O(n)$，也没有证明 pop() 的时间复杂度是 $O(1)$。要证明这一点，需要看看两个操作在各个列表长度下的性能。代码清单 2-11 实现了这个测试。

代码清单 2-11　　比较 pop(0) 和 pop() 在不同列表长度下的性能

```
1    pop_zero = Timer("x.pop(0)", "from __main__ import x")
2    pop_end = Timer("x.pop()", "from __main__ import x")
3    print(f"{'n':10s}{'pop(0)':>15s}{'pop()':>15s}")
4    for i in range(1_000_000, 100_000_001, 1_000_000):
5        x = list(range(i))
6        pop_zero_t = pop_zero.timeit(number=1000)
7        x = list(range(i))
8        pop_end_t = pop_end.timeit(number=1000)
9        print(f"{i:<10d}{pop_zero_t:>15.5f}\
10   {pop_end_t:>15.5f}")
```

图 2-3 展示了实验结果。可以看出，列表越长，pop(0) 的耗时也随之变长，而 pop() 的耗时很平稳。这刚好符合 $O(n)$ 和 $O(1)$ 的特征。

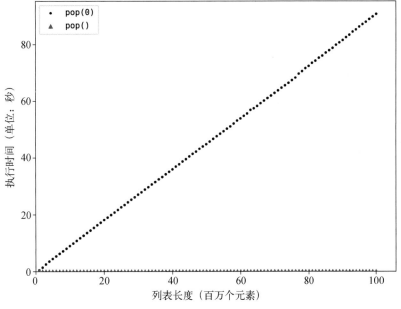

图 2-3　对比 pop(0) 和 pop() 的性能

实验会有一些误差。因为用来测量的计算机同时运行着其他进程，而它们可能拖慢代码的速度，所以尽管我们尽力减少计算机所做的其他工作，测出的时间仍然会有些许变化。这也是我们需要测试 1000 遍的原因，通过收集足够多的统计信息来得到可靠的结果。

2.3.2　字典

Python 的第二大数据结构是字典。你可能还记得，字典不同于列表的地方在于，可以通过键——而不是位置——访问元素。你会在后面学习到，字典有许多实现方式。现在需要记住的是字典的取值操作和赋值操作都是常数阶。另一个重要的字典操作是包含（检查某个键是否在字典中），它也是常数阶。表 2-3 总结了所有字典操作的大 O 效率。要注意，表中给出的效率针对的是平均情况。在某些特殊情况下，包含、取值、赋值等操作的时间复杂度可能变成 $O(n)$。第 8 章讨论不同的字典实现方式时会详细说明。

表 2-3　Python 字典操作的大 O 效率

操　　作	大 O 效率
复制	$O(n)$
取值	$O(1)$
赋值	$O(1)$
删除	$O(1)$
包含	$O(1)$
遍历	$O(n)$

最后一个性能实验会比较列表和字典的包含操作效率，并验证列表的包含操作是 $O(n)$，而字典的是 $O(1)$。实验很简单：我们首先创建一个包含一些数的列表，然后随机取一些数，看看它们是否在列表中。如果表 2-2 给出的效率是正确的，那么随着列表变长，判断一个数是否在列表中所花的时间也就越长。

接着对以数字为键的字典重复上述实验。我们会看到，判断数字是否在字典中的操作，不仅快得多，而且当字典变大时，耗时基本不变。

代码清单 2-12 实现了这个对比实验。注意，我们进行的是完全相同的操作。不同点在于，第 8 行的 x 是列表，第 10 行的 x 则是字典。

代码清单 2-12　比较列表和字典的包含操作

```
1    import timeit
2    import random
3
4    print(f"{'n':10s}{'list':>10s}{'dict':>10s}")
5    for i in range(10_000, 1_000_001, 20_000):
6        t = timeit.Timer(f"random.randrange({i}) in x",
7                         "from __main__ import random, x")
8        x = list(range(i))
9        list_time = t.timeit(number=1000)
10       x = {j: None for j in range(i)}
11       dict_time = t.timeit(number=1000)
12       print(f"{i:<10,}{list_time:>10.3f}{dict_time:>10.3f}"
```

图 2-4 展示了运行结果。可以看出，字典一直更快。对于元素最少的情况（10 000 个），字典的速度是列表的 68 倍；对于元素最多的情况（1 000 000 个），字典的速度是列表的 5530 倍！还可以看出，随着规模增大，列表的包含操作在耗时上的增长是线性的，这符合 $O(n)$。对于字典来说，即使规模增大，包含操作的耗时也是恒定的。实际上，当字典有 10 000 个元素时，包含操作的耗时是 0.001 毫秒；当有 1000 000 个元素时，耗时还是 0.001 毫秒。

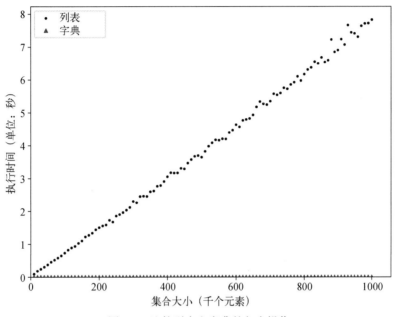

图 2-4　比较列表和字典的包含操作

Python 是一门变化中的语言，内部实现一直会有更新。可以在官网上找到 Python 数据结构性能的最新信息。此外，可以参考 Python wiki 的时间复杂度页面。

2.4　小结

- 算法分析是一种与实现无关的算法度量方法。
- 大 O 记法使得算法可以根据随问题规模增长而起主导作用的部分进行归类。

2.5　关键术语

常数	大 O 记法	对数
暴力法	基准测试	平方
平均情况	清点法	三次方

时间复杂度   数量级   线性

线性对数   指数   最坏情况

2.6　练习

1. 给出以下代码的大 O 性能。

    ```
    for i in range(n):
        for j in range(n):
            k = 2 + 2
    ```

2. 给出以下代码的大 O 性能。

    ```
    for i in range(n):
        k = 2 + 2
    ```

3. 给出以下代码的大 O 性能。

    ```
    i = n
    while i > 0:
        k = 2 + 2
        i = i // 2
    ```

4. 给出以下代码的大 O 性能。

    ```
    for i in range(n):
        for j in range(n):
            for k in range(n):
                k = 2 + 2
    ```

5. 给出以下代码的大 O 性能。

    ```
    for i in range(n):
        k = 2 + 2
    for j in range(n):
        k = 2 + 2
    for k in range(n):
        k = 2 + 2
    ```

6. 设计一个实验，证明列表的索引操作为常数阶。

7. 设计一个实验，证明字典的取值操作和赋值操作为常数阶。

8. 设计一个实验，针对列表和字典比较 del 操作的性能。

9. 给定一个随机排列的数字列表，编写一个找出第 k 小的元素的 $O(n\log n)$ 算法。

10. 针对前一个练习，能将算法的时间复杂度优化到线性阶吗？

第 3 章

基本数据结构 3

3.1 本章目标

❑ 理解栈、队列、双端队列、列表等抽象数据类型。

❑ 能够使用 Python 列表实现栈、队列和双端队列。

❑ 理解基础线性数据结构的性能。

❑ 理解前序、中序和后序表达式。

❑ 使用栈来计算后序表达式。

❑ 使用栈将中序表达式转换成后序表达式。

❑ 使用队列进行基本的时序模拟。

❑ 理解栈、队列以及双端队列适用于解决何种问题。

❑ 能够使用"节点与引用"模式将列表实现为链表。

❑ 能够从性能方面比较自己的链表实现与 Python 的列表实现。

3.2 何谓线性数据结构

我们首先学习 4 种简单而强大的数据结构。栈、队列、双端队列和列表都是有序的数据集合，其元素的顺序取决于添加或移除顺序。一旦某个元素被添加进来，它与之前添加和之后添加的元素的相对位置将保持不变。这样的数据集合经常被称为**线性数据结构**。

线性数据结构可以看作有两端。这两端有时候被称作"左端"和"右端"，有时候也被称作"前端"和"后端"。当然，它们还可以被称作"顶端"和"底端"。两端的名字并不重要，真正区分线性数据结构的是元素的添加方式和移除方式，尤其是添加操作和移除操作发生的位置。举例来说，某个数据结构可能只允许在一端添加新元素，有些则允许从任意一端移除元素。

上述不同催生了计算机科学中最有用的一些数据结构。它们出现在众多的算法中，并被用于解决许多重要的问题。

3.3　栈

栈有时也被称作"下推栈"。它是有序集合，添加操作和移除操作总发生在同一端，即"顶端"，另一端则被称为"底端"。

栈中的元素离底端越近，代表其在栈中的时间越长，因此栈的底端具有非常重要的意义。最后被添加的元素会最先被移除。这种顺序特性被称作 LIFO（last-in first-out），即后进先出。它提供了一种基于在集合中时间的顺序。最近添加的元素靠近顶端，旧元素则靠近底端。

栈的例子在日常生活中比比皆是。几乎所有咖啡馆都有一个由托盘或盘子构成的栈，你可以从顶部取走一个，下一个顾客则会取走下面的托盘或盘子。图 3-1 是由书构成的栈，唯一露出封面的书就是顶部的那本。为了拿到其他某本书，需要移除压在其上面的书。图 3-2 展示了另一个栈，它包含一些原生的 Python 数据对象。

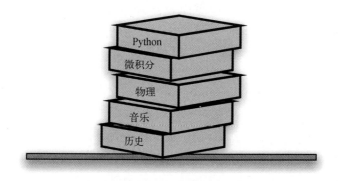

图 3-1　由书构成的栈

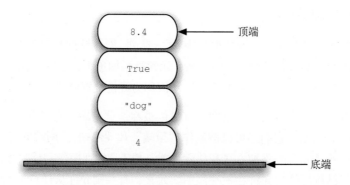

图 3-2　由原生的 Python 数据对象构成的栈

通过观察元素的添加以及移除顺序，我们能理解栈的属性。假设桌面一开始是空的，每次往桌上或者已有的书上放一本书。如此堆叠，便能构建出一个栈。而取书的顺序正好与放书的顺序相反。由于可用于反转元素的排列顺序，因此栈十分重要。元素的插入顺序正好与移除顺序相反。图 3-3 展示了 Python 数据对象栈的添加过程和移除过程。请注意观察数据对象的顺序。

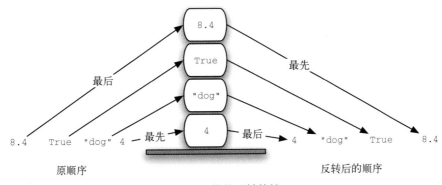

图 3-3 栈的反转特性

考虑到栈的反转特性，我们可以想到在使用计算机时的一些例子。例如，每一个浏览器都有返回按钮。当我们从一个网页跳转到另一个网页时，这些网页——实际上是 URL——都被存放在一个栈中。当前正在浏览的网页位于栈的顶端，最早浏览的网页则位于底端。如果点击返回按钮，便开始反向浏览这些网页。

3.3.1 栈抽象数据类型

栈抽象数据类型由下面的结构和操作定义。如前所述，栈是元素的有序集合，添加操作与移除操作都发生在其顶端。栈的操作顺序是 LIFO，它支持以下操作。

❑ Stack() 创建一个空栈。它不需要参数，会返回一个空栈。
❑ push(item) 将一个元素添加到栈的顶端。它需要一个参数 item，无返回值。
❑ pop() 将栈顶端的元素移除。它不需要参数，但会返回顶端的元素。栈的内容会被修改。
❑ peek() 返回栈顶端的元素，但是并不移除该元素。它不需要参数，不会修改栈的内容。
❑ is_empty() 检查栈是否为空。它不需要参数，且会返回一个布尔值。
❑ size() 返回栈中元素的数目。它不需要参数，且会返回一个整数。

假设 s 是一个新创建的空栈。表 3-1 展示了对 s 进行一系列操作的结果。在"栈内容"一列中，栈顶端的元素位于最右侧。

表 3-1   栈操作示例

栈 操 作	栈 内 容	返 回 值
s.is_empty()	[]	True
s.push(4)	[4]	
s.push('dog')	[4, 'dog']	
s.peek()	[4, 'dog']	'dog'
s.push(True)	[4, 'dog', True]	
s.size()	[4, 'dog', True]	3
s.is_empty()	[4, 'dog', True]	False
s.push(8.4)	[4, 'dog', True, 8.4]	
s.pop()	[4, 'dog', True]	8.4
s.pop()	[4, 'dog']	True
s.size()	[4, 'dog']	2

3.3.2   用 Python 实现栈

明确定义栈抽象数据类型之后，我们现在用 Python 来进行实现。如前文所述，抽象数据类型的实现常被称为数据结构。

正如第 1 章所述，和其他面向对象编程语言一样，每当在 Python 中实现像栈这样的抽象数据类型时，就需要创建新类。栈的操作通过方法来实现。更进一步地说，因为栈是元素的集合，所以完全可以利用 Python 提供的强大、简单的原生集合来实现。这里，我们将使用列表。

Python 列表是有序集合，它提供了一整套方法。举例来说，对于列表 [2, 5, 3, 6, 7, 4]，只需要考虑将它的哪一边视为栈的顶端。一旦确定了顶端，所有的栈操作就可以利用 append 和 pop 等列表方法来实现。

代码清单 3-1 是栈的实现，它假设列表的尾部是栈的顶端。当栈增长时（即进行 push 操作），新的元素会被添加到列表的尾部。pop 操作同样会修改这一端。

代码清单 3-1   用 Python 实现栈

```
1
2    class Stack:
3        """将栈实现为列表"""
4
5        def __init__(self):
6            """创建新栈"""
7            self._items = []
8
```

```
9    def is_empty(self):
10       """检查栈是否为空"""
11       return not bool(self._items)
12
13    def push(self, item):
14       """向栈添加元素"""
15       self._items.append(item)
16
17    def pop(self):
18       """移除栈顶元素"""
19       return self._items.pop()
20
21    def peek(self):
22       """获取栈顶元素的值"""
23       return self._items[-1]
24
25    def size(self):
26       """获取栈中元素数量"""
27       return len(self._items)
```

以下 Python 会话展示了表 3-1 中的栈操作及其返回结果。注意，Stack 类的定义从 pythonds3 中导入，读者可以从本书提供的配套资料或者从 PyPI 网站获取。

```
>>> from pythonds3.basic import Stack
>>> s = Stack()
>>> s.is_empty()
True
>>> s.push(4)
>>> s.push("dog")
>>> s.peek()
'dog'
>>> s.push(True)
>>> s.size()
3
>>> s.is_empty()
False
>>> s.push(8.4)
>>> s.pop()
8.4
>>> s.pop()
True
>>> s.size()
2
```

值得注意的是，我们也可以选择将列表的头部作为栈的顶端。不过在这种情况下，上面实现的 pop 方法和 append 方法便需要修改，需要显式使用下标 0 作为参数来指向栈顶元素。代码清单 3-2 展示了这种实现。

代码清单 3-2 栈的另一种实现

```
1    class Stack:
2       def __init__(self):
```

```
3              self.items = []
4
5      def is_empty(self):
6          return self.items == []
7
8      def push(self, item):
9          self.items.insert(0, item)
10
11     def pop(self):
12         return self.items.pop(0)
13
14     def peek(self):
15         return self.items[0]
16
17     def size(self):
18         return len(self.items)
```

改变抽象数据类型的实现但保留其逻辑特征，这是抽象思想的一种体现。不过，尽管上述两种实现都可行，但是二者在性能方面肯定有差异。append()方法和 pop()方法的时间复杂度都是 $O(1)$，这意味着不论栈中有多少个元素，第一种实现中的 push 操作和 pop 操作都会在恒定的时间内完成。第二种实现的性能则受制于栈中的元素个数，这是因为 insert(0) 和 pop(0) 的时间复杂度都是 $O(n)$，元素越多就越慢。尽管两种实现在逻辑上是相等的，但是它们在进行基准测试时耗费的时间会有很大的差异。

3.3.3　匹配括号

接下来，我们使用栈来解决一个实际的计算机科学问题。我们都写过如下所示的算术表达式。

```
(5 + 6) * (7 + 8)/(4 + 3)
```

其中的括号用来改变计算顺序。像 Lisp 这样的编程语言有如下语法结构。

```
(defun square(n
    (* n n))
```

它定义了一个名为 square 的函数，该函数会返回参数 n 的平方值。Lisp 以使用众多括号而闻名。

在以上两个例子中，括号都必须前后匹配。**匹配括号**是指每一个左括号都有与之对应的一个右括号，并且括号对有正确的嵌套关系。下面是正确匹配的括号串。

```
(()()()())
```

```
(((())))
```

```
(()((())()))
```

下面的这些括号则是不匹配的。

((((((())

()))

(()()(()

能够分辨括号匹配得正确与否，对于识别编程语言的结构来说非常重要。

我们的挑战就是编写一个算法，它从左到右读取一个括号串，然后判断其中的括号是否匹配。为了解决这个问题，需要注意到一个重要现象。当从左到右处理括号时，最右边的无匹配左括号必须与接下来遇到的第一个右括号相匹配，如图 3-4 所示，并且在第一个位置的左括号可能要等到处理至最后一个位置的右括号时才能完成匹配。相匹配的右括号与左括号出现的顺序相反。这一规律暗示着栈可以帮助解决这一匹配问题。

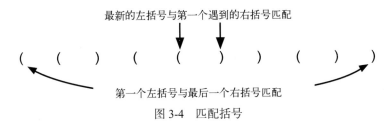

图 3-4　匹配括号

一旦意识到用栈来保存括号的合理性，编写算法就会十分直观。由一个空栈开始，从左往右依次处理括号。如果遇到左括号，便通过 push 操作将其加入栈中，以此表示稍后需要有一个与之匹配的右括号。反之，如果遇到右括号，就调用 pop 操作。只要栈中的所有左括号都能遇到与之匹配的右括号，那么整个括号串就是匹配的；如果栈中没有左括号来匹配遇到的右括号，则括号串就是不匹配的。在处理完整个括号串之后，栈应该是空的。代码清单 3-3 展示了实现这一算法的 Python 代码。

代码清单 3-3　匹配括号

```
1   from pythonds3.basic import Stack
2
3
4   def par_checker(symbol_string):
5       s = Stack()
6       for symbol in symbol_string:
7           if symbol == "(":
8               s.push(symbol)
9           else:
10              if s.is_empty():
11                  return False
12              else:
13                  s.pop()
14
15      return s.is_empty()
```

par_checker 函数使用了 Stack 类，并且会返回一个布尔值来表示括号串是否匹配。如果当前的符号是左括号，它就会被压入栈中（第 7~8 行）。注意第 13 行，仅通过 pop() 将一个元素从栈中移除。由于移除的元素一定是之前遇到的左括号，因此代码并没有用到 pop() 的返回值。如果在处理完所有字符之前栈就变成了空的，这意味着右括号的数量多于左括号，整个括号串是不匹配的，因此立刻返回 False（第 11 行）。最后（第 15 行），只要栈是空的，就意味着整个括号串是匹配的。

3.3.4　通用问题：符号匹配

符号匹配是许多编程语言中的常见问题，而括号匹配问题是它的一个特例。匹配符号是指正确地匹配和嵌套左右对应的各种符号。例如，在 Python 中，方括号 [和] 用于列表；花括号 { 和 } 用于字典和集合；圆括号 (和) 用于元组和算术表达式。只要保证左右符号匹配，就可以混用这些符号。以下的匹配符号串不仅每一个左符号都有一个右符号与之对应，而且两个符号的类型也是对应的。

{ { ([ ] [ ]) } ( ) }

[[{ { (( )) } }]]

[ ] [ ] [ ] ( ) { }

以下符号串则是不匹配的。

([ )]

((( )]))

[{ ( )]

我们可以扩展 3.3.3 节中的括号匹配检测器来处理各种新类型的符号。每一个左符号都将被压入栈中，以待之后出现对应的右符号。而当出现右符号时，我们必须检测其类型是否与栈顶的左符号类型相匹配。如果两个符号不匹配，那么整个符号串也就不匹配。同样，如果整个符号串处理完成并且栈是空的，那么就说明所有符号正确匹配。

代码清单 3-4 展示了实现上述算法的 Python 程序。唯一的改动在第 13 行，我们调用了一个 matches 函数来辅助符号匹配。对每一个从栈顶移除的符号，都要检测其是否与当前的右符号相匹配。如果不匹配，函数立即返回 False。

代码清单 3-4　匹配符号

```
1    from pythonds3.basic import Stack
2
3    def balance_checker(symbol_string):
4        s = Stack()
```

```
5        for symbol in symbol_string:
6            if symbol in "([{":
7                s.push(symbol)
8            else:
9                if s.is_empty():
10                   return False
11               else:
12                   if not matches(s.pop(), sumbol):
13                       return False
14       return s.is_empty()
15
16   def matches(sym_left, sym_right):
17       all_lefts = "([{"
18       all_rights = ")]}"
19       return
20           all_lefts.index(sym_left) == \
21           all_rights.index(sym_right)
```

这两个例子表明，栈是计算机科学中处理语言构造的非常重要的数据结构。几乎所有你能想到的符号都有某种类型的嵌套符号，必须以平衡的顺序进行匹配。在计算机科学中，栈还有其他一些重要的用途。我们将在接下来的章节中继续探讨它们。

3.3.5 将十进制数转换成二进制数

在学习计算机科学的过程中，我们基本上都接触过二进制数。由于所有存储在计算机中的数据都是由 0 和 1 组成的字符串，因此二进制在计算机科学中非常重要。如果不能在二进制和十进制之间进行转换，我们与计算机的交互就会非常麻烦。

整数是计算机中和程序中常见的数据类型。我们在数学课上学习过整数，并且使用十进制或者以 10 为基来表示它们。十进制数 233_{10} 及其对应的二进制数 11101001_2 可以分别按下面的形式表示。

$$2\times10^2 + 3\times10^1 + 3\times10^0$$

$$1\times2^7 + 1\times2^6 + 1\times2^5 + 0\times2^4 + 1\times2^3 + 0\times2^2 + 0\times2^1 + 1\times2^0$$

如何才能简便地将整数值转换成二进制数呢？方法就是利用"除以 2"算法，该算法使用栈来保存二进制结果的每一位。

"除以 2"算法假设待处理的整数大于 0。它用一个简单的循环不停地将输入整数除以 2，并且记录余数。第一次除以 2 的结果能够用于识别偶数和奇数。如果是偶数，则余数为 0，因此个位上的数字为 0；如果是奇数，则余数为 1，因此个位上的数字为 1。可以将要构建的二进制数看成一系列数字，而计算出的第一个余数就是最后一位。如图 3-5 所示，这里也体现了反转特性，这意味着栈是解决问题的合适数据结构。

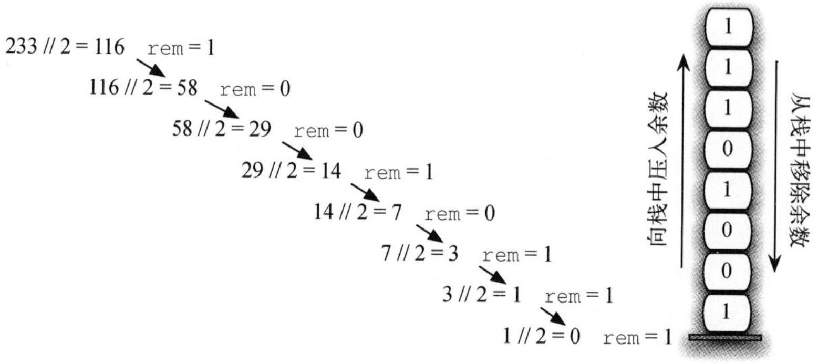

$$233 // 2 = 116 \quad rem = 1$$
$$116 // 2 = 58 \quad rem = 0$$
$$58 // 2 = 29 \quad rem = 0$$
$$29 // 2 = 14 \quad rem = 1$$
$$14 // 2 = 7 \quad rem = 0$$
$$7 // 2 = 3 \quad rem = 1$$
$$3 // 2 = 1 \quad rem = 1$$
$$1 // 2 = 0 \quad rem = 1$$

图 3-5　将十进制数转换成二进制数

代码清单 3-5 展示了"除以 2"算法的 Python 实现。divide_by_2 函数接收一个十进制数作为参数，然后不停地将其除以 2。第 8 行使用了内建的取余运算符%，第 9 行将求得的余数压入栈中。当除到 0 之后，第 12~14 行就会构建一个二进制数字串。第 12 行创建一个空串，然后将二进制数字从栈中逐个取出，并添加到数字串的最右边。最后，函数返回该二进制数字串。

代码清单 3-5　"除以 2"算法的 Python 实现

```
1    from pythonds3.basic import Stack
2
3
4    def divide_by_2(decimal_num):
5        rem_stack = Stack()
6
7        while decimal_num > 0:
8            rem = decimal_num % 2
9            Rem_stack.push(rem)
10           decimal_num = decimal_num // 2
11
12       bin_string = ""
13       while not rem_stack.is_empty():
14           bin_string = bin_string + str(rem_stack.pop())
15
16       return bin_string
```

这个将十进制数转换成二进制数的算法很容易扩展成对任何进制的转换。在计算机科学中，常常使用不同编码的数字，其中最常见的是二进制、八进制和十六进制

十进制数 233_{10} 对应的八进制数 351_8 和十六进制数 $E9_{16}$ 可以分别按下面的形式表示。

$$3 \times 8^2 + 5 \times 8^1 + 1 \times 8^0$$

$$14 \times 16^1 + 9 \times 16^0$$

可以将 divide_by_2 函数修改成接收一个十进制数以及任意希望转换的进制基数，"除以 2"

算法则变成了"除以基数"算法。在代码清单 3-6 中，`base_converter` 函数接收一个十进制数和任意一个 2~16 之间的基数作为参数。处理方法仍然是将输入除以基数并不停将余数压入栈中，直到被处理的值为 0。而之前的从左到右构建结果的方法需要进行一些修改。以 2~10 为基数时，最多只需要 10 个数字，因此 0~9 这 10 个整数够用。而当基数超过 10 时，由于余数本身就是两位的十进制数，导致无法直接使用这些余数。因此，我们需要创建一套数字来表示大于 9 的余数。

代码清单 3-6　将十进制数转换成任意进制数

```
1    from pythonds3.basic import Stack
2
3
4    def base_converter(decimal_num, base):
5        digits = "0123456789ABCDEF"
6        rem_stack = Stack()
7
8        while decimal_num > 0:
9            rem = decimal_num % base
10           rem_stack.push(rem)
11           decimal_num = decimal_num // base
12
13       new_string = ""
14       while not rem_stack.is_empty():
15           new_string = new_string + digits[rem_stack.pop()]
16
17       return new_string
```

一种解决方法是添加一些字母字符到数字中。例如，十六进制使用 10 个数字以及前 6 个字母来代表 16 位数字。在代码清单 3-6 中，为了实现这一方法，第 5 行创建了一个数字字符串来存储对应位置上的数字。0 在位置 0，1 在位置 1，A 在位置 10，B 在位置 11，依次类推。当从栈中移除一个余数时，它可以用作访问数字的下标，而对应的数字会被添加到结果中。如果从栈中移除的余数是 13，那么字母 D 将被添加到结果字符串的最后。

3.3.6　前序、中序和后序表达式

对于像 B * C 这样的算术表达式，我们可以根据其格式提供的信息来正确地运算。在 B * C 的例子中，由于乘号*出现在两个变量之间，因此我们知道应该用变量 B 乘以变量 C。因为运算符出现在两个操作数的中间，所以这种表达式被称作**中序表达式**。

另一个中序表达式的例子是 A + B * C。虽然运算符+和*都在操作数之间，但是这个表达式存在歧义：它们分别作用于哪些操作数？+是否作用于 A 和 B？*是否作用于 B 和 C？

事实上，我们经常读写这类表达式，并且没有遇到任何问题。这是因为我们知道+和*的优先级。每一个运算符都有其**优先级**。在运算时，高优先级的运算符先于低优先级的运算符进行计算。

唯一能够改变运算顺序的就是括号。乘法和除法的优先级高于加法和减法。如果两个运算符的优先级相同，那就按照从左到右或者结合律的顺序运算。

我们从运算符优先级的角度来理解 A + B * C。应该首先计算 B * C，然后再将 A 与该乘积相加。(A + B) * C 则是先计算 A 与 B 之和，然后再进行乘法运算。在表达式 A + B + C 中，根据优先级法则（或者结合律），最左边的+会首先参与运算。

尽管这些规律对于人类来说显而易见，计算机却需要明确地知道以何种顺序进行何种运算。一种杜绝歧义的写法是**完全括号表达式**。这种表达式对每一个运算符都添加一对括号。由括号决定运算顺序，没有任何歧义，并且不必记忆任何优先级规则。

A + B * C + D 可以重写成((A + (B * C)) + D)，以表明乘法优先，然后计算左边的加法表达式。由于加法运算从左往右结合，因此 A + B + C + D 可以重写成(((A + B) + C) + D)。

还有另外两种重要的表达式，对于读者来说也许并不能直观地看出其含义。对于中序表达式 A + B，如果我们把运算符放到两个操作数之前，就会得到+ A B。同理，如果我们把运算符移到最后，会得到 A B +。这两种表达式看起来都有点儿奇怪。

通过改变运算符与操作数的相对位置，我们分别得到了**前序表达式**和**后序表达式**。前序表达式要求所有的运算符出现在它所作用的两个操作数之前，后序表达式则相反。表 3-2 列出了一些例子。

表 3-2　中序、前序与后序表达式

中序表达式	前序表达式	后序表达式
A + B	+ A B	A B +
A + B * C	+ A * B C	A B C * +

A + B * C 可以重写为前序表达式+ A * B C。乘号出现在 B 和 C 之前，代表它的优先级高于加号。加号出现在 A 和乘法结果之前。

A + B * C 对应的后序表达式是 A B C * +。运算顺序仍然是正确的，这是由于乘号紧跟 B 和 C 出现，意味着它的优先级比加号更高。尽管运算符被移到了操作数的前面或者后面，但是运算顺序并没有改变。

现在来看看中序表达式(A + B) * C。括号用来保证加号的优先级高于乘号。但是，当 A + B 写成前序表达式时，只需将加号移到操作数之前，即+ A B。于是，加法结果就成了乘号的第一个操作数。乘号被移到整个表达式的最前面，从而得到* + A B C。同理，后序表达式 A B +保证优先计算加法。乘法则在得到加法结果之后再计算。因此，正确的后序表达式为 A B + C *。

表 3-3 列出了上述 3 个表达式。请注意一个非常重要的变化。在后两个表达式中，括号去哪里了？为什么前序表达式和后序表达式不需要括号？答案是，这两种表达式中的运算符所对应的操作数是明确的。只有中序表达式需要额外的符号来消除歧义。前序表达式和后序表达式的运算顺序完全由运算符的位置决定。鉴于此，中序表达式在很多情况下不是首选的表达方式。

表 3-3 括号的变化

中序表达式	前序表达式	后序表达式
(A + B) * C	* + A B C	A B + C *

表 3-4 展示了更多的中序表达式及其对应的前序表达式和后序表达式。请确保自己明白对应的表达式为何在运算顺序上是等价的。

表 3-4 中序、前序与后序表达式示例

中序表达式	前序表达式	后序表达式
A + B * C + D	+ + A * B C D	A B C * + D +
(A + B) * (C + D)	* + A B + C D	A B + C D + *
A * B + C * D	+ * A B * C D	A B * C D * +
A + B + C + D	+ + + A B C D	A B + C + D +

1. 从中序向前序和后序转换

到目前为止，我们使用特定的方法将中序表达式转换成对应的前序表达式和后序表达式。但如大家猜想的，存在通用的算法来正确转换任意复杂度的中序表达式。

首先使用完全括号表达式。如前所述，可以将 A + B * C 写作(A + (B * C))，以表示乘号的优先级高于加号。进一步观察后会发现，每一对括号其实对应着一个中序表达式（包含两个操作数以及其间的运算符）。

观察子表达式(B * C)的右括号。如果将乘号移到右括号所在的位置，并且去掉左括号，就会得到 B C *，这实际上是将该子表达式转换成了对应的后序表达式。如果把加号也移到对应的右括号所在的位置，并且去掉对应的左括号，就能得到完整的后序表达式，如图 3-6 所示。

图 3-6 向右移动运算符，以得到后序表达式

如果将运算符移到左括号所在的位置，并且去掉对应的右括号，就能得到前序表达式，如图 3-7 所示。实际上，括号对的位置就是其包含的运算符的最终位置。

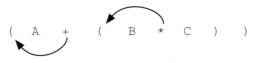

图 3-7　向左移动运算符,以得到前序表达式

因此,若要将任意复杂度的中序表达式转换成前序表达式或后序表达式,可以先将其写作完全括号表达,然后将括号内的运算符移到左括号处(前序表达式)或者右括号处(后序表达式)。

下面来看一个更复杂的表达式:(A + B) * C - (D - E) * (F + G)。图 3-8 展示了将其转换成前序表达式和后序表达式的过程。

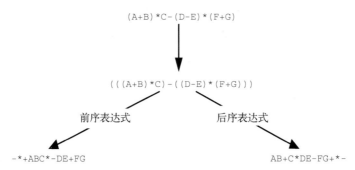

图 3-8　将复杂的中序表达式转换成前序表达式和后序表达式

2. 从中序到后序的通用转换法

我们需要设计一种将任意中序表达式转换成后序表达式的算法。为了完成这个目标,我们进一步观察转换过程。

再一次研究 A + B * C 这个例子。如前所示,其对应的后序表达式为 A B C * +。操作数 A、B 和 C 的相对位置保持不变,只有运算符改变了位置。再观察中序表达式中的运算符。从左往右看,第一个出现的运算符是+。但是由于*的优先级更高,因此在后序表达式中*先于+出现。在本例中,中序表达式的运算符顺序与后序表达式的相反。

在转换过程中,由于运算符右边的操作数还未出现,因此需要将运算符保存在某处。同时,由于运算符有不同的优先级,因此可能需要反转它们的顺序。本例中的加号与乘号就是这种情况。由于中序表达式中的加号先于优先级更高的乘号出现,因此后序表达式需要反转它们的出现顺序。鉴于这种反转特性,使用栈来保存运算符就非常合适。

对于(A + B) * C,情况会如何呢? 它对应的后序表达式为 A B + C *。从左往右看,首先出现的运算符是+。不过,由于括号改变了运算符的优先级,因此当处理到*时,+已经被放入结果表达式中了。我们现在可以总结出转换算法:当遇到左括号时,需要将其保存,以表示接下来会遇到高优先级的运算符;那个运算符需要等到对应的右括号出现才能确定其位置(回忆一下完全括号表达式的转换法）；当右括号出现时，便可以将运算符从栈中取出来。

在从左往右扫描中序表达式时，我们利用栈来保存运算符。这样做可以提供反转特性。栈的顶端永远是最新添加的运算符。每当遇到一个新的运算符时，都需要对比它与栈中可能存在的运算符的优先级。

假设中序表达式是一个以空格分隔的标记串。其中，运算符标记有 *、/、+ 和 -，括号标记有 (和)，操作数标记有 A、B、C 等单字符标记。下面的步骤会生成一个后序标记串。

(1) 创建用于保存运算符的空栈 op_stack，以及一个用于保存结果的空列表。

(2) 使用字符串方法 split 将输入的中序表达式转换成一个列表。

(3) 从左往右扫描这个标记列表。

- ❑ 如果标记是操作数，将其添加到结果列表的末尾。
- ❑ 如果标记是左括号，将其压入 op_stack 栈中。
- ❑ 如果标记是右括号，持续从 op_stack 栈中移除元素，直到移除对应的左括号。将从栈中取出的每一个运算符都添加到结果列表的末尾。
- ❑ 如果标记是运算符，将其压入 op_stack 栈中。但是在此之前，需要先从栈中取出优先级更高或相同的运算符，并将它们添加到结果列表的末尾。

(4) 当处理完输入表达式以后，检查 op_stack。将其中所有残留的运算符全部添加到结果列表的末尾。

图 3-9 展示了利用上述算法转换 A * B + C * D 的过程。注意，第一个 * 在处理至 + 时被移出栈。由于乘号的优先级高于加号，因此当第二个 * 出现时，+ 仍然留在栈中。在中序表达式的最后，进行了两次出栈操作，用于移除两个运算符，并将 + 放在后序表达式的末尾。

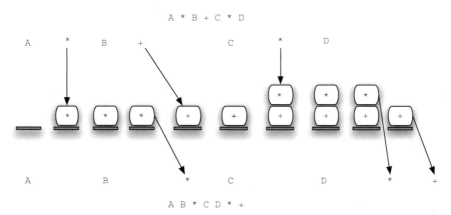

图 3-9 将中序表达式 A * B + C * D 转换为后序表达式 A B * C D * +

为了在 Python 中实现这一算法，我们使用一个叫作 prec 的字典来保存运算符的优先级值，如代码清单 3-7 所示。该字典把每一个运算符都映射成一个整数。通过比较对应的整数，可以确定运算符的优先级（本例使用了 3、2、1）。左括号的优先级值最小。这样一来，任何与左括号比较的运算符都会被压入栈中。第 15 和第 16 行定义了操作数是任意的大写字符或者数字。

代码清单 3-7　用 Python 实现从中序表达式到后序表达式的转换

```
1    from pythonds3.basic import Stack
2
3    def infix_to_postfix(infix_expr):
4        prec = {}
5        prec["*"] = 3
6        prec["/"] = 3
7        prec["+"] = 2
8        prec["-"] = 2
9        prec["("] = 1
10       op_stack = Stack()
11       postfix_list = []
12       token_list = infix_expr.split()
13
14       for token in token_list:
15           if token in "ABCDEFGHIJKLMNOPQRSTUVWXYZ" or \
16               token in "0123456789":
17               postfix_list.append(token)
18           elif token == "(":
19               op_stack.push(token)
20           elif token == ")":
21               top_token = op_stack.pop()
22               while top_token != "(":
23                   postfix_list.append(top_token)
24                   top_token = op_stack.pop()
25           else:
26               while (not op_stack.is_empty()) and \
27                     (prec[op_stack.peek()] >= prec[token]):
28                   postfix_list.append(op_stack.pop())
29               op_stack.push(token)
30
31       while not op_stack.is_empty():
32           postfix_list.append(op_stack.pop())
33
34       return " ".join(postfix_list)
```

以下是一些例子的执行结果。

```
>>> infix_to_postfix ("( A + B ) * ( C + D )")
'A B + C D + *'
>>> infix_to_postfix ("( A + B ) * C")
'A B + C *'
>>> infix_to_postfix ("A + B * C")
'A B C * +'
```

3. 计算后序表达式

最后一个关于栈的例子是计算后序表达式。在这个例子中，栈再一次成为关键的数据结构。不过，在处理后序表达式时，需要保存操作数，而不是运算符。换一个角度来说，当遇到一个运算符时，需要用离它最近的两个操作数来计算。

为了进一步理解该算法，考虑后序表达式 4 5 6 * +。当从左往右扫描该表达式时，首先会遇到操作数 4 和 5。在遇到下一个符号之前，我们并不确定要对它们进行什么运算。将它们都保存在栈中，便可以在需要时取用。

在本例中，紧接着出现的符号又是一个操作数。因此，将 6 也压入栈中，并继续检查后面的符号。现在遇到运算符*，这意味着需要将最近遇到的两个操作数相乘。通过执行两次出栈操作，可以得到相应的操作数，然后进行乘法运算（本例的结果是 30）。

接着，将结果压入栈中。这样一来，当遇到后面的运算符时，它就可以作为操作数。当处理完最后一个运算符之后，栈中只剩下一个值。我们将这个值取出来，并作为表达式的结果返回。图 3-10 展示了栈的内容在整个计算过程中的变化。

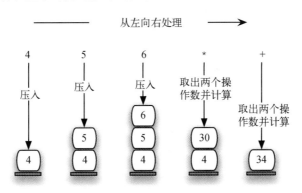

图 3-10 栈的内容在整个计算过程中的变化

图 3-11 展示了一个更复杂的例子：7 8 + 3 2 + /。我们有两处需要注意。首先，伴随着子表达式的计算，栈增大、缩小，然后再一次增大。其次，处理除法运算时需要非常小心。由于后序表达式只改变运算符的位置，因此操作数的位置与在中序表达式中的位置相同。当从栈中取出除号的操作数时，它们的顺序颠倒了。由于除号不是可交换的运算符（15/5 和 5/15 的结果不相同），因此必须保证操作数的顺序是正确的。

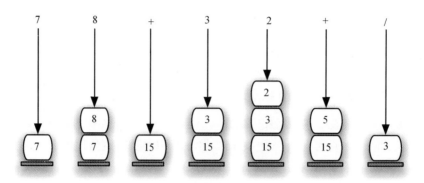

图 3-11 一个更复杂的例子

假设后序表达式是一个以空格分隔的标记串。其中，运算符标记有 *、/、+ 和 -，操作数标记是一位的整数值，并且结果也是一个整数。

(1) 创建空栈 operand_stack。

(2) 使用字符串方法 split 将输入的后序表达式转换成一个列表。

(3) 从左往右扫描这个标记列表。

 ❑ 如果标记是操作数，将其转换成整数并且压入 operand_stack 栈中。

 ❑ 如果标记是运算符，从 operand_stack 栈中取出两个操作数。第一次取出右操作数，第二次取出左操作数。进行相应的算术运算，然后将运算结果压入 operand_stack 栈中。

(4) 当处理完输入表达式时，栈中的值就是结果。将其从栈中取出并返回。

代码清单 3-8 是计算后序表达式的完整函数。为了方便运算，我们定义了辅助函数 do_math。它接收一个运算符和两个操作数，并进行相应的运算。

代码清单 3-8 用 Python 实现后序表达式的计算

```
1   from pythonds3.basic import Stack
2
3   def postfix_eval(postfix_expr):
4       operand_stack = Stack()
5       token_list = postfix_expr.split()
6
7       for token in token_list:
8           if token in "0123456789":
9               operand_stack.push(int(token))
10          else:
11              operand2 = operand_stack.pop()
12              operand1 = operand_stack.pop()
13              result = do_math(token, operand1, operand2)
14              operand_stack.push(result)
```

```
15        return operand_stack.pop()
16
17
18  def do_math(op, op1, op2):
19        if op  == "*":
20            return op1 * op2
21        elif op == "/":
22            return op1 / op2
23        elif op == "+":
24            return op1 + op2
25        else:
26            return op1 - op2
```

需要注意的是，在后序表达式的转换和计算中，我们都假设输入的表达式没有错误。本章最后的练习中以此为基础，要求读者添加错误检测和报告功能。

3.4 队列

队列是有序集合，添加操作发生在"尾部"，移除操作则发生在"头部"。新元素从尾部进入队列，然后一直向前移动到头部，直到成为下一个被移除的元素。

最新添加的元素必须在队列的尾部等待，在队列中时间最长的元素则排在最前面。这种排序特性被称作 FIFO（first-in first-out），即先进先出，也称先到先得。

在日常生活中，我们经常排队，这便是最简单的队列例子。进电影院要排队，在超市结账要排队，买咖啡也要排队（等着从盘子栈中取盘子）。好的队列只允许一头进，另一头出，不可能发生插队或者中途离开的情况。

计算机科学中也有众多的队列例子。图 3-12 展示了一个由 Python 数据对象组成的简单队列。作者的计算机实验室有 30 台计算机，它们都与同一台打印机相连。当学生需要打印的时候，他们的打印任务会进入一个等待队列。该队列中的第一个任务就是下一个将要执行的打印任务。如果一个任务排在队列的最后面，那么它必须等到前面的任务都执行完毕后才能执行。我们稍后会深入探讨这个有趣的例子。

图 3-12 由 Python 数据对象组成的队列

操作系统会使用一系列队列来控制计算机进程。任务调度机制往往基于队列算法，其目标是尽可能快地执行程序，同时服务尽可能多的用户。在打字时，我们有时会发现字符出现的速度比击键速度慢。这是由于计算机正在做其他的工作。击键操作被放入一个类似于队列的缓冲区，以便对应的字符最终能按正确的顺序显示。

3.4.1   队列抽象数据类型

队列抽象数据类型由下面的结构和操作定义。如前所述，队列是元素的有序集合，添加操作发生在其尾部，移除操作则发生在头部。队列的操作顺序是 FIFO，它支持以下操作。

❑ Queue() 创建一个空队列。它不需要参数，且会返回一个空队列。

❑ enqueue(item) 在队列的尾部添加一个元素。它需要一个元素作为参数，不返回任何值。

❑ dequeue() 从队列的头部移除一个元素。它不需要参数，且会返回一个元素，并修改队列的内容。

❑ is_empty() 检查队列是否为空。它不需要参数，且会返回一个布尔值。

❑ size() 返回队列中元素的数目。它不需要参数，且会返回一个整数。

假设 q 是一个新创建的空队列。表 3-5 展示了对 q 进行一系列操作的结果。在 "队列内容" 一列中，队列的头部位于右端。第一个被添加到队列中的元素是 4，因此它也是第一个被移除的元素。

表 3-5　队列操作示例

队列操作	队列内容	返　回　值
q.is_empty()	[]	True
q.enqueue(4)	[4]	
q.enqueue('dog')	['dog', 4]	
q.enqueue(True)	[True, 'dog', 4]	
q.size()	[True, 'dog', 4]	3
q.is_empty()	[True, 'dog', 4]	False
q.enqueue(8.4)	[8.4, True, 'dog', 4]	
q.dequeue()	[8.4, True, 'dog']	4
q.dequeue()	[8.4, True]	'dog'
q.size()	[8.4, True]	2

3.4.2   用 Python 实现队列

我们再次需要创建一个新类来实现队列抽象数据类型。与之前一样，我们利用简洁、强大的列表来实现队列。

需要确定列表的哪一端是队列的尾部，哪一端是头部。代码清单 3-9 中的实现假设队列的尾部在列表的位置 0 处。如此一来，便可以使用 insert 函数向队列的尾部添加新元素。pop 则可用于移除队列头部的元素（列表中的最后一个元素）。这意味着添加操作的时间复杂度是 $O(n)$，移除操作则是 $O(1)$。

代码清单 3-9　用 Python 实现队列

```python
class Queue:
    """将队列实现为列表"""

    def __init__(self):
        """创建新队列"""
        self._items = []

    def is_empty(self):
        """检查队列是否为空"""
        return not bool(self._items)

    def enqueue(self, item):
        """在队列尾部添加元素"""
        self._items.insert(0, item)

    def dequeue(self):
        """从队列头部移除元素"""
        return self._items.pop()

    def size(self):
        """获取队列中元素的数量"""
        return len(self._items)
```

以下 Python 会话展示了表 3-5 中的队列操作及其返回结果。

```
>>> from pythonds3.basic import Queue
>>> q = Queue()
>>> q.is_empty()
True
>>> q.enqueue(4)
>>> q.enqueue("dog")
>>> q.enqueue(True)
>>> q.size()
3
>>> q.is_empty()
False
>>> q.enqueue(8.4)
>>> q.dequeue()
4
>>> q.dequeue()
'dog'
>>> q.size()
2
```

3.4.3　队列模拟：传土豆

展示队列用法的一个典型方法是模拟需要以 FIFO 方式管理数据的真实场景。考虑这样一个小朋友的游戏：传土豆。在这个游戏中，孩子们如图 3-13 所示围成一圈，并依次尽可能快地传递一个土豆。在某个时刻，大家停止传递，此时手里有土豆的孩子就得退出游戏。重复上述过程，直到只剩下一个孩子。

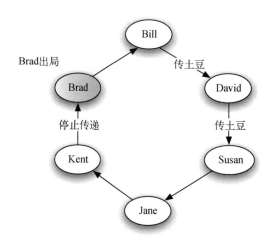

图 3-13　六人传土豆游戏

这个游戏其实等价于著名的约瑟夫斯问题。弗拉维奥·约瑟夫斯是公元 1 世纪著名的历史学家。相传，约瑟夫斯当年和 39 个战友在山洞中对抗罗马军队。眼看着即将失败，他们决定舍生取义。于是，他们围成一圈，从某个人开始，按顺时针方向杀掉第 7 人。约瑟夫斯同时也是卓有成就的数学家。据说，他立刻找到了自己应该站的位置，从而使自己活到了最后。当只剩下他时，约瑟夫斯加入了罗马军队，而不是自杀。这个故事有很多版本，有的说是每隔两个人，有的说最后一个人可以骑马逃跑。不管如何，问题都是一样的。

我们将对传土豆游戏实现通用的**模拟程序**。该程序接收一个名字列表和一个用于计数的常量 num，并且返回最后一人的名字。至于这个人之后如何，就由你来决定吧。

如图 3-14 所示，我们使用队列来模拟一个环。假设握着土豆的孩子位于队列的头部。在模拟传土豆的过程中，程序将这个孩子的名字移出队列，然后立刻将其插入队列的尾部。随后，这个孩子会一直等待，直到再次到达队列的头部。在出列和入列 num 次之后，此时位于队列头部的孩子出局，新一轮游戏开始。如此反复，直到队列中只剩下一个名字（队列的大小为 1）。

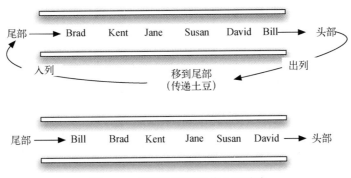

图 3-14 使用队列模拟传土豆游戏

代码清单 3-10 展示了对应的程序。使用 7 作为计数常量,调用 hot_potato 函数将获得返回值 'Susan'。

代码清单 3-10 传土豆模拟程序

```
1   from pythonds3.basic import Queue
2
3
4   def hot_potato(name_list, num):
5       sim_queue = Queue()
6       for name in name_list:
7           sim_queue.enqueue(name)
8
9       while sim_queue.size() > 1:
10          for i in range(num):
11              sim_queue.enqueue(sim_queue.dequeue())
12
13          sim_queue.dequeue()
14
15      return sim_queue.dequeue()
16
17
18  print(hot_potato(["Bill", "David", "Susan",
19                    "Jane", "Kent", "Brad"], 7))
```

注意,在上例中,计数常量大于列表中的名字个数。这不会造成问题,因为队列模拟了一个环,会从头部继续计数,直到达到常量值。同时需要注意,当名字列表载入队列时,列表中的第一个名字出现在队列的头部。在上例中,Bill 是列表中的第一个元素,因此处在队列的最前端。在章末的编程练习中,你将修改这一实现,使程序允许随机计数。

3.4.4 队列模拟:打印任务

一个更有趣的例子是模拟前文提到的打印任务队列。学生向共享打印机发送打印请求,这些打印任务被存在一个队列中,并且按照先到先得的顺序执行。这样的设定可能导致很多问题。其中最重要的是，打印机能否处理这些工作。如果不能，学生可能会因为要等太久而错过要上的课。

考虑计算机科学实验室里的这样一个场景：在任意一小时内，实验室里都有约 10 个学生。他们在这一小时内最多打印 2 次，并且打印的页数从 1 到 20 不等。实验室的打印机比较老旧，可以每分钟打印 10 页低分辨率内容，或者每分钟打印 5 页高分辨率内容。降低打印速度可能导致学生等待过长时间。那么，应该如何设置打印速度呢？

可以通过构建一个实验室模型来解决该问题。我们需要为学生、打印任务和打印机构建表示对象，如图 3-15 所示。当学生提交打印任务时，我们需要将它们加入等待列表中，该列表是打印机上的打印任务队列。当打印机执行完一个任务后，它会检查该队列，看看其中是否还有需要处理的任务。我们感兴趣的是学生平均需要等待多久才能拿到打印好的文章。这个时间等于打印任务在队列中的平均等待时间。

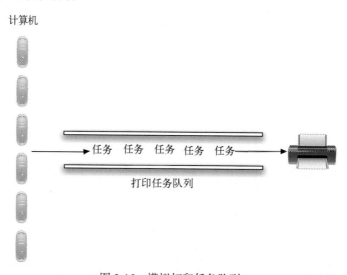

图 3-15　模拟打印任务队列

在模拟时，需要应用一些概率学知识。举例来说，学生打印的文章可能有 1~20 页。如果各页数出现的概率相等，那么打印任务的实际时长可以通过 1~20 的一个随机数来模拟。

如果实验室里有 10 个学生，并且在一小时内每个人都打印两次，那么每小时平均就有 20 个打印任务。在任意一秒，创建一个打印任务的概率是多少？回答这个问题需要考虑任务与时间的比值。每小时 20 个任务相当于每 180 秒 1 个任务。

$$\frac{20个任务}{1小时} \times \frac{1小时}{60分} \times \frac{1分}{60秒} = \frac{1个任务}{180秒}$$

可以通过 1~180 的一个随机数来模拟每秒内产生打印任务的概率。如果随机数正好是 180，那么就认为有一个打印任务被创建。注意，可能会出现多个任务连续被创建的情况，也可能很长一段时间内都没有任务。这就是模拟的本质。我们希望在常用参数已知的情况下尽可能准确地模拟。

1. 主要模拟步骤

下面是主要的模拟步骤。

(1) 创建一个打印任务队列。每一个任务到来时都会有一个时间戳。一开始，队列是空的。

(2) 针对每一秒 (current_second)，执行以下操作。

- ❑ 是否有新创建的打印任务？如果是，以 current_second 作为其时间戳并将该任务加入队列中。
- ❑ 如果打印机空闲，并且有正在等待执行的任务，执行以下操作：
    - ■ 从队列中取出第一个任务并提交给打印机；
    - ■ 用 current_second 减去该任务的时间戳，以此计算其等待时间；
    - ■ 将该任务的等待时间存入一个列表，以备后用；
    - ■ 根据该任务的页数，计算执行时间。
- ❑ 打印机进行一秒的打印，同时从该任务的执行时间中减去一秒。
- ❑ 如果打印任务执行完毕，或者说任务需要的时间减为 0，则说明打印机回到空闲状态。

(3) 当模拟完成之后，根据等待时间列表中的值计算平均等待时间。

2. Python 实现

我们创建 3 个类：Printer、Task 和 PrintQueue。它们分别用于模拟打印机、打印任务和队列。

Printer 类（代码清单 3-11）需要检查当前是否有待完成的任务。如果有，那么打印机就处于工作状态（第 13~14 行），并且其工作所需的时间可以通过要打印的页数来计算。其构造方法会初始化打印速度，即每分钟打印多少页。tick 方法会减量计时，并且在执行完任务之后将打印机设置成空闲状态（第 11 行）。

代码清单 3-11 Printer 类

```
1    class Printer:
2        def __init__(self, ppm):
3            self.page_rate = ppm
4            self.current_task = None
5            self.time_remaining = 0
6
7        def tick(self):
8            if self. current_task is not None:
```

```
9                self. time_remaining = self. time_remaining - 1
10               if self. time_remaining <= 0:
11                   self. current_task = None
12
13       def busy(self):
14           return self. current_task is not None
15
16       def start_next(self, new_task):
17           self.current_task = new_task
18           self.time_remaining = new_task.get_pages()\
19                                  * 60 / self.page_rate
```

　　Task 类（代码清单 3-12）代表单个打印任务。当任务被创建时，随机数生成器会随机提供页数，取值范围是 1~20。我们使用 random 模块中的 randrange 函数来生成随机数。

```
>>> import random
>>> random.randrange(1,21)
18
>>> random.randrange(1,21)
8
```

代码清单 3-12　Task 类

```
1    import random
2
3
4    class Task:
5        def __init__(self, time):
6            self.timestamp = time
7            self.pages = random.randrange(1, 21)
8
9        def get_stamp(self):
10           return self.timestamp
11
12       def get_pages(self):
13           return self.pages
14
15       def wait_time(self, current_time):
16           return current_time - self.timestamp
```

　　每一个任务都需要保存一个时间戳，用于计算等待时间。这个时间戳代表任务被创建并放入打印任务队列的时间。wait_time 方法可以获得任务在队列中等待的时间。

　　主模拟程序（代码清单 3-13）实现了之前描述的算法。print_queue 对象是队列抽象数据类型的实例。布尔辅助函数 new_print_task 判断是否有新创建的打印任务。我们再一次使用 random 模块中的 randrange 函数来生成随机数，不过这一次的取值范围是 1~180。平均每 180 秒有一个打印任务。通过从随机数中选取 180（第 32 行），可以模拟打印任务生成事件。该模拟程序允许设置总时间和打印机每分钟打印多少页。

代码清单 3-13　打印任务模拟程序

```
1    import random
2    from pythonds3.basic import Queue
3
4    def simulation(num_seconds, pages_per_minute):
5        lab_printer = Printer(pages_per_minute)
6        print_queue = Queue()
7        waiting_times = []
8
9        for current_second in range(num_seconds):
10           if new_print_task():
11               task = Task(current_second)
12               print_queue.enqueue(task)
13
14           if (not lab_printer.busy())\
15               and (not print_queue.is_empty()):
16               nexttask = print_queue.dequeue()
17               waiting_times.append(
18                   nexttask.wait_time(current_second)
19                   )
20               lab_printer.start_next(nexttask)
21
22           lab_printer.tick()
23
24       average_wait = sum(waiting_times) / len(waiting_times)
25       print(
26           f"Average Wait {average_wait:6.2f} secs" \
27           + f"{print_queue.size():3d} tasks remaining."
28       )
29
30   def new_print_task():
31       num = random.randrange(1, 181)
32       return num == 180
```

每次模拟的结果不一定相同，这是由于随机数的本质导致的。对此，我们不需要担忧。我们感兴趣的是当参数改变时结果出现的趋势。下面是一些结果。

```
>>> for i in range(10):
...     simulation(3600, 5)
...
Average Wait 165.38 secs 2 tasks remaining.
Average Wait  95.07 secs 1 tasks remaining.
Average Wait  65.05 secs 2 tasks remaining.
Average Wait  99.74 secs 1 tasks remaining.
Average Wait  17.27 secs 0 tasks remaining.
Average Wait 239.61 secs 5 tasks remaining.
Average Wait  75.11 secs 1 tasks remaining.
Average Wait  48.33 secs 0 tasks remaining.
Average Wait  39.31 secs 3 tasks remaining.
Average Wait 376.05 secs 1 tasks remaining.
```

首先，我们进行 10 次模拟 60 分钟（3600 秒）内打印速度为每分钟 5 页的情况。由于模拟中使用了随机数，因此每次返回的结果都不同。

在模拟 10 次之后，可以看到平均等待时间是 122.092 秒，并且等待时间的差异较大，从最短的 17.27 秒到最长的 376.05 秒。此外，只有 2 次在给定时间内完成了所有任务。

现在把打印速度改成每分钟 10 页，然后再模拟 10 次。由于加快了打印速度，因此我们预期一小时内能完成更多打印任务。

```
>>> for i in range(10):
...     simulation(3600, 10)
...
Average Wait    1.29 secs 0 tasks remaining.
Average Wait    7.00 secs 0 tasks remaining.
Average Wait   28.96 secs 1 tasks remaining.
Average Wait   13.55 secs 0 tasks remaining.
Average Wait   12.67 secs 0 tasks remaining.
Average Wait    6.46 secs 0 tasks remaining.
Average Wait   22.33 secs 0 tasks remaining.
Average Wait   12.39 secs 0 tasks remaining.
Average Wait    7.27 secs 0 tasks remaining.
Average Wait   18.17 secs 0 tasks remaining.
```

3. 讨论

在之前的内容中，我们试图解答这样一个问题：如果提高打印分辨率但降低打印速度，打印机能否及时完成所有任务？我们编写了一个程序来模拟随机提交的打印任务，待打印的页数也是随机的。

上面的输出结果显示，按每分钟 5 页的打印速度，任务的等待时间在 17 秒和 376 秒（大约 6 分钟）之间。提高打印速度之后，等待时间在 1 秒和 28 秒之间。此外，在每分钟 5 页的速度下，10 次模拟中有 8 次没有按时完成所有任务。

可见，降低打印速度以提高打印质量，并不是明智的做法。学生无法等待太长时间，尤其是要赶去上课时。6 分钟的等待时间实在是太长了。

这种模拟分析能帮助我们回答很多“如果”问题。只需改变参数，就可以模拟感兴趣的任意行为。以下是几个例子。

❑ 如果实验室里的学生增加到 20 个，会怎么样？
❑ 如果是周六，学生不需要上课，他们是否愿意等待？
❑ 如果每个任务的页数变少了，会怎么样？（因为 Python 既强大又简洁，所以学生不必写太多行代码。）

这些问题都能通过修改本例中的模拟程序来解答。但是，模拟的准确度取决于它所基于的假设和参数。真实的打印任务数量和学生数目是准确构建模拟程序必不可少的数据。

3.4.5 双端队列

双端队列是与队列类似的有序集合。它有一前、一后两端，元素在其中保持自己的相对位置。与队列不同的是，双端队列对在哪一端添加和移除元素没有任何限制。新元素既可以被添加到前端，也可以被添加到后端。同理，已有的元素也能从任意一端移除。某种意义上，双端队列是栈和队列的结合。图 3-16 展示了由 Python 数据对象组成的双端队列。

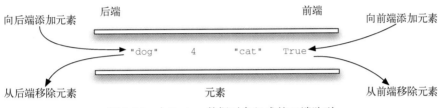

图 3-16　由 Python 数据对象组成的双端队列

值得注意的是，尽管双端队列有栈和队列的很多特性，但是它并不要求按照这两种数据结构分别规定的 LIFO 原则和 FIFO 原则操作元素。具体的排序原则取决于其使用者。

3.5　双端队列抽象数据类型

双端队列抽象数据类型由下面的结构和操作定义。如前所述，双端队列是元素的有序集合，其任何一端都允许添加或移除元素。双端队列支持以下操作。

- ❑ Deque() 创建一个空的双端队列。它不需要参数，且会返回一个空的双端队列。
- ❑ add_front(item) 将一个元素添加到双端队列的前端。它接收一个元素作为参数，没有返回值。
- ❑ add_rear(item) 将一个元素添加到双端队列的后端。它接收一个元素作为参数，没有返回值。
- ❑ remove_front() 从双端队列的前端移除一个元素。它不需要参数，且会返回一个元素，并修改双端队列的内容。
- ❑ remove_rear() 从双端队列的后端移除一个元素。它不需要参数，且会返回一个元素，并修改双端队列的内容。
- ❑ is_empty() 检查双端队列是否为空。它不需要参数，且会返回一个布尔值。
- ❑ size() 返回双端队列中元素的数目。它不需要参数，且会返回一个整数。

假设 d 是一个新创建的空双端队列，表 3-6 展示了对 d 进行一系列操作的结果。注意，前端在列表的右端。记住前端和后端的位置可以防止混淆。

表 3-6 双端队列操作示例

双端队列操作	双端队列内容	返 回 值
d.is_empty()	[]	True
d.add_rear(4)	[4]	
d.add_rear("dog")	['dog', 4]	
d.add_front("cat")	['dog', 4, 'cat']	
d.add_front(True)	['dog', 4, 'cat', True]	
d.size()	['dog', 4, 'cat', True]	4
d.is_empty()	['dog', 4, 'cat', True]	False
d.add_rear(8.4)	[8.4, 'dog', 4, 'cat', True]	
d.remove_rear()	['dog', 4, 'cat', True]	8.4
d.remove_front()	['dog', 4, 'cat']	True

3.5.1 用 Python 实现双端队列

和前几节一样，我们通过创建一个新类来实现双端队列抽象数据类型。Python 列表再一次提供了很多简便的方法来帮助我们构建双端队列。在代码清单 3-14 中，我们假设双端队列的后端是列表的位置 0 处。

代码清单 3-14 用 Python 实现双端队列

```
1   class Deque:
2       """将队列实现为列表"""
3
4       def __init__(self):
5           """创建新双端队列"""
6           self._items = []
7
8       def is_empty(self):
9           """检查双端队列是否为空"""
10          return not bool(self._items)
11
12      def add_front(self, item):
13          """将元素添加到双端队列前端"""
14          self._items.append(item)
15
16      def add_rear(self, item):
17          """将元素添加到双端队列后端"""
18          self._items.insert(0, item)
19
20      def remove_front(self):
21          """从双端队列前端移除元素"""
22          return self._items.pop()
23
```

```
24      def remove_rear(self):
25          """从双端队列后端移除元素"""
26          return self._items.pop(0)
27
28      def size(self):
29          """获取双端队列中元素的数量"""
30          return len(self._items)
```

remove_front 使用 pop 方法移除列表中的最后一个元素，remove_rear 则使用 pop(0) 方法移除列表中的第一个元素。同理，之所以 add_rear 使用 insert 方法（第 18 行），是因为 append 方法只能在列表的最后添加元素。

以下 Python 会话展示了表 3-6 中的双端队列操作及其返回结果。

```
>>> from pythonds3.basic import Deque
>>> d = Deque()
>>> d.is_empty()
True
>>> d.add_rear(4)
>>> d.add_rear("dog")
>>> d.add_front("cat")
>>> d.add_front(True)
>>> d.size()
4
>>> d.is_empty()
False
>>> d.add_rear(8.4)
>>> d.remove_rear()
8.4
>>> d.remove_front()
True
```

实现双端队列的 Python 代码与实现栈和队列的有许多相似之处。在双端队列的 Python 实现中，在前端进行的添加操作和移除操作的时间复杂度是 $O(1)$，在后端的则是 $O(n)$。考虑到实现时采用的操作，这不难理解。再次强调，记住前后端的位置非常重要。

3.5.2 回文检测器

运用双端队列可以解决一个非常有趣的经典问题：回文问题。**回文**是指从前往后读和从后往前读都一样的字符串，例如 radar、toot，以及 madam。我们将构建一个程序，它接收一个字符串并且检测其是否为回文。

该问题的解决方案是使用一个双端队列来存储字符串中的字符。按从左往右的顺序将字符串中的字符添加到双端队列的后端。此时，该双端队列类似于一个普通的队列。然而，可以利用双端队列的双重性，其前端是字符串的第一个字符，后端是字符串的最后一个字符，如图 3-17 所示。

向后端添加radar

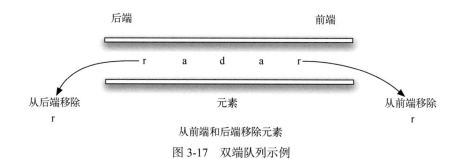

从前端和后端移除元素

图 3-17   双端队列示例

由于可以从前后两端移除元素，因此我们能够比较两个元素，并且只有在二者相等时才继续。如果一直匹配第一个和最后一个元素，最终会处理完所有的字符（如果字符数是偶数），或者剩下只有一个元素的双端队列（如果字符数是奇数）。任意一种结果都表明输入字符串是回文。代码清单 3-15 展示了完整的回文检测程序。

代码清单 3-15   用 Python 实现回文检测器

```python
1    from pythonds3.basic import Deque
2
3
4    def pal_checker(a_string):
5        char_deque = Deque()
6
7        for ch in a_string:
8            char_deque.add_rear(ch)
9
10       while char_deque.size() > 1:
11           first = char_deque.remove_front()
12           last = char_deque.remove_rear()
13           if first != last:
14               return False
15
16       return True
```

调用 pal_checker 函数的示例如下。

```
>>> pal_checker("lsdkjfskf")
False
>>> pal_checker("radar")
True
```

3.6 列表

本章使用了 Python 列表来实现其他抽象数据类型。列表是简洁而强大的集合，它为程序员提供了很多操作。但是，并非所有编程语言都有列表。对于不提供列表的编程语言，程序员必须自己动手实现列表。

列表是元素的集合，其中每一个元素都有一个相对于其他元素的位置。更具体地说，这种列表称为无序列表。可以认为列表有第一个元素、第二个元素、第三个元素，等等；也可以称第一个元素为列表的起点，称最后一个元素为列表的终点。为简单起见，我们假设列表中没有重复元素。

假设 54, 26, 93, 17, 77, 31 是考试分数的无序列表。注意，列表通常使用逗号作为分隔符。这个列表在 Python 中显示为 `[54, 26, 93, 17, 77, 31]`。

3.6.1 无序列表抽象数据类型

如前所述，无序列表是元素的集合，其中每一个元素都有一个相对于其他元素的位置。以下是无序列表支持的操作。

- ❑ `List()` 创建一个空列表。它不需要参数，且会返回一个空列表。
- ❑ `add(item)` 假设元素 item 之前不在列表中，并向其中添加 item。它接收一个元素作为参数，无返回值。
- ❑ `remove(item)` 从列表中移除 item。它接收一个元素作为参数，并且修改列表。如果 item 不在列表中，则会抛出异常。
- ❑ `search(item)` 在列表中搜索元素 item。它接收一个元素作为参数，并且返回布尔值。
- ❑ `is_empty()` 检查列表是否为空。它不需要参数，并且返回布尔值。
- ❑ `size()` 返回列表中元素的个数。它不需要参数，并且返回一个整数。
- ❑ `append(item)` 假设元素 item 之前不在列表中，并在列表的最后位置添加 item。它接收一个元素作为参数，无返回值。
- ❑ `index(item)` 假设元素 item 已经在列表中，并返回该元素在列表中的位置。它接收一个元素作为参数，并且返回该元素的下标。
- ❑ `insert(pos, item)` 假设元素 item 之前不在列表中，同时假设 pos 是合理的值，并在位置 pos 处添加元素 item。它接收两个参数，无返回值。

- ❑ pop()假设列表不为空，并移除列表中的最后一个元素。它不需要参数，且会返回一个元素。
- ❑ pop(pos)假设在指定位置 pos 存在元素，并移除该位置上的元素。它接收位置参数，且会返回一个元素。

3.6.2　实现无序列表：链表

为了实现无序列表，我们要构建**链表**。无序列表需要维持元素之间的相对位置，但是并不需要在连续的内存空间中维护这些位置信息。以图 3-18 中的元素集合为例，这些元素的位置看上去都是随机的。如果可以为每一个元素维护一份信息，即下一个元素的位置（如图 3-19 所示），那么这些元素的相对位置就能通过指向下一个元素的链接来表示。

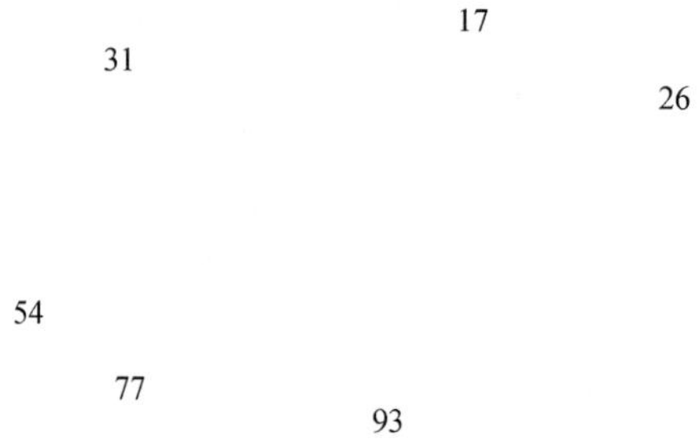

17
31
26
54
77
93

图 3-18　看似随意摆放的元素

17
31 (尾)
26
头
54
77
93

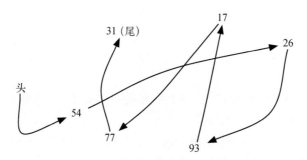

图 3-19　通过链接维护相对位置信息

需要注意的是，必须指明列表中第一个元素的位置。一旦知道第一个元素的位置，就能根据其中的链接信息访问第二个元素，接着访问第三个元素，依次类推。指向链表第一个元素的引用被称作**头**。最后一个元素需要知道自己没有下一个元素。

1. Node 类

节点（node）是构建链表的基本数据结构。每一个节点对象都必须持有至少两种信息。首先，节点必须包含列表元素，我们称之为节点的**数据变量**。其次，节点必须保存指向下一个节点的引用。

代码清单 3-16 展示了 Node 类的 Python 实现。在构建节点时，需要为其提供初始值。如图 3-20 所示，执行下面的赋值语句会生成一个包含数据值 93 的节点对象。需要注意的是，一般会像图 3-21 所示的那样表示节点。Node 类的隐藏数据_data 和_next 被转换成了属性，并且分别可以通过 data 和 next 来访问。

代码清单 3-16 Node 类

```
1   class Node:
2       """一个链表节点"""
3
4       def __init__(self, node_data):
5           self._data = node_data
6           self._next = None
7
8       def get_data(self):
9           """获取节点数据"""
10          return self._data
11
12      def set_data(self, node_data):
13          """设置节点数据"""
14          self._data = node_data
15
16      data = property(get_data, set_data)
17
18      def get_next(self):
19          """获取下一个节点"""
20          return self._next
21
22      def set_next(self, node_next):
23          """设置下一个节点"""
24          self._next = node_next
25
26      next = property(get_next, set_next)
27
28      def __str__(self):
29          """字符串"""
30          return str(self._data)
```

我们用通常的方法来创建 Node 对象。

```
>>> temp = Node(93)
>>> temp.data
93
```

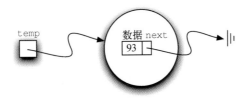

图 3-20 节点对象包含元素及指向下一个节点的引用

图 3-21   节点的常见表示法

特殊的 Python 引用值 None 在 Node 类以及之后的链表中起到了重要的作用。指向 None 的引用代表后面没有元素。注意，Node 的构造方法将 next 的初始值设为 None。由于这有时被称为"将节点接地"，因此我们使用接地符号来代表指向 None 的引用。显式地将 next 的值初始化为 None 是推荐的做法。

2. UnorderedList 类

如前所述，无序列表（unordered list）是基于节点集合来构建的，每一个节点都通过显式的引用指向下一个节点。只要知道第一个节点的位置（其包含第一个元素），其后的每一个元素都能通过下一个引用找到。因此，UnorderedList 类必须包含指向第一个节点的引用。代码清单 3-17 展示了 UnorderedList 类的构造方法。注意，每一个列表对象都保存了指向列表头部的引用。

代码清单 3-17   UnorderedList 类的构造方法

```
1    class UnorderedList:
2
3        def __init__(self):
4            self.head = None
```

最开始构建列表时，其中没有元素。赋值语句 my_list = UnorderedList() 将创建如图 3-22 所示的链表。与在 Node 类中一样，特殊引用值 None 用于表明列表的头部没有指向任何节点。最终，前面给出的样例列表将由如图 3-23 所示的链表来表示。列表的头部指向包含列表第一个元素的节点。这个节点包含指向下一个节点（元素）的引用，依次类推。非常重要的一点是，列表类本身并不包含任何节点对象，而只有指向整个链表结构中第一个节点的引用。

图 3-22   空列表

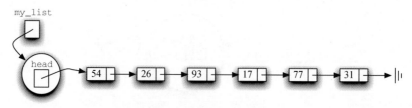

图 3-23   由整数组成的链表

在代码清单 3-18 中，is_empty 方法检查列表的头部是否为指向 None 的引用。布尔表达式 self.head == None 当且仅当链表中没有节点时才为真。由于新的链表是空的，因此构造方法必须和检查是否为空的方法保持一致。这体现了使用 None 表示链表末尾的好处。在 Python 中，None 可以和任何引用进行比较。如果两个引用指向同一个对象，那么它们就是相等的。我们将在后面的方法中经常使用这一特性。

代码清单 3-18 is_empty 方法

```
1   def is_empty(self):
2       return self.head == None
```

为了将元素添加到列表中，需要实现 add 方法。但在实现之前，需要解决一个重要问题：新元素要放在链表的哪个位置？由于本例中的列表是无序的，因此新元素相对于已有元素的位置并不重要。新的元素可以在任意位置。因此，将新元素放在最简便的位置是最合理的选择。

由于链表只提供一个入口（头部），因此其他所有节点都只能通过第一个节点以及 next 链接来访问。这意味着添加新节点最简便的位置就是头部，或者说链表的起点。我们把新元素作为列表的第一个元素，并且把已有的元素链接到该元素的后面。

通过多次调用 add 方法，可以构建出如图 3-23 所示的链表。

```
>>> my_list.add(31)
>>> my_list.add(77)
>>> my_list.add(17)
>>> my_list.add(93)
>>> my_list.add(26)
>>> my_list.add(54)
```

注意，由于 31 是第一个被加入列表的元素，因此随着后续元素不断加入列表，它最终成了最后一个元素。同理，由于 54 是最后一个被添加的元素，因此它成为链表中第一个节点的数据值。

代码清单 3-19 展示了 add 方法的实现。列表中的每一个元素都必须存放在一个节点对象中。第 2 行创建一个新节点，并且将元素作为其数据。现在需要将新节点与已有的链表结构链接起来。这一过程需要两步，如图 3-24 所示。第 1 步（第 3 行），将新节点的 next 引用指向当前列表中的第一个节点。这样一来，原来的列表就和新节点正确地链接在了一起。第 2 步，修改列表的头节点，使其指向新创建的节点。第 4 行的赋值语句完成了这一操作。

代码清单 3-19 add 方法

```
1   def add(self, item):
2       temp = Node(item)
3       temp.set_next(self.head)
4       self.head = temp
```

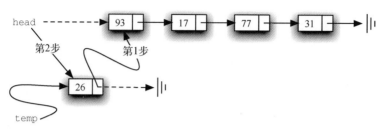

图 3-24   通过两个步骤添加新节点

上述两步的顺序非常重要。如果颠倒第 3 行和第 4 行的顺序，会发生什么呢？如果先修改列表的头节点，将得到如图 3-25 所示的结果。由于头节点是唯一指向列表节点的外部引用，因此所有的已有节点都将丢失并且无法访问。

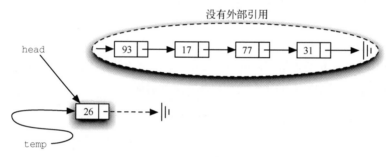

图 3-25   先修改列表的头节点将导致已有节点丢失

接下来要实现的方法——size、search 以及 remove——都基于**链表遍历**技术。遍历是指系统地访问每一个节点，具体做法是用一个外部引用从列表的头节点开始访问。随着访问每一个节点，我们将这个外部引用通过"遍历"下一个引用来指向下一个节点。

为了实现 size 方法，需要遍历链表并且记录访问过多少个节点。代码清单 3-20 展示了计算列表中节点个数的 Python 代码。current 是外部引用，它在第 2 行中被初始化为列表的头节点。在计算开始时，由于没有访问到任何节点，因此 count 被初始化为 0。第 4~6 行实现遍历过程。只要 current 引用没有指向列表的结尾（None），就将它指向下一个节点（第 6 行）。引用能与 None 进行比较，这一特性非常重要。每当 current 指向一个新节点时，将 count 加 1。最终，循环完成后返回 count。图 3-26 展示了整个处理过程。

代码清单 3-20   size 方法

```
1   def size(self):
2       current = self.head
3       count = 0
4       while current is not None:
5           count = count + 1
```

```
6          current = current.next
7      return count
```

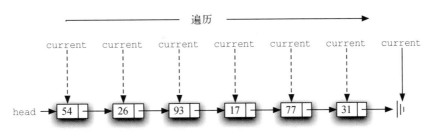

图 3-26　从头到尾遍历链表

在无序列表中搜索一个值同样会用到遍历技术。每当访问一个节点时，检查该节点中的元素是否与要搜索的元素相同。在搜索时，可能并不需要完整遍历列表就能找到该元素。事实上，如果遍历到列表的末尾，就意味着要找的元素不在列表中。如果在遍历过程中找到所需的元素，就没有必要继续遍历了。

代码清单 3-21 展示了 search 方法的实现。与在 size 方法中相似，遍历从列表的头部开始（第 2 行）。只要还有未访问的节点，我们就继续检查下一个节点。第 4 行检查当前节点中的元素是否为目标元素。如果是，就立刻返回 True。

代码清单 3-21　search 方法

```
1    def search(self, item):
2        current = self.head
3        while current is not None:
4            if current.data == item:
5                return True
6            current = current.next
7
8        return False
```

以下调用 search 方法来寻找元素 17。

```
>>> my_list.search(17)
True
```

由于 17 在列表中，因此遍历过程只需进行到含有 17 的节点即可。此时，第 4 行的判断结果为 True，因此返回搜索结果。图 3-27 展示了这一过程。

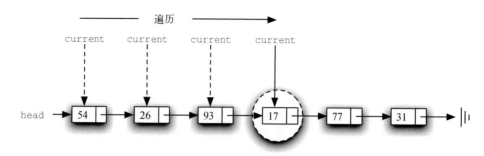

图 3-27   成功搜索到元素 17

remove 方法在逻辑上需要分两步。第 1 步，遍历列表并查找要移除的元素。一旦找到该元素（假设元素在列表中），就必须将其移除。如果元素不在列表中，我们的方法需要抛出 ValueError。

第 1 步与 search 非常相似。从一个指向列表头节点的外部引用开始，遍历整个列表，直到遇到需要移除的元素。

当找到元素并且退出循环时，current 会指向需要被移除的节点。但是如何移除它呢？一种方法是将其包含的数值替换为某种标记值，来代表它已经被移除。这种方法的问题是，链表中节点的数量和元素的数量将不再匹配。将整个节点都删除是更好的选择。

为了将包含元素的节点移除，需要将其前面的节点中的 next 引用指向 current 之后的节点。然而，并没有反向遍历链表的方法。由于 current 已经指向了需要修改的节点之后的节点，此时做修改为时已晚。

这一困境的解决方法就是在遍历链表时使用两个外部引用。current 与之前一样，标记在链表中的当前位置。新的引用 previous 总是指向 current 上一次访问的节点。这样一来，当 current 指向需要被移除的节点时，previous 就刚好指向真正需要修改的节点。

代码清单 3-22 展示了完整的 remove 方法。第 2~3 行对两个引用进行初始赋值。注意，current 与其他遍历例子一样，从列表的头节点开始。由于头节点之前没有别的节点，因此 previous 的初始值是 None，如图 3-28 所示。

代码清单 3-22   remove 方法

```
1   def remove(self, item):
2       current = self.head
3       previous = None
4
5       while current is not None:
6           if current.data == item:
7               break
```

```
8            previous = current
9            current = current.next
10
11      if current is None:
12          raise ValueError(f"{item} is not in the list")
13      if previous is None:
14          self.head = current.next
15      else:
16          previous.next = current.next
```

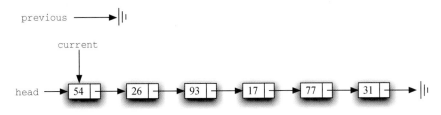

图 3-28　previous 和 current 的初始值

　　第 6~7 行检查当前节点中的元素是否为要移除的元素。如果是，中断循环，否则将 previous 和 current 都往下一个节点移动。这两条语句的顺序十分重要。必须先将 previous 移动到 current 的位置，然后再移动 current。这一过程经常被称为"蠕动"，因为 previous 必须在 current 向前移动之前指向其当前位置。图 3-29 展示了在遍历列表寻找包含 17 的节点的过程中，previous 和 current 的移动过程。

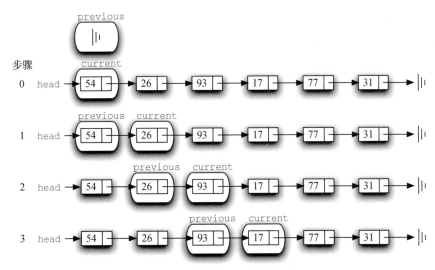

图 3-29　previous 和 current 的移动过程

　　一旦搜索过程结束，就需要将节点从链表中删除。图 3-30 展示了修改过程。有一种特殊情况需要注意：如果被移除的元素正好是链表的第一个元素，那么 current 会指向链表中的第一个节点，previous 的值则是 None。我们之前说过 previous 会指向需要修改 next 引用的节点。在这种情况下，我们需要修改链表的头节点，而不是 previous 指向的节点，如图 3-31 所示。另一种特殊情况是元素不在链表中。此时，第 11 行的结果是 True，因而抛出异常。

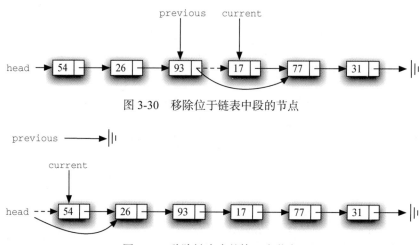

图 3-30　移除位于链表中段的节点

图 3-31　移除链表中的第一个节点

继续看代码清单 3-22。第 13 行检查是否遇到上述特殊情况。如果 previous 没有移动，循环中断时它的值仍然是 None。在这种情况下，链表的头节点被修改成指向当前头节点的下一个节点（第 14 行），从而达到移除头节点的效果。但是，如果 previous 的值不是 None，则说明需要移除的节点在链表结构中的某个位置。在这种情况下，previous 指向了 next 引用需要被修改的节点。第 16 行修改了 previous 的 next 属性来完成移除操作。注意，在两种情况中，修改后的引用都指向 current.next。一个常被提及的问题是，已有的逻辑能否处理移除最后一个节点的情况。这个问题留给读者来思考。

剩下的方法 append、insert、index 和 pop 都留作练习。注意，每一个方法都需要考虑操作是发生在链表的头节点还是别的位置。此外，insert、index 和 pop 需要提供元素在链表中的位置。请假设位置是从 0 开始的整数。

3.6.3　有序列表抽象数据类型

接下来学习有序列表。如果前文中的整数列表是以升序排列的有序列表，那么它会被写作 17, 26, 31, 54, 77, 93。由于 17 是最小的元素，因此它就成了列表的第一个元素。同理，由于 93 是最大的元素，因此它在列表的最后一个位置。

在有序列表中，元素的相对位置取决于它们的基本特征。它们通常以升序或者降序排列，并且我们假设元素之间能进行有意义的比较。有序列表的众多操作与无序列表的相同。

- ❑ OrderedList()创建一个空有序列表。它不需要参数，且会返回一个空列表。
- ❑ add(item)假设 item 之前不在列表中，并向其中添加 item，同时保持整个列表的顺序。它接收一个元素作为参数，无返回值。
- ❑ remove(item)从列表中移除 item。它接收一个元素作为参数，并且修改列表。如果 item 不在列表中，则会抛出异常。
- ❑ search(item)在列表中搜索 item。它接收一个元素作为参数，并且返回布尔值。
- ❑ is_empty()检查列表是否为空。它不需要参数，并且返回布尔值。
- ❑ size()返回列表中元素的个数。它不需要参数，并且返回一个整数。
- ❑ index(item)假设 item 已经在列表中，并返回该元素在列表中的位置。它接收一个元素作为参数，并且返回该元素的下标。
- ❑ pop()假设列表不为空，并移除列表中的最后一个元素。它不需要参数，且会返回一个元素。
- ❑ pop(pos)假设在指定位置 pos 存在元素，并移除该位置上的元素。它接收位置参数，且会返回一个元素。

3.6.4　实现有序列表

在实现有序列表时必须记住，元素的相对位置取决于它们的基本特征。整数有序列表 17, 26, 31, 54, 77, 93 可以用如图 3-32 所示的链式结构来表示。

图 3-32　有序列表

OrderedList 类的构造方法与 UnorderedList 类的相同。head 引用指向 None，代表这是一个空列表，如代码清单 3-23 所示。

代码清单 3-23　OrderedList 类的构造方法

```
1   class OrderedList:
2       def __init__(self):
3           self.head = None
```

因为 is_empty 和 size 仅与列表中的节点数目有关，而与实际的元素值无关，所以这两个方法在有序列表中的实现与在无序列表中一样。同理，由于仍然需要找到目标元素并且通过更改链接来移除节点，因此 remove 方法的实现也一样。剩下的两个方法，search 和 add，则需要做一些修改。

在无序列表中搜索时，需要逐个遍历节点，直到找到目标节点或者没有节点可以继续访问。这个方法同样适用于有序列表且无须修改，前提是列表包含目标元素。如果目标元素不在列表中，可以利用元素有序排列这一特性尽早终止搜索。

举一个例子。图 3-33 展示了在有序列表中搜索 45 的情况。从列表的头节点开始遍历，首先比较 45 和 17。由于 17 不是要查找的元素，因此移向下一个节点，即 26。它也不是要查找的元素，所以继续向前比较 31 和之后的 54。由于 54 不是要查找的元素，因此在无序列表中，我们会继续搜索。但是，在有序列表中不需要再继续搜索了。一旦节点中的值比正在查找的值更大，搜索就立刻结束并返回 False。这是因为，要查找的元素不可能存在于链表后序的节点中。

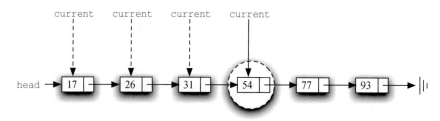

图 3-33   在有序列表中查找元素

代码清单 3-24 展示了完整的 search 方法。我们可以通过增加检查（第 6 行）将上面讨论的条件添加进去。我们不停地检查链表的下一个元素（第 3 行）。如果遇到了一个节点包含比我们要查找的元素值更大的元素，就立刻返回 False。剩下的代码与无序列表的搜索一致。

代码清单 3-24   有序列表的 search 方法

```
1    def search(self, item):
2        current = self.head
3        while current is noe None:
4            if current.data == item:
5                return True
6            if current.data > item:
7                return False
8            current = current.next
9
10       return False
```

需要修改最多的是 add 方法。对于无序列表，add 方法可以简单地将一个节点放在最便于访问的位置，也就是列表的头部。而对于有序列表，这种做法并不适合。我们需要在已有链表中为新节点找到正确的插入位置。

假设要向有序列表 17, 26, 54, 77, 93 中添加 31。add 方法必须确定新元素的位置在 26 和 54 之间。图 3-34 展示了我们期望的结果。与之前解释的一样，我们需要遍历链表来查找新元素的插入位置。当访问完所有节点（current 是 None）或者当前值大于要添加的元素时，就找到了插入位置。在本例中，遇到 54 时就可以停止查找。

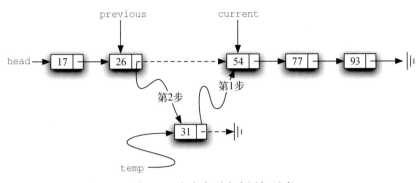

图 3-34　向有序列表中添加元素

和无序列表一样，由于 current 无法提供对待修改节点的访问，因此使用额外的引用 previous 是十分必要的。代码清单 3-25 展示了完整的 add 方法。第 3~4 行初始化两个外部引用，第 8~9 行保证 previous 一直跟在 current 后面。只要还有节点可以访问，并且当前节点的值不大于要插入的元素，第 7 行的判断就会允许循环继续执行。在循环停止时，就找到了新节点的插入位置。

代码清单 3-25　有序列表的 add 方法

```
1   def add(self, item):
2       """添加一个新节点"""
3       current = self.head
4       previous = None
5       temp = Node(item)
6
7       while current is not None and current.data < item:
8           previous = current
9           current = current.next
10
11      if previous is None:
12          temp.next = self.head
13          self.head = temp
14      else:
15          temp.next = current
16          previous.next = temp
```

剩下的代码实现了图 3-34 展示的两步过程。一旦创建了新节点，唯一的问题就是它会被添加到链表的开头还是中间某个位置。previous is None（第 11 行）可以提供答案。

剩下的方法留作练习。读者需要认真思考，在无序列表中的实现是否可用于有序列表。

链表分析

在分析链表操作的时间复杂度时，需要考虑该操作是否遍历了列表。以有 n 个节点的链表为例，is_empty 方法的时间复杂度是 $O(1)$，这是因为它只需要执行一步操作，即检查 head 引用是否为 None。size 方法则总是需要执行 n 步操作，这是因为只有完全遍历整个列表才能知道究竟有多少个元素。因此，size 方法的时间复杂度是 $O(n)$。向无序列表中添加元素是 $O(1)$，这是因为只需简单地将新节点放在链表的第一个位置即可。但是有序列表的 search、remove 以及 add 都需要进行遍历操作。尽管它们平均都只需要遍历一半的节点，但是这些方法的时间复杂度都是 $O(n)$。这是因为在最坏情况下，它们都需要遍历所有节点。

我们注意到，本节实现的链表在性能上和 Python 列表有差异。这意味着 Python 列表并不是通过链表实现的。实际上，Python 列表是基于数组实现的。第 8 章将深入讨论。

3.7 小结

- ❑ 线性数据结构以有序的方式来维护其数据。
- ❑ 栈是简单的数据结构，其排序原则是 LIFO，即后进先出。
- ❑ 栈的基本操作有 push、pop 和 is_empty。
- ❑ 队列是简单的数据结构，其排序原则是 FIFO，即先进先出。
- ❑ 队列的基本操作有 enqueue、dequeue 和 is_empty。
- ❑ 表达式有 3 种写法：前序、中序和后序。
- ❑ 栈在计算和转换表达式的算法中十分有用。
- ❑ 栈具有反转特性。
- ❑ 队列有助于构建时序模拟。
- ❑ 模拟程序使用随机数生成器来模拟实际情况，并且帮助我们回答"如果"问题。
- ❑ 双端队列是栈和队列的结合。
- ❑ 双端队列的基本操作有 add_front、add_rear、remove_front、remove_rear 和 is_empty。
- ❑ 列表是元素的集合，其中每一个元素都有一个相对于其他元素的位置。
- ❑ 链表保证逻辑顺序，对实际的存储顺序没有要求。
- ❑ 修改链表头部是一种特殊情况。

3.8 关键术语

FIFO	LIFO	遍历链表	队列	后序
回文	节点	链表	列表	模拟

| 匹配括号 | 前序 | 数据变量 | 双端队列 | 头部 |
| 完全括号 | 线性数据结构 | 优先级 | 栈 | 中序 |

3.9 练习

1. 使用"除以 2"算法将下列值转换成二进制数。列出转换过程中的余数。

   ❑ 17
   ❑ 45
   ❑ 96

2. 使用完全括号法，将下列中序表达式转换成前序表达式。

   ❑ (A + B) * (C + D) * (E + F)
   ❑ A + ((B + C) * (D + E))
   ❑ A * B * C * D + E + F

3. 使用完全括号法，将上面的中序表达式转换成后序表达式。

4. 使用直接转换法，将上面的中序表达式转换成后序表达式。展示转换过程中栈的变化。

5. 计算下列后序表达式。展示计算过程中栈的变化。

   ❑ 2 3 * 4 +
   ❑ 1 2 + 3 + 4 + 5 +
   ❑ 1 2 3 4 5 * + * +

6. 队列抽象数据类型的另一种实现方式是使用列表，并使得列表的后端是队列的尾部。这种实现的大 O 性能如何？

7. 队列的某一种实现可以使得入队和出队的平均时间复杂度为 $O(1)$。这意味着在大多数情况下，入队和出队的时间复杂度均为 $O(1)$，而只在一种特殊情况下出队的时间复杂度是 $O(n)$。请设计这样的实现并讨论其中的权衡取舍。

8. 在链表的 add 方法中，颠倒两个步骤的执行顺序会是什么结果？引用的结果会是怎样的？会出现什么问题？

9. 假设需要移除链表中的最后一个节点，解释如何实现 remove 方法。

10. 假设链表只有一个节点，解释如何实现 remove 方法。

11. 修改从中序到后序的转换算法，使其能处理异常情况。

12. 修改计算后序表达式的算法，使其能处理异常情况。

13. 结合从中序到后序的转换算法以及计算后序表达式的算法，实现直接的中序计算。在计算时，应该使用两个栈从左往右处理中序表达式标记。一个栈用于保存运算符，另一个用于保存操作数。

14. 将在练习 3 中实现的算法做成一个计算器。

15. 使用列表实现队列抽象数据类型，将列表的后端作为队列的尾部。

16. 设计和实现一个实验，对比两种队列实现的性能。你能从该实验中学到什么？

17. 修改传土豆模拟程序，允许随机计数，从而使每一轮的结果都不可预测。

18. 考虑现实生活中的一个场景。完整地定义问题，并且设计一个模拟来解答它。以下是一些例子：

    ❑ 排队等待洗车；
    ❑ 在超市等待结账；
    ❑ 飞机等待起飞和降落；
    ❑ 银行柜员。
    请说明你所做的任何假设，并且提供所需的概率数据。

19. 实现一个基数排序器。十进制数的基数排序利用 1 个主桶和 10 个数位桶。每个桶就像一个队列，并且根据数字到达的先后顺序来维持其中的值。该算法首先将所有的数都放在主桶中，然后按照数值中的每一个数位来考察这些值。第一个值从主桶中移除并且根据在考察的数位将其放到对应的数位桶中。如果考察的是个位，那么 534 将被放在 4 号数位桶中，667 则将被放在 7 号数位桶中。一旦所有的值都被放在了相应的数位桶中，便依次从 0 号到 9 号数位桶中将值放回主桶。重复整个过程到数字的十位、百位等。在最后一个数位被处理完之后，主桶里面就是排好序的值。

20. 除了本章所举的例子，HTML 中也存在括号匹配问题。标签有开始和结束两种形式，并且需要互相匹配才能正确描述网页内容。下面是简单的 HTML 文档，用于展示标签的匹配和嵌套。写一个程序来检查 HTML 文档中的标签是否正确匹配。

```
<html>
    <head>
        <title>
            Example
        </title>
    </head>

    <body>
        <h1>Hello, world</h1>
    </body>
</html>
```

21. 扩展代码清单 3-15 中的回文检测器，使其可以处理包含空格的回文。如果忽略其中的空格，那么 I PREFER PI 就是回文。

22. 本章通过计算列表中节点的个数来实现 size 方法。另一种做法是将节点个数作为额外的信息保存在列表头中。请修改 UnorderedList 类的实现，使其包含节点个数信息，并且重新实现 size 方法。

23. 实现 remove 方法，使其能正确处理待移除元素不在列表中的情况。

24. 修改列表类，使其支持重复元素。这一改动会影响到哪些方法？

25. 实现 UnorderedList 类的 __str__ 方法。列表适合用什么样的字符串来表示？

26. 实现 __str__ 方法，使列表按照 Python 的方式来显示（使用方括号）。

27. 实现无序列表抽象数据类型剩余的方法：append、index、pop 和 insert。

28. 实现 UnorderedList 类的 slice 方法。该方法接收 start 和 stop 两个参数，并且返回一个从 start 位置开始，到 stop 位置结束的新列表（但不包含 stop 位置上的元素）。

29. 实现有序列表抽象数据类型剩余的方法。

30. 思考有序列表和无序列表的关系。能否利用继承关系来构建更高效的实现？试着实现这个继承结构。

31. 使用链表实现栈。

32. 使用链表实现队列。

33. 使用链表实现双端队列。

34. 设计和实现一个实验，比较用链表实现的列表与 Python 列表的性能。

35. 设计和实现一个实验，比较基于 Python 列表的栈和队列与相应链表实现的性能。

36. 由于每个节点都只有一个引用指向其后的节点，因此本章给出的链表实现称为单向链表。另一种实现称为双向链表。在这种实现中，每一个节点都有指向后一个节点的引用（通常称为 next）和指向前一个节点的引用（通常称为 back）。头引用也有两个引用，一个指向链表中的第一个节点，另一个指向最后一个节点。请用 Python 实现双向链表。

37. 为队列创建一个实现，使得添加操作和移除操作的平均时间复杂度是 $O(1)$。

第 4 章

递　归

4.1　本章目标

- ❑ 理解某些复杂的难题为何可以通过简单的递归解决。
- ❑ 学习如何构建递归程序。
- ❑ 理解和应用递归三原则。
- ❑ 从循环的角度理解递归。
- ❑ 实现问题的递归解法。
- ❑ 理解计算机系统如何实现递归。

4.2　何谓递归

递归是解决问题的一种方法，它将问题不断地分成更小的子问题，直到子问题可以用普通的方法解决。通常情况下，递归会使用一个不停调用自己的函数。尽管表面上看起来很普通，但是递归可以帮助我们写出非常优雅的代码，来解决某些很难直接编程的难题。

4.2.1　计算一列数之和

我们从一个简单的无须递归就能解决的问题开始学习。假设需要计算数字列表[1，3，5，7，9]的和。代码清单 4-1 展示了如何通过循环函数来计算结果。这个函数使用初始值为 0 的累加变量 the_sum，通过把列表中的数加到该变量中来计算所有数的和。

代码清单 4-1　循环求和函数

```
1   def list_sum(num_list):
2       the_sum = 0
3       for i in num_list:
4           the_sum = the_sum + i
5       return the_sum
```

假设我们没有 while 循环和 for 循环，应该如何计算结果呢？如果你是数学家，就会记得加法是接收两个参数（一对数）的函数。将问题从求一列数之和重新定义成求数字对之和，可以将数字列表重写成完全括号表达式，例如 ((((1 + 3) + 5) + 7) + 9)。该表达式还有另一种添加括号的方式，即 (1 + (3 + (5 + (7 + 9))))。注意，最内层的括号对 (7 + 9) 不用循环或者其他特殊语法结构就能直接求解。事实上，我们可以使用下面的简化步骤来求总和。

$$总和 = (1 + (3 + (5 + (7 + 9))))$$
$$总和 = (1 + (3 + (5 + 16)))$$
$$总和 = (1 + (3 + 21))$$
$$总和 = (1 + 24)$$
$$总和 = 25$$

如何将上述想法转换成 Python 程序呢？我们先用 Python 列表来重新表述求和问题。数字列表 num_list 的总和等于列表中的第一个元素（num_list[0]）加上其余元素（num_list[1:]）之和。可以用函数的形式来表述这个定义。

$$list\_sum(num\_list) = first(num\_list) + list\_sum(rest(num\_list))$$

first(num_list) 返回列表中的第一个元素，*rest(num_list)* 则返回其余元素。用 Python 可以轻松地实现这个等式，如代码清单 4-2 所示。

代码清单 4-2 递归求和函数

```
1    def list_sum(num_list):
2        if len(num_list) == 1:
3            return num_list[0]
4        else:
5            return num_list[0] + list_sum(num_list[1:])
```

在这一段代码中，有两个重要的思想值得探讨。首先，第 2 行检查列表是否只包含一个元素。这个检查非常重要，同时也是该函数的退出语句。对于长度为 1 的列表，其元素之和就是列表中的数。其次，list_sum 函数在第 5 行调用了自己！这就是我们将 list_sum 称为递归函数的原因——递归函数会调用自己。

图 4-1 展示了在求解 [1, 3, 5, 7, 9] 之和时的一系列**递归调用**。我们需要将这一系列调用看作一系列简化操作。每一次递归调用都是在解决一个更小的问题，如此进行下去，直到问题本身不能再简化为止。

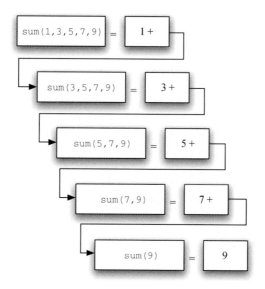

图 4-1   求和过程中的递归调用

当问题无法再简化时，我们开始连接所有子问题的答案，以此解决最初的问题。图 4-2 展示了 list_sum 函数在返回一系列调用的结果时进行的加法操作。当它返回到顶层时，就有了最终答案。

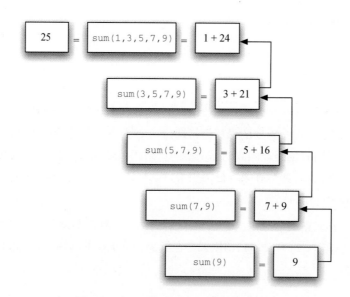

图 4-2   求和过程中的一系列返回操作

4.2.2 递归三原则

正如阿西莫夫提出的机器人三原则一样，所有的递归算法都要遵守三个重要的原则：

(1) 递归算法必须有**基本情况**；

(2) 递归算法必须改变其状态并向基本情况靠近；

(3) 递归算法必须递归地调用自己。

我们来看看 list_sum 算法是如何遵守上述原则的。基本情况是指使算法停止递归的条件。它通常是小到能够被直接解决的问题。list_sum 算法的基本情况就是列表的长度为 1。

为了遵守第二条原则，必须设法改变算法的状态，从而使其向基本情况靠近。改变状态是指修改算法所用的某些数据。这通常意味着代表问题的数据以某种方式变得更小。list_sum 算法的主数据结构是一个列表，因此必须改变该列表的状态。由于基本情况是列表的长度为 1，因此向基本情况靠近的做法自然就是缩短列表。这正是代码清单 4-2 的第 5 行所做的，即在一个更短的列表上调用 list_sum。

最后一条原则是递归算法必须对自身进行调用，这正是递归的定义。对于很多新手程序员来说，递归是一个令人困惑的概念。新手程序员知道如何将一个大问题分解成众多小问题，并通过编写函数来解决每一个小问题。然而，递归似乎让我们陷入怪圈：有一个需要用函数来解决的问题，但是这个函数通过调用自己来解决问题。其实，递归的逻辑并没有形成怪圈，它优雅地将问题分解成了更小、更容易解决的子问题。

接下来，我们会讨论更多的递归例子。在每一个例子中，我们都会根据递归三原则来构建问题的解决方案。

4.2.3 将整数转换成任意进制的字符串

假设需要将一个整数转换成以 2~16 为基数的字符串。例如，将 10 转换成十进制字符串"10"，或者二进制字符串"1010"。尽管很多算法能解决这个问题，包括第 3 章讨论过的算法，但是递归的方式非常巧妙。

以十进制整数 769 为例。假设有一个字符序列对应前 10 个数，比如 convert_string = "0123456789"。若要将一个小于 10 的数字转换成其对应的字符串，只需在字符序列中查找对应的数字即可。例如，9 对应的字符串是 conv_string[9]或者"9"。如果可以将整数 769 拆分成 7、6 和 9，那么将其转换成字符串就十分简单。因此，基本情况就是数字小于 10。

上述基本情况说明，整个算法包含三个组成部分：

(1) 将原来的整数分成一系列仅有单数位的数；

(2) 通过查表将单数位的数转换成字符串；

(3) 连接得到的字符串，从而形成结果。

接下来需要设法改变状态并且逐渐向基本情况靠近。思考哪些数学运算可以缩减整数，最有可能的是除法和减法。虽然减法可能有效，但是我们并不清楚应该减去什么数。我们来看看将需要转换的数字除以对应的进制基数会如何。

将 769 除以 10，商是 76，余数是 9。这样一来，我们便得到两个很好的结果。首先，由于余数小于进制基数，因此可以通过查表直接将其转换成字符串。其次，得到的商小于原整数，这使得我们离只一位数的基本情况更近了一步。下一步是将 76 转换成对应的字符串。再一次运用除法，得到商 7 和余数 6。问题终于被简化到将 7 转换成对应的字符串，由于它满足基本情况 $n < base$（其中 $base$ 为 10），因此转换过程十分简单。图 4-3 展示了这一系列的操作。注意，我们需要记录的数字是右侧方框内的余数。

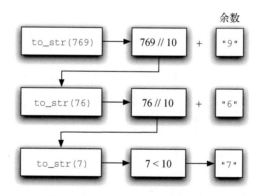

图 4-3　将整数转换成十进制字符串

代码清单 4-3 展示的 Python 代码实现了将整数转换成以 2~16 为进制基数的字符串。

代码清单 4-3　将整数转换成以 2~16 为进制基数的字符串

```
1   def to_str(n, base):
2       convert_string = "0123456789ABCDEF"
3       if n < base:
4           return convert_string[n]
5       else:
6           return to_str(n // base, base)\
7               + convert_string[n % base]
```

第 3 行检查 n 是否小于进制基数。如果是，则停止递归并且从 convert_string 中返回字符串。第 6 行通过递归调用以及除法来分解问题，以同时满足第二条和第三条原则。

来看看该算法如何将整数 10 转换成其对应的二进制字符串"1010"。

图 4-4 展示了结果，但是看上去数位的顺序反了。由于第 6 行首先进行递归调用，然后才拼接余数对应的字符串，因此程序能够正确工作。如果将 convert_string 查找和返回 to_str 调用反转，结果字符串就是反转的。但是将拼接操作推迟到递归调用返回之后，就能得到正确的结果。说到这里，读者应该能想起第 3 章讨论过的栈。

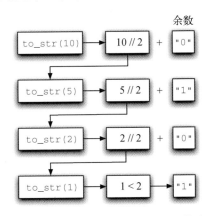

图 4-4　将整数 10 转换成二进制字符串

4.3　栈帧：实现递归

假设我们不拼接递归调用 to_str 的结果和 convert_string 的查找结果，而是将算法修改为把字符串压入栈中。代码清单 4-4 展示了修改后的实现。

代码清单 4-4　把字符串压入栈中

```
1    from pythonds3.basic import Stack
2
3
4    def to_str(n, base):
5        r_stack = Stack()
6        convert_string = "0123456789ABCDEF"
7        while n > 0:
8            if n < base:
9                r_stack.push(convert_string[n])
10           else:
11               r_stack.push(convert_string[n % base])
12           n = n // base
13       res = ""
14       while not r_stack.is_empty():
15           res = res + str(r_stack.pop())
16       return res
```

　　每一次调用 `to_str`，都将一个字符压入栈中。回到之前的例子，可以发现在第四次调用 `to_str` 之后，栈中内容如图 4-5 所示。因此，只需执行出栈和拼接操作，就能得到最终结果 `"1010"`。

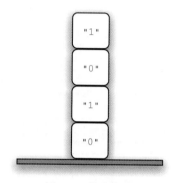

图 4-5　栈中内容

　　这个例子提供了一些 Python 实现递归函数调用的信息。当调用函数时，Python 分配一个**栈帧**来处理该函数的局部变量。当函数返回时，返回值就在栈的顶端，以供调用者访问。图 4-6 展示了返回语句之后的调用栈。

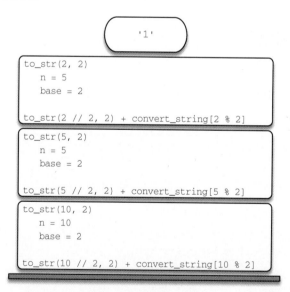

图 4-6　调用栈示例

　　代码清单 4-4 中的调用 `to_str(2//2, 2)` 会在栈的顶端留下返回值 `"1"`。之后，这个返回值被用来替换对应的函数调用（`to_str(1, 2)`）并生成表达式 `"1" + convert_string[2%2]`。这一表达式会将字符串 `"10"` 留在栈顶。通过这种方法，Python 的调用栈取代了代码清单 4-4 显式使用的栈。在计算一列数之和的例子中，可以认为栈中的返回值取代了累加变量。

栈帧限定了函数所用变量的作用域。尽管反复调用相同的函数，但是每一次调用都会为函数的局部变量创建新的作用域。

4.4　可视化递归

前文探讨了一些能用递归轻松解决的问题。然而，要对递归建立思维模型或者将递归过程可视化仍然十分困难。这使得递归很难掌握。本节将探讨一系列使用递归来绘制有趣图案的例子。看着这些图案逐步地形成，读者会对递归过程有新的认识，从而进一步理解递归的概念。

我们将使用 Python 的 turtle 模块来绘制图案。Python 的各个版本都提供 turtle 模块并且使用起来非常简便。顾名思义，我们可以用 turtle 模块创建一只小乌龟（turtle）并让它向前或向后移动，或者左转、右转。小乌龟的尾巴可以抬起或放下。当尾巴放下时，移动的小乌龟会在其身后画出一条线。为了增加美观度，我们可以改变小乌龟尾巴的宽度以及尾尖所蘸墨水的颜色。

我们通过一个简单的例子来展示小乌龟绘图的过程。使用 turtle 模块递归地绘制螺旋线，如代码清单 4-5 所示，在导入 turtle 模块之后创建一个小乌龟对象，同时自动创建了用于绘制图案的窗口。接下来定义 draw_spiral 函数。这个简单函数的基本情况是，要画的线的长度（参数 len）降为 0。如果线的长度大于 0，就让小乌龟向前移动 len 个单位距离，然后向右转 90度。之后递归地调用 draw_spiral 函数，但是长度参数 len 相比之前变小了一些。代码清单4-5 在结尾处调用了 my_win.exitonclick() 函数，这使小乌龟进入等待模式，直到用户在窗口内再次点击之后，程序清理并退出。

代码清单 4-5　用 turtle 模块递归地绘制螺旋线

```
1    import turtle
2
3
4    def draw_spiral(my_turtle, line_len):
5        if line_len > 0:
6            my_turtle.forward(line_len)
7            my_turtle.right(90)
8            draw_spiral(my_turtle, line_len - 5)
9
10
11   my_turtle = turtle.Turtle()
12   my_win = turtle.Screen()
13   draw_spiral (my_turtle, 100)
14   my_win.exitonclick()
```

理解了这个例子的原理，便能用 turtle 模块绘制更漂亮的图案。我们接下来绘制分形图。分形是数学的一个分支并且与递归有很多共同点。分形的定义是，不论放大多少倍来观察分形图，它的基本形状总是相同。自然界中的分形例子包括海岸线、雪花、山岭，甚至树木和灌木丛。众多自然现象中的分形本质使得程序员能够用计算机生成看似非常真实的电影画面。下面我们来生成一棵分形树。

要理解如何绘制一棵分形树，我们可以首先尝试使用分形的定义来描述一棵树。之前说过，对于分形图来说，不论放大多少倍，看起来都一样。而具体到树木上，这意味着即使是一根小嫩枝，也有和一整棵树一样的形状和特征。借助这一思想，我们可以把树定义为一段树干，而树干上长着一棵向左生长的子树和一棵向右生长的子树。仔细思考这一定义便会发现，我们可以将树的定义递归地运用到它的左右子树上。

我们将上述想法转换成 Python 代码。代码清单 4-6 展示了如何用 turtle 模块绘制分形树。仔细研究这段代码，会发现第 5 行和第 7 行进行了递归调用。第 5 行在小乌龟向右转了 20 度之后立刻进行递归调用，这就是之前提到的右子树。然后，第 7 行再一次进行递归调用，但这次是在向左转了 40 度以后。之所以需要让小乌龟左转 40 度，是因为它首先需要抵消之前右转的 20 度，然后再继续左转 20 度来绘制左子树。同时注意，每一次进行递归调用时，我们都会将参数 branch_len 减小一些，这是为了让递归树越来越小。第 2 行的 if 语句会检查 branch_len 是否满足基本情况。

代码清单 4-6　绘制分形树

```
1    def tree(branch_len, t):
2        if branch_len > 5:
3            t.forward(branch_len)
4            t.right(20)
5            tree(branch_len - 15, t)
6            t.left(40)
7            tree(branch_len - 15, t)
8            t.right(20)
9            t.backward(branch_len)
```

在输入 tree 函数的代码之后，可以用下面的代码来绘制一棵树。在执行分形树的代码之前，我们可以先想象一下分形树的形成过程。对照递归调用思考这棵树的开枝散叶过程。程序是会同时对称地绘制左右子树，还是会先绘制右子树再绘制左子树？

```
>>> import turtle
>>> t = turtle.Turtle()
>>> my_win = turtle.Screen()
>>> t.left(90)
>>> t.up()
>>> t.backward(200)
>>> t.down()
>>> t.color("black")
>>> tree(110, t)
>>> my_win.exitonclick()
```

注意，树上的每一个分支点都对应一次递归调用，而且程序会先绘制右子树，并一路到其最短的嫩枝，如图 4-7 所示。接着，程序一路反向回到树干，直到全部右子树绘制完成，如图 4-8 所示。然后，开始绘制左子树，但并不是一直往左延伸到最左端的嫩枝。相反，左子树自己的右子树被完全画好后才会绘制最左端的嫩枝。

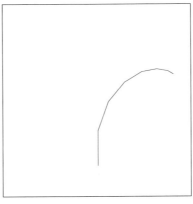

图 4-7　先绘制右子树

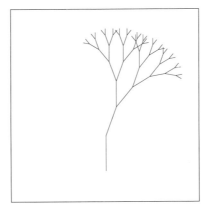

图 4-8　分形树的右半部分

这个简单的分形树程序仅仅是一个开始。你会注意到，绘制出来的树看上去并不真实，这是由于自然界并不像计算机程序一样对称。在本章最后的练习中，你将探索如何绘制出看起来更真实的树。

谢尔平斯基三角形

另一个具有自相似性的分形图是谢尔平斯基三角形，如图 4-9 所示。谢尔平斯基三角形展示了三路递归算法。手动绘制谢尔平斯基三角形的过程十分简单：从一个大三角形开始，通过连接每条边的中点将它分割成四个新的三角形；略过中间的小三角形，利用同样的方法分割其余三个小三角形。每一次创建出一个新的三角形集合，我们都递归地对三个边缘三角形进行进一步分割。如果笔尖足够细，就可以无限地重复这一分割过程。在继续阅读之前，不妨试着亲手绘制谢尔平斯基三角形。

图 4-9   谢尔平斯基三角形

既然可以无限地重复分割算法，那么它的基本情况是什么呢？答案是，基本情况根据我们想要的分割次数设定。这个次数有时被称为分形图的"度"。每进行一次递归调用，就将度减 1，直到度是 0 为止。代码清单 4-7 和代码清单 4-8 展示了生成如图 4-9 所示的谢尔平斯基三角形的代码。

代码清单 4-7   绘制谢尔平斯基三角形的辅助函数

```
1    import turtle
2
3
4    def draw_triangle(points , color, my_turtle ):
5        my_turtle.fillcolor ( color )
6        my_turtle.up()
7        my_turtle.goto(points[0][0], points[0][1])
8        my_turtle.down()
9        my_turtle.begin_fill()
10       my_turtle.goto(points[1][0], points [1][1])
11       my_turtle.goto(points[2][0], points [2][1])
12       my_turtle.goto(points[0][0], points [0][1])
13       my_turtle.end_fill()
14
15
16   def get_mid(p1, p2 ):
17       return ((p1[0] + p2[0]) / 2, (p1[1] + p2[1]) / 2)
```

代码清单 4-8　绘制谢尔平斯基三角形

```
1   def sierpinski(points, degree, my_turtle):
2       colormap = [
3           "blue",
4           "red",
5           "green",
6           "white",
7           "yellow",
8           "violet",
9           "orange",
10      ]
11      draw_triangle(points, colormap[degree], my_turtle)
12      if degree > 0:
13          sierpinski(
14              [
15                  points[0],
16                  get_mid(points[0], points[1]),
17                  get_mid(points[0], points[2]),
18              ],
19              degree - 1,
20              my_turtle,
21          )
22          sierpinski(
23              [
24                  points[1],
25                  get_mid(points[0], points[1]),
26                  get_mid(points[1], points[2]),
27              ],
28              degree - 1,
29              my_turtle,
30          )
31          sierpinski(
32              [
33                  points[2],
34                  get_mid(points[2], points[1]),
35                  get_mid(points[0], points[2]),
36              ],
37              degree - 1,
38              my_turtle,
39          )
40  def main():
41      my_turtle = turtle.Turtle()
42      my_win = turtle.Screen()
43      my_points = [[-100, -50], [0, 100], [100, -50]]
44      sierpinski(my_points, 5, my_turtle)
45      my_win.exitonclick()
```

代码清单 4-7 和代码清单 4-8 中的程序遵循了之前描述的思想。sierpinski 首先绘制外部的三角形，接着进行 3 个递归调用，每一次调用对应了通过连接大三角形边的中点获得的一个新边缘三角形。本例再一次使用了 Python 自带的标准 turtle 模块进行绘制。在 Python 解释器中执行 help('turtle')，可以详细了解 turtle 模块中的所有方法。

根据代码思考三角形的绘制顺序。具体的顺序与最初的设置有关。我们假设三个角的顺序是左下角、顶角、右下角。由于 sierpinski 的递归调用方式，它会一直在左下角绘制三角形，直到绘制完最小的三角形才会往回绘制剩下的三角形。之后，它会开始绘制顶部的三角形，直到绘制完最顶上最小的三角形。最后，它会绘制右下角的三角形，直到全部绘制完成。

借助函数调用图，我们能更好地理解递归算法。由图 4-10 可知，递归调用总是往左边进行的。在该图中，黑色圆圈表示正在执行的函数，灰色圆形表示没有被执行的函数。越深入到该图的底部，三角形就越小。函数一次完成一层的绘制；一旦它绘制好底层左边的三角形，就会接着绘制底层中间的三角形，依次类推。

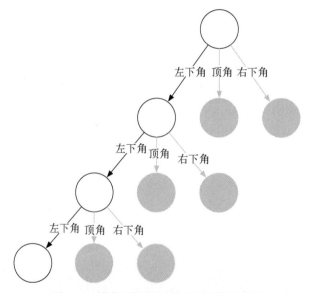

图 4-10　谢尔平斯基三角形的函数调用图

sierpinski 函数非常依赖 get_mid 函数，其接收两个点作为输入，并返回它们的中点。此外，代码清单 4-7 中有一个函数使用 turtle 模块的 begin_fill 和 end_fill 绘制带颜色的三角形。

4.5 复杂的递归问题

前几节探讨了一些容易用递归解决的问题，以及有助于理解递归的一些有趣的绘图问题。本节以及后续几节将探讨一些难以用循环解决却能用递归轻松解决的问题。最后会探讨一个颇具误导性的问题，它看上去可以用递归巧妙地解决，但是实际上并非如此。

汉诺塔

汉诺塔问题由法国数学家爱德华·卢卡斯于 1883 年提出。他的灵感来自一个传说，相传一座印度寺庙里的年轻修行者会被要求解决下面的难题。有 3 根柱子和 64 个依次叠好的金盘子，盘子由下至上越来越小。修行者的任务是将 64 个叠好的盘子从一根柱子移动到另一根柱子上，同时有两个重要的限制条件：每次只能移动一个盘子，并且大盘子不能放在小盘子之上。修行者夜以继日地移动盘子（每一秒移动一个盘子），试图完成任务。根据传说，如果他们完成这项任务，整座寺庙将倒塌，整个世界也将消失。

尽管这个传说非常有意思，但是我们并不需要担心世界会因此而毁灭。要正确移动 64 个盘子，所需的步数是 $2^{64} - 1 = 18\ 446\ 744\ 073\ 709\ 551\ 615$。根据每秒移动一次的速度，整个过程大约需要 584 942 417 355 年！显然，这个谜题并不像听上去那么简单。

图 4-11 展示了将所有盘子从第一根柱子移到第三根柱子上的过程中的一个中间状态。注意，根据前面说明的规则，每一根柱子上的盘子都是从下往上由大到小依次叠起来的。如果你之前从未求解过这个问题，不妨现在就试一下。不需要精致的盘子和柱子，只需要一堆书或者一叠纸就够了。

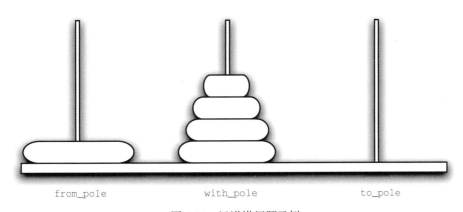

from_pole   with_pole   to_pole

图 4-11 汉诺塔问题示例

如何才能递归地解决这个问题呢？它真的可解吗？基本情况是什么？让我们自底向上地来考虑这个问题。假设初始时在第一根柱子上有 5 个盘子。如果我们知道如何把上面 4 个盘子移动到第二根柱子上，那么就能轻易地把最底下的盘子移动到第三根柱子上，然后将 4 个盘子从第二根柱子移动到第三根柱子上。但是如果不知道如何移动 4 个盘子，该怎么办呢？如果我们知道如何把上面 3 个盘子移动到第三根柱子上，那么就能轻易地把第 4 个盘子移动到第二根柱子上，然后再把 3 个盘子从第三根柱子移动到第二根柱子上。但是如果不知道如何移动 3 个盘子，该怎么办呢？把两个盘子移动到第二根柱子上，然后把第 3 个盘子移动到第三根柱子上，最后把之前的两个盘子移过来，怎么样？但是如果还是不知道如何移动两个盘子，该怎么办呢？你肯定会说，把一个盘子移动到第三根柱子上并不难，甚至很简单。这看上去就是本例的基本情况。

以下概述如何借助一根中间柱子，将高度为 height 的一叠盘子从起点柱子移到终点柱子上：

(1) 借助终点柱子，将高度为 height - 1 的一叠盘子从起点柱子移到中间柱子上；

(2) 将最后一个盘子从起点柱子移到终点柱子上；

(3) 借助起点柱子，将高度为 height - 1 的一叠盘子从中间柱子移到终点柱子上。

只要遵守大盘子不能叠在小盘子之上的规则，就可以递归地执行上述步骤，就像最下面的大盘子不存在一样。上述步骤仅缺少对基本情况的描述。最简单的汉诺塔只有一个盘子。在这种情况下，只需将这个盘子移到终点柱子上即可，这就是基本情况。此外，上述过程通过步骤(1)和步骤(3)逐渐减小高度 height 来向基本情况靠近。代码清单 4-9 展示了解决汉诺塔问题的 Python 代码。

代码清单 4-9 解决汉诺塔问题的 Python 代码

```
1   def move_tower(height, from_pole, to_pole, with_pole):
2       if height < 1:
3           return
4       move_tower(height-1, from_pole, with_pole, to_pole)
5       move_disk(from_Pole, to_Pole)
6       move_tower(height-1, with_pole, to_pole, from_pole)
```

代码清单 4-9 几乎用英语描述一样。算法如此简洁的关键在于进行两个递归调用，分别在第 4 行和第 6 行。第 4 行将除了最后一个盘子以外的其他所有盘子从起点柱子移到中间柱子上。第 5 行简单地将最后一个盘子移到终点柱子上。第 6 行将之前的塔从中间柱子移到终点柱子上，并将其放置在最大的盘子之上。基本情况是高度为 0。此时，不需要做任何事情，因此 move_tower 函数将直接返回。这样处理基本情况时需要记住，从 move_tower 返回才能调用 move_disk。

move_disk 函数非常简单，如代码清单 4-10 所示。它所做的就是打印出一条消息，说明将盘子从一根柱子移到另一根柱子上。不妨尝试运行 move_tower 程序，你会发现它是非常高效的解决方案。

代码清单 4-10 move_disk 函数

```
1   def move_disk(from_pole, to_pole):
2       print(f"moving disk from {from_pole} to {to_pole}")
```

看完 move_tower 和 move_disk 的实现代码，你可能会疑惑为什么没有一个数据结构显式地保存柱子的状态。下面是一个提示：若要显式地保存柱子的状态，就需要用到 3 个 Stack 对象，一根柱子对应一个栈。Python 通过调用栈隐式地提供了我们所需的栈。

4.6 探索迷宫

本节探讨一个与蓬勃发展的机器人领域相关的问题：如何找到迷宫的出口。如果你有一个 Roomba 扫地机器人，或许能利用在本节学到的知识对它进行重新编程。我们要解决的问题是帮助小乌龟走出一座虚拟的迷宫。迷宫问题源自忒修斯大战牛头怪的古希腊神话传说。相传，忒修斯在迷宫里杀死牛头怪之后，通过进入迷宫时一路留下的线走出迷宫。我们假设小乌龟被放置在迷宫里的某个位置，我们要做的是帮助它爬出迷宫，如图 4-12 所示。

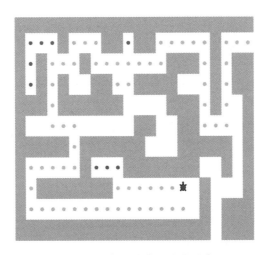

图 4-12 帮助小乌龟爬出迷宫

为简单起见，假设迷宫被分成许多格，每一格要么是空的，要么被墙堵上。小乌龟只能沿着空的格子爬行，如果遇到墙，就必须转变方向。它需要如下的系统化过程来找到出路。

(1) 从起始位置开始，首先向北移动一格，然后在新的位置再递归地重复本过程。

(2) 如果第一步往北行不通，就尝试向南移动一格，然后递归地重复本过程。

(3) 如果向南也行不通，就尝试向西移动一格，然后递归地重复本过程。

(4) 如果向北、向南和向西都不行，就尝试向东移动一格，然后递归地重复本过程。

(5) 如果 4 个方向都不行，就意味着没有出路。

整个过程看上去非常简单，但是有许多细节需要讨论。假设递归过程的第一步是向北移动一格。根据上述过程，下一步也是向北移动一格。但是，如果北面有墙，必须根据递归过程的第二步向南移动一格。不幸的是，向南移动一格之后我们又回到了起点。如果继续执行该递归过程，就会又向北移动一格，然后又退回来，从而陷入无限循环中。所以，必须通过一个策略来记住到过的地方。我们假设小乌龟一边爬行一边沿路丢下一些面包屑。如果往某个方向走一格之后发现有面包屑，就知道应该立刻退回上一格，然后尝试递归过程的下一步。查看这个算法的代码时会发现，退回去就是从递归函数调用中返回。

和考察其他递归算法时一样，我们来看看上述算法的基本情况，其中一些可以根据之前的描述猜到。这个算法需要考虑以下 4 种基本情况。

(1) 小乌龟遇到了墙。由于格子被墙堵上，因此无法再继续探索。

(2) 小乌龟遇到了已经走过的格子。在这种情况下，我们不希望它继续探索，不然会陷入循环。

(3) 小乌龟找到了出口。

(4) 小乌龟尝试了四个方向都行不通。

为了使程序能运行起来，我们需要某种方式来表示迷宫。图 4-13 是一个迷宫数据的示例。

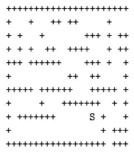

图 4-13　迷宫数据文件示例

我们使用 turtle 模块来绘制和探索迷宫，以增加趣味性。迷宫对象提供下列方法来帮助我们编写搜索算法。

❑ __init__ 读入一个代表迷宫的数据文件，初始化迷宫的内部表示，并且找到小乌龟的起始位置。

❑ draw_maze 在屏幕上的一个窗口中绘制迷宫。

❑ update_position 更新迷宫的内部表示，并且修改小乌龟在迷宫中的位置。

❑ is_exit 检查小乌龟的当前位置是否为迷宫的出口。

除此之外，Maze 类还重载了索引运算符[]，以便算法访问任一格的状态。

代码清单 4-11 展示了被 Maze 类的方法（代码清单 4-12~代码清单 4-15）以及搜索函数 search_from 的代码（代码清单 4-16）用到的全局常量。

代码清单 4-11　迷宫搜索程序的全局常量

```
1   START = "S"
2   OBSTACLE = "+"
```

```
3    TRIED = "."
4    DEAD_END = "-"
5    PART_OF_PATH = "O"
```

__init__方法接收一个文件名作为参数，而这个文件描述了迷宫的具体设置。+代表墙，空格代表可行走的区域，S代表起始位置。

代码清单 4-12　Maze 类构造方法

```
1    class Maze:
2        def __init__(self, maze_filename):
3            with open(maze_filename, "r") as maze_file:
4                self.maze_list = [
5                    [ch for ch in line.strip("\n")]
6                    for line in maze_file.readlinse()
7                ]
8            self.rows_in_maze = len(self.maze_list)
9            self.columns_in_maze = len(self.maze_list[0])
10           for row_idx, row in enumerate(self.maze_list):
11               if START in row:
12                   self.start_row = row_idx
13                   self.start_col = row.index(START)
14                   break
15           self.x_translate = -self.columns_in_maze / 2
16           self.y_translate = self.rows_in_maze / 2
17           self.t = turtle.Turtle()
18           self.t.shape("turtle")
19           self.wn = turtle.Screen()
20           self.wn.setworldcoordinates(
21               -(self.columns_in_maze - 1) / 2 - 0.5,
22               -(self.rows_in_maze - 1) / 2 - 0.5,
23               (self.columns_in_maze - 1) / 2 + 0.5,
24               (self.rows_in_maze - 1) / 2 + 0.5,
25           )
```

迷宫的内部表示是一个嵌套列表。实例变量 maze_list 的每一行也都是一个列表。这个内层列表的每一格都包含一个字符，其具体含义与前面描述的一致。对于图 4-13 对应的数据文件，其内部表示如下。

```
[  ['+', '+', '+', '+', '+', ..., '+', '+', '+', '+', '+']
   ['+', ' ', ' ', ' ', '+', ..., ' ', '+', ' ', ' ', ' ']
   ['+', ' ', '+', ' ', ' ', ..., ' ', '+', ' ', '+', '+']
   ['+', ' ', '+', ' ', '+', ..., ' ', '+', ' ', '+', '+']
   ['+', '+', '+', ' ', ' ', ..., ' ', '+', ' ', ' ', '+']
   ['+', ' ', ' ', ' ', ' ', ..., ' ', ' ', ' ', ' ', '+']
   ['+', '+', '+', '+', '+', ..., '+', '+', '+', ' ', '+']
   ['+', ' ', ' ', ' ', ' ', ..., ' ', ' ', '+', ' ', '+']
   ['+', ' ', '+', '+', '+', ..., '+', ' ', ' ', ' ', '+']
   ['+', ' ', ' ', ' ', ' ', ..., '+', ' ', '+', '+', '+']
   ['+', '+', '+', '+', '+', ..., '+', ' ', '+', '+', '+']  ]
```

draw_maze 方法使用以上内部表示在屏幕上绘制初始的迷宫，如图 4-12 所示。

代码清单 4-13 Maze 类绘制方法

```
1       def draw_maze(self):
2           self.t.speed(10)
3           self.wn.tracer(0)
4           for y in range(self.rows_in_maze):
5               for x in range(self.columns_in_maze):
6                   if self.maze_list[y][x] == OBSTACLE:
7                       self.draw_centered_box(
8                           x + self.x_translate,
9                           -y + self.y_translate,
10                          "orange",
11                      )
12          self.t.color("black")
13          self.t.fillcolor("blue")
14          self.wn.update()
15          self.wn.tracer(1)
16
17      def draw_centered_box(self, x, y, color):
18          self.t.up()
19          self.t.goto(x - 0.5, y - 0.5)
20          self.t.color(color)
21          self.t.fillcolor(color)
22          self.t.setheading(90)
23          self.t.down()
24          self.t.begin_fill()
25          for i in range(4):
26              self.t.forward(1)
27              self.t.right(90)
28          self.t.end_fill()
```

如代码清单 4-14 所示，update_position 方法使用相同的内部表示检查小乌龟是否遇到了墙。同时，它会更改内部表示，使用.和-来分别表示小乌龟遇到了走过的格子和死胡同。此外，update_position 方法还使用辅助函数 move_turtle 和 drop_bread_crumb 来更新屏幕上的信息。

代码清单 4-14 Maze 类移动方法

```
1       def update_position(self, row, col, val=None):
2           """标记路径并更新迷宫图景"""
3           if val:
4               self.maze_list[row][col] = val
5           self.move_turtle(col, row)
6
7           if val == PART_OF_PATH:
8               color = "green"
9           elif val == OBSTACLE:
10              color = "red"
11          elif val == TRIED:
```

```
12              color = "black"
13          elif val == DEAD_END:
14              color ="red"
15          else:
16              color = None
17          if color:
18              self.drop_Bread_crumb(color)
19
20      def move_turtle(self, x, y):
21          self.t.up()
22          self.t.setheading(
23              self.t.towards(
24                  x + self.x_translate,
25                  -y + self.y_translate,
26              )
27          )
28          self.t.goto(
29              x + self.x_translate, -y + self.y_translate
30          )
31
32      def drop_bread_crumb(self, color):
33          self.t.dot(10, color)
```

is_exit 方法检查小乌龟的当前位置是否为出口，条件是小乌龟已经爬到迷宫边缘：第 0 行、第 0 列、最后一行或者最后一列。

代码清单 4-15 Maze 类辅助函数

```
1      def is_exit(self, row, col):
2      """如果乌龟处于迷宫边缘，
3      表示到达出口"""
4          return (
5              row in [0, self.rows_in_maze - 1]
6              or col in [0, self.columns_in_maze - 1]
7          )
8
9      def __getitem__(self, idx):
10          return self.maze_list[idx]
```

下面我们来学习代码清单 4-16 展示的 search_from 函数。该函数接收 3 个参数：迷宫对象、起始行，以及起始列。由于该函数的每一次递归调用在逻辑上都是重新开始搜索的，因此定义其接收 3 个参数非常重要。

该函数做的第一件事就是调用 update_position（第 4 行）。这样做是为了对算法进行可视化，以便我们看到小乌龟如何在迷宫中寻找出口。接着，该函数检查前 3 种基本情况：是否遇到了墙（第 7 行）？是否遇到了已经走过的格子（第 10 行）？是否找到了出口（第 13 行）？如果没有一种情况符合，则继续递归搜索。

递归搜索调用了 4 个 search_from。由于这些调用都是通过布尔运算符 or 连接起来的，因此很难预测一共会进行多少次递归调用。如果第一次调用 search_from 后返回 True，那么后面的调用就都不需要执行。可以这样理解：向北移动一格是离开迷宫的路径上的一步。如果向北没能走出迷宫，那么就会尝试下一个递归调用，即向南移动。如果向南失败了，就尝试向西，最后向东。如果所有的递归调用都失败了，就说明遇到了死胡同。请下载或自己输入程序代码，改变 4 个递归调用的顺序，看看结果如何。

代码清单 4-16 Maze 类搜索函数

```
1   def search_from(maze, row, column):
2       """对当前位置的四个方向逐一尝试
3        直至找到出口"""
4       maze.update_position(row, column)
5       # 检查基本情况：
6       # 1. 遇到了障碍
7       if maze[row][column] == OBSTACLE:
8           return False
9       # 2. 遇到了已经访问过的位置
10      if maze[row][column] in [TRIED, DEAD_END]:
11          return False
12      # 3. 找到了出口
13      if maze.is_exit(row, column):
14          maze.update_position(row, column, PART_OF_PATH)
15          return True
16      maze.update_position(row, column, TRIED)
17      # 使用逻辑 or 对各个方向进行
18      # 逐一尝试
19      found = (
20          search_from(maze, row - 1, column)
21          or search_from(maze, row + 1, column)
22          or search_from(maze, row, column - 1)
23          or search_from(maze, row, column + 1)
24      )
25      if found:
26          maze.update_position(row, column, PART_OF_PATH)
27      else:
28          maze.update_position(row, column, DEAD_END)
29      return found
```

4.7 动态规划

许多计算机程序被用于优化某些值，例如找到两点之间的最短路径，为一组数据点找到最佳拟合线，或者找到满足一定条件的最小对象集合。计算机科学家采用很多策略来解决这些问题。本书的一个目标就是帮助你了解不同的问题解决策略。**动态规划**是解决这类优化问题的一种常用技术。

优化问题的一个经典例子就是在找零时使用最少的硬币。假设某个自动售货机制造商希望在每笔交易中使用最少的硬币找零。一个顾客使用一张一美元的纸币购买了价值 37 美分的物品，最少需要找给该顾客多少硬币呢？答案是 6 枚：25 美分的 2 枚，10 美分的 1 枚，1 美分的 3 枚。我们是如何计算得到 6 枚硬币的呢？从面值最大的硬币（25 美分）开始，使用尽可能多的硬币，然后尽可能多地使用面值第 2 大的硬币。这种方法叫作**贪婪算法**——试图最大程度地解决问题。

对于美国的硬币来说，贪婪算法很有效。不过，假如除了常见的 1 分、5 分、10 分和 25 分，硬币的面值还有 21 分，那么贪婪算法就没法正确地为找零 63 分的情况得出最少硬币数。多了 21 分的面值，贪婪算法仍然会得到 6 枚硬币的结果，但最优解是 3 枚面值为 21 分的硬币。

我们来考察一种必定能得到最优解的方法。由于本章的主题是递归，因此你可能已经猜到，这是一种递归方法。首先需要确定基本情况：如果要找的零钱金额与硬币的面值相同，那么只需找 1 枚硬币即可。

如果要找的零钱金额和硬币的面值不同，则有多种选择：1 枚 1 分的硬币加上剩余金额所需的硬币；或者 1 枚 5 分的硬币加上剩余金额所需的硬币；或者 1 枚 10 分的硬币加上剩余金额所需的硬币；或者 1 枚 25 分的硬币加上剩余金额所需的硬币。我们需要从中找到硬币数最少的情况，如下所示。

$$num\_coins = min \begin{cases} 1 + num\_coins(original\ amount - 1) \\ 1 + num\_coins(original\ amount - 5) \\ 1 + num\_coins(original\ amount - 10) \\ 1 + num\_coins(original\ amount - 25) \end{cases}$$

代码清单 4-17 实现了上述算法。第 2 行检查是否为基本情况：尝试使用 1 枚硬币找零。如果没有一个硬币面值与找零金额相等，就对每一个小于找零金额的硬币面值进行递归调用。第 5 行使用列表推导式来筛选出小于当前找零金额的硬币面值。第 6~8 行的递归调用将找零金额减去所选的硬币面值，并将所需的硬币数加 1，以表示使用了 1 枚硬币。

代码清单 4-17　找零问题的递归解决方案

```
1    def make_change_1(coin_denoms, change):
2        if change in coin_denoms:
3            return 1
4        min_coins = float("inf")
5        for i in [c for c in coin_denoms if c <= change]:
6            num_coins = 1 + make_change_1(
7                coin_denoms, change - i
8            )
9            min_coins = min(num_coins, min_coins)
10       return min_coins
11
12   make_change_1 ((1, 5, 10, 25), 63)
```

代码清单 4-17 的问题是，它的效率非常低。事实上，针对四种面值硬币找零 63 分的情况，它需要进行 67 716 925 次递归调用才能找到最优解。图 4-14 有助于理解该算法的严重缺陷。针对找零金额是 26 分的情况，该算法需要进行 377 次递归调用，图中仅展示了其中的一小部分。

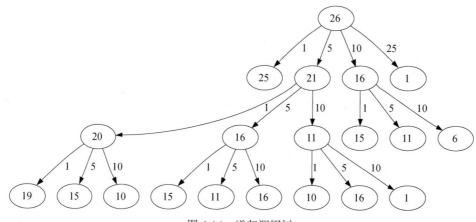

图 4-14   递归调用树

在图 4-14 中，每一个节点都对应一次对 make_change_1 的调用，节点中的数字表示此时正在计算的找零金额，箭头旁的数字表示刚使用的硬币面值。从图中可以发现，采用不同的面值组合，可以到达任一节点。主要的问题是重复计算太多。举例来说，数字为 15 的节点出现了 3 次，而每次都会进行 52 次函数调用。显然，该算法将大量时间和资源浪费在了重复计算已有的结果上。

减少计算量的关键在于记住已有的结果，从而避免重复计算。一种简单的做法是把最少硬币数的计算结果存储在一张表中，并在计算新的最少硬币数之前，检查结果是否已在表中。如果是，就直接使用结果，而不是重新计算。代码清单 4-18 实现了添加查询表之后的算法。

代码清单 4-18   添加查询表之后的找零算法

```
1   def make_change_2(coin_value_list, change, known_results):
2       min_coins = change
3       if change in coin_value_list:
4           known_results[change] = 1
5           return 1
6       elif known_results[change] > 0:
7           return known_results[change]
8       else:
9           for i in [
10              c for c in coin_value_list if c <= change
11          ]:
12              num_coins = 1 + make_change_2(
13                  coin_value_list,
```

```
14                     change - i,
15                     known_results
16                 )
17             if num_coins < min_coins:
18                 min_coins = num_coins
19             known_results[change] = min_coins
20     return min_coins
21
22 make_change_2([1, 5, 10, 25], 62, [0] * 64)
```

注意，第 3 行会检查查询表中是否已经有某个找零金额对应的最少硬币数。如果没有，就递归地计算并且把得到的最少硬币数结果存在表中。修改后的算法将计算找零 63 分所需的递归调用数减少到 221 次！

尽管代码清单 4-18 实现的算法能得到正确的结果，但是它不太正规。如果查看 known_results 表，会发现其中有一些空白的地方。事实上，我们所做的优化并不是动态规划，而是通过记忆化（或者叫作缓存）的方法来优化程序的性能。

真正的动态规划算法会用更系统化的方法来解决问题。在解决找零问题时，动态规划算法会从 1 分找零开始，然后系统地一直计算到所需的找零金额。这样做可以保证在每一步都已经知道任何小于当前值的找零金额所需的最少硬币数。

我们来看看如何将找零 11 分所需的最少硬币数填入查询表，图 4-15 展示了这个过程。从 1 分开始，只需找 1 枚 1 分的硬币。第 2 行展示了 1 分和 2 分所需的最少硬币数。同理，2 分只需找 2 枚 1 分的硬币。第 5 行开始变得有趣起来，此时我们有 2 个可选方案：要么找 5 枚 1 分的硬币，要么找 1 枚 5 分的硬币。哪个方案更好呢？查表后发现，4 分所需的最少硬币数是 4，再加上 1 枚 1 分的硬币就得到 5 分（共需要 5 枚硬币）；如果直接找 1 枚 5 分的硬币，则最少硬币数是 1。由于 1 比 5 小，因此我们把 1 存入表中。接着来看 11 分的情况，我们有 3 个可选方案，如图 4-16 所示。

(1) 1 枚 1 分的硬币加上找 10 分零钱（11−1）需要的最少硬币数（1 枚）。

(2) 1 枚 5 分的硬币加上找 6 分零钱（11−5）需要的最少硬币数（2 枚）。

(3) 1 枚 10 分的硬币加上找 1 分零钱（11−10）需要的硬最少币数（1 枚）。

第 1 个和第 3 个方案均可得到最优解，即共需要 2 枚硬币。

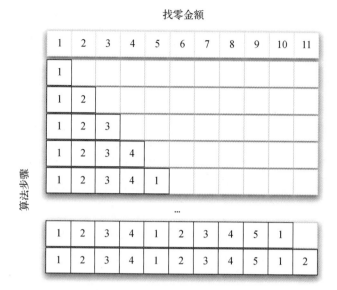

图 4-15 找零算法所用的查询表

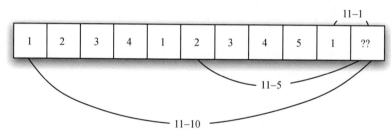

图 4-16 找零 11 分时的 3 个可选方案

找零问题的动态规划解法如代码清单 4-19 所示。make_change_3 接收 3 个参数：硬币面值列表、找零金额，以及由每一个找零金额所需的最少硬币数构成的列表。当函数运行结束时，min_coins 将包含找零金额从 0 到 change 的所有最优解。

代码清单 4-19 用动态规划算法解决找零问题

```
1   def make_change_3(coin_value_list, change, min_coins):
2       for cents in range(change + 1):
3           coin_count = cents
4           for j in [
5               c for c in coin_value_list if c <= cents
6           ]:
7               if min_coins[cents - j] + 1 < coin_count:
8                   coin_count = min_coins[cents - j] + 1
9           min_coins[cents] = coin_count
10      return min_coins[change]
```

注意，尽管我们一开始使用递归方法来解决找零问题，但是 make_change_3 并不是递归函数。请记住，能够用递归方法解决问题，并不代表递归方法是最好或最高效的方法。动态规划函数所做的大部分工作是从第 4 行开始的循环。该循环针对由 cents 指定的找零金额考虑所有可用的面值。和找零 11 分的例子一样，我们把所需的最少硬币数记录在 min_coins 表中。

尽管找零算法在寻找最少硬币数时表现出色，但是由于没有记录所用的硬币，因此它并不能帮助我们进行实际的找零工作。通过记录 min_coins 表中每一项所加的最后一枚硬币，我们可以轻松扩展 make_change_3，从而获得找零所需的所有硬币。如果知道上一次加的硬币，便可以减去其面值，从而找到表中前一项，并通过它知晓更早之前所加的硬币。我们可以一直回溯直到找到所有需要的硬币。

代码清单 4-20 展示了 make_change_4 算法，它基于 make_change_3 算法但是记录了所用到的硬币。该代码清单还包含了 print_coins 方法，它从后往前打印了找零用到的所有硬币。main 方法的前两行设置了需要找零的总额以及能使用的硬币面值，接下来的两行创建了用于存储结果的列表。coins_used 存放了所有用于找零的硬币，coin_count 存放了对应找零总额所需的最少硬币数。

代码清单 4-20 修改后的动态规划解法

```
1   def make_change_4(
2       coin_value_list, change, min_coins, coins_used
3   ):
4       for cents in range(change + 1):
5           coin_count = cents
6           new_coin = 1
7           for j in [
8               c for c in coin_value_list if c <= cents
9           ]:
10              if min_coins[cents - j] + 1 < coin_count:
11                  coin_count = min_coins[cents - j] + 1
12                  new_coin = j
13          min_coins[cents] = coin_count
14          coins_used[cents] = new_coin
15      return min_coins[change]
16
17
18  def print_coins(coins_used, change):
19      coin = change
20      while coin > 0:
21          this_coin = coins_used[coin]
22          print(this_coin, end=" ")
23          coin = coin - this_coin
24      print()
25
26
27  def main():
```

```
28      amnt = 63
29      clist = [1, 5, 10, 21, 25]
30      coins_used = [0] * (amnt + 1)
31      coin_count = [0] * (amnt + 1)
32
33      print("Making change for {}".format(amnt), end=" ")
34      print(
35          "requires the following {} coins: ".format(
36              make_change_4(
37                  clist, amnt, coin_count, coins_used
38              ),
39          ),
40          end="",
41      )
42      print_coins(coins_used, amnt)
43      print("The used list is as follows:")
44      Print(coins_used)
```

注意，硬币的打印结果直接取自 coins_used。第一次调用 print_coins 时，从 coins_used 的位置 63 处开始，打印出 21；然后计算 63–21=42，接着查看列表的第 42 个元素。这一次，又遇到了 21。最后，第 21 个元素也是 21。由此，便得到 3 枚 21 分的硬币。

4.8 小结

本章探讨了递归算法的一些例子。选择这些算法，是为了让你理解递归能高效地解决何种问题。以下是本章的要点。

- 所有递归算法都必须有基本情况。
- 递归算法必须改变其状态并向基本情况靠近。
- 递归算法必须递归地调用自己。
- 递归在某些情况下可以替代循环。
- 递归算法往往与问题的形式化表达相对应。
- 递归并非总是最佳方案。有时，递归算法比其他算法的计算成本更高。

4.9 关键术语

贪心算法	递归	递归调用	动态规划
分形	基本情况	栈帧	

4.10 练习

1. 画出汉诺塔问题的调用栈（假设起初栈中有 3 个盘子）。

2. 根据之前描述的递归规则，在纸上绘制出谢尔平斯基三角形。

3. 采用动态规划算法找零，计算找零 33 美分所需的最少硬币数（假设除了常见的面值外，还有面值为 8 美分的硬币）。

4. 写一个递归函数来计算数的阶乘。

5. 写一个递归函数来反转列表。

6. 采用下列一个或全部方法修改递归树程序。

   ❏ 修改树枝的粗细程度，使得 branch_len 越小，线条越细。
   ❏ 修改树枝的颜色，使得当 branch_len 非常小时，树枝看上去像叶子。
   ❏ 修改小乌龟的转向角度，使得每一个分支的角度都是一定范围内的随机值，例如使角度取值范围是 15~45 度。运行程序，查看绘制结果。
   ❏ 递归地修改 branch_len，使其减去一定范围内的随机值，而不是固定值。

   如果实现上述所有改进方法，绘制出的树将十分真实。

7. 找到一种绘制分形山的算法。提示：可以使用三角形。

8. 写一个递归函数来计算斐波那契数列，并对比递归函数与循环函数的性能。

9. 实现汉诺塔问题的一个解决方案，使用 3 个栈来记录盘子的位置。

10. 使用 turtle 绘图模块写一个递归程序，画出希尔伯特曲线。

11. 使用 turtle 绘图模块写一个递归程序，画出科赫雪花。

12. 写一个程序来解决这样一个问题：有 2 个坛子，其中一个的容量是 4 加仑[①]，另一个的是 3 加仑。坛子上都没有刻度线。可以用水泵将它们装满水。如何使 4 加仑的坛子最后装有 2 加仑的水？

13. 扩展上一个练习的程序，将坛子容量和较大的坛子中最后的水量作为参数。

14. 写一个程序来解决这样一个问题：3 只羚羊和 3 只狮子准备乘船过河，河边有一艘能容纳 2 只动物的小船。但是，如果两侧河岸上的狮子数量大于羚羊数量，羚羊就会被吃掉。找到运送办法，使得所有动物都能安全渡河。

15. 利用 turtle 绘图模块修改汉诺塔程序，将盘子的移动过程可视化。提示：可以创建多只小乌龟，并将它们的形状改为长方形。

---

① 1 美制加仑约等于 3.785 升。——编者注

16. 帕斯卡三角形（也称杨辉三角）由数字组成，其中的数字交错摆放，使得：

$$a_{nr} = \frac{n!}{r!(n-r)!}$$

这是计算二项式系数的等式。在帕斯卡三角形中，每个数等于其上方两数之和，如下所示。

```
            1
          1   1
        1   2   1
      1   3   3   1
    1   4   6   4   1
```

将行数作为参数，写一个输出帕斯卡三角形的程序。

17. 请尝试解决字符串编辑距离问题，它在很多研究领域中非常有用。假设要把单词 algorithm 转换成 alligator。对于每一个字母，可以用 5 个单位的代价将其从一个单词复制到另一个，也可以用 20 个单位的代价将其删除或插入。拼写检查程序利用将一个单词转换为另一个的总代价来提供拼写建议。请设计一个动态规划算法，给出任意两个单词之间的最小编辑距离。

第 5 章

搜索和排序

5.1 本章目标

- □ 能够解释并实现顺序搜索和二分搜索。
- □ 能够解释并实现冒泡排序、选择排序、插入排序、希尔排序、归并排序和快速排序。
- □ 从搜索技巧的角度理解散列。
- □ 理解映射这个抽象数据类型。
- □ 使用散列实现映射。

5.2 搜索

本章重点探讨计算机科学中最常见的问题：搜索和排序。本节探讨搜索，5.3 节研究排序。搜索是指从元素集合中找到特定元素的算法过程。搜索过程通常返回 True 或 False 以表示元素是否存在于集合中。有时也可以修改搜索过程，使其返回目标元素的位置。不过，本节仅考虑元素是否存在这一问题。

Python 提供了运算符 in，通过它可以方便地检查元素是否在列表中。

```
>>> 15 in [3, 5, 2, 4, 1]
False
>>> 3 in [3, 5, 2, 4, 1]
True
```

尽管写起来很方便，但是必须经过一定的处理过程才能获得结果。事实上，搜索算法有很多种，我们感兴趣的是这些算法的原理及其性能差异。

5.2.1 顺序搜索

存储于列表等集合中的数据项彼此存在线性或顺序的关系，每个数据项都有一个相对于其他数据项的位置。在 Python 列表中，数据项的位置就是其下标。由于下标是有序的，因此我们能够进行顺序访问以及**顺序搜索**。

图 5-1 展示了顺序搜索的过程。从列表中的第一个元素开始，沿着下标顺序逐个查看，直到找到目标元素或者到达列表末尾。如果查完列表后仍没有找到目标元素，则说明目标元素不在列表中。

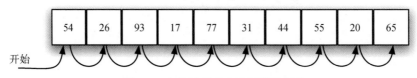

图 5-1   在整数列表中进行顺序搜索

顺序搜索算法的 Python 实现如代码清单 5-1 所示。这个函数接收列表与目标元素作为参数，并返回一个表示目标元素是否存在的布尔值。

代码清单 5-1   无序列表的顺序搜索

```
1    def sequential_search(a_list, item):
2        pos = 0
3        while pos < len(a_list):
4            if a_list[pos] == item:
5                return True
6            pos = pos +1
7        return False
```

分析顺序搜索算法

在分析搜索算法之前，我们需要定义计算的基本单元。通常会将解决问题过程中不断重复的某一步骤选为基本单元。对于搜索来说，记录比较的次数是合理的性能指标。每一次比较只有两个结果：找到目标元素，或者没有找到。本节假设元素的排列是无序的。也就是说，目标元素出现在每个位置的可能性都相同。

要确定目标元素是否在列表中，唯一的方法就是将它与列表中的每个元素都比较一次。如果列表中有 n 个元素，那么顺序搜索要经过 n 次比较后才能确定目标元素不在列表中。如果列表包含目标元素，分析起来更复杂。实际上有 3 种可能的情况，最好情况是目标元素位于列表的第一个位置，即只需比较一次；最坏情况是目标元素位于最后一个位置，即需要比较 n 次。

平均情况又如何呢？我们会在列表的中间位置找到目标元素，即需要比较 $\frac{n}{2}$ 次。当 n 变大时，系数就可以省略，所以顺序搜索算法的时间复杂度是 $O(n)$。表 5-1 总结了 3 种可能情况的比较次数。

表 5-1　在无序列表中进行顺序搜索时的比较次数

	最好情况	最坏情况	平均情况
存在目标元素	1	n	$\dfrac{n}{2}$
不存在目标元素	n	n	n

前面假设列表中的元素是无序排列的，相互之间没有关联。如果元素有序排列，顺序搜索算法的效率会提高吗？

假设列表中的元素按升序排列。如果存在目标元素，那么它出现在 n 个位置中任意一个位置的可能性仍然一样大，因此比较次数与在无序列表中相同。不过，如果不存在目标元素，那么搜索效率就会提高。图 5-2 展示了算法搜索目标元素 50 的过程。注意，顺序搜索算法会一路比较列表中的元素，直到遇到 54。54 不是目标元素，而且由于列表是有序的，其后的元素也都不可能是，因此算法不需要搜索完整个列表，比较完 54 之后便可以立即停止。代码清单 5-2 展示了有序列表的顺序搜索函数。

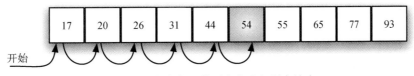

图 5-2　在有序整数列表中进行顺序搜索

代码清单 5-2　有序列表的顺序搜索

```
1   def ordered_sequential_search(a_list, item):
2       pos = 0
3
4       while pos < len(a_list):
5           if a_list[pos] == item:
6               return True
7           if a_list[pos] > item:
8               return False
9           pos = pos +1
10
11      return False
```

表 5-2 总结了在有序列表中顺序搜索时的比较次数。在最好情况下，只需比较一次就能知道目标元素不在列表中。平均情况下，需要比较 $\dfrac{n}{2}$ 次，不过算法的时间复杂度仍是 $O(n)$。总之，只有当列表中不存在目标元素时，有序排列元素才会提高顺序搜索的效率。

表 5-2   在有序列表中进行顺序搜索时的比较次数

	最好情况	最坏情况	平均情况
存在目标元素	1	n	$\dfrac{n}{2}$
不存在目标元素	1	n	$\dfrac{n}{2}$

5.2.2　二分搜索

　　如果我们能进行更高效的比较，就能更充分地利用列表有序的特性。在顺序搜索时，如果第一个元素不是目标元素，就剩下 $n-1$ 个元素需要进行比较。但二分搜索从列表中间的元素开始进行比较，而不是按顺序搜索列表。如果这个元素就是目标元素，那就立即停止搜索；如果不是，则可以利用列表有序的特性，排除一半的元素。如果目标元素比中间的元素大，就可以直接排除列表的左半部分和中间的元素。这是因为，如果列表包含目标元素，它必定位于右半部分。

　　接下来，针对右半部分重复二分过程。从中间的元素着手，将其和目标元素比较。同理，要么直接找到目标元素，要么将列表一分为二，再次缩小搜索范围。图 5-3 展示了二分搜索算法如何快速地找到元素 54，完整的函数如代码清单 5-3 所示。

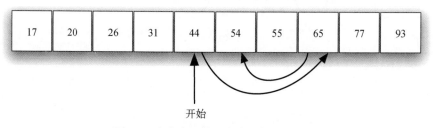

开始

图 5-3　在有序整数列表中进行二分搜索

代码清单 5-3　有序列表的二分搜索

```
1    def binary_search(a_list, item):
2        first = 0
3        last = len(a_list) - 1
4
5        while first <= last:
6            midpoint = (first + last) // 2
7            if a_list[midpoint] == item:
8                return True
9            elif item < a_list[midpoint]:
10               last = midpoint - 1
11           else:
12               first = midpoint + 1
13
14       return False
```

请注意，这个算法是分治策略的好例子。分治是指将问题分解成小问题，以某种方式解决小问题，然后整合结果，以解决最初的问题。对列表进行二分搜索时，先查看中间的元素，如果目标元素小于中间的元素，就只需对列表的左半部分进行二分搜索。同理，如果目标元素更大，则只需对右半部分进行二分搜索。两种情况下，都是针对一个更小的列表递归调用二分搜索函数，如代码清单 5-4 所示。

代码清单 5-4　二分搜索的递归版本

```
1   def binary_search_rec(a_list, item):
2       if len(a_list) == 0:
3           return False
4       midpoint = len(a_list) // 2
5       if a_list[midpoint] == item:
6           return True
7       elif item < a_list[midpoint]:
8           return binary_sarch_rec(a_list[:midpoint], item)
9       else:
10          return binary_search_rec(
11              a_list[midpoint + 1 :], item
12          )
```

分析二分搜索算法

在进行二分搜索时，每一次比较都将待考虑的元素减半。那么，要检查完整个列表，二分搜索算法最多要比较多少次呢？假设列表共有 n 个元素，第一次比较后剩下 $\frac{n}{2}$ 个元素，第 2 次比较后剩下 $\frac{n}{4}$ 个元素，接下来是 $\frac{n}{8}$，然后是 $\frac{n}{16}$，依次类推。列表能拆分多少次呢？表 5-3 给出了答案。

表 5-3　二分搜索算法的表格分析

比较次数	剩余元素的近似个数
1	$\frac{n}{2}$
2	$\frac{n}{4}$
3	$\frac{n}{8}$
$\vdots$	$\vdots$
i	$\frac{n}{2^i}$

拆分足够多次后，会得到只含一个元素的列表。这个元素要么就是目标元素，要么不是。无论是哪种情况，搜索过程都已完成。要走到这一步，需要比较 i 次，使得 $\frac{n}{2^i} = 1$。由此可得，$i = \log n$。

比较次数的最大值与列表的元素个数是对数关系。所以，二分搜索算法的时间复杂度是 $O(\log n)$。

还有一点要注意。在代码清单 5-4 中，递归调用 `binary_search_rec(a_list[:midpoint], item)` 使用切片运算符得到列表的左半部分，并将其传给下一次调用（右半部分类似）。前面的分析假设切片操作所需的时间固定，但实际上在 Python 中，切片操作的时间复杂度是 $O(k)$。这意味着若采用切片操作，那么二分搜索算法的时间复杂度不是严格的对数阶。所幸，在传入列表时带上头和尾的下标，可以弥补这一点。作为练习，请参考代码清单 5-3 计算下标。

尽管二分搜索通常优于顺序搜索，但当 n 较小时，对列表排序带来的额外开销可能使得整体更慢。在实际情况中我们应该考虑，为了提高搜索效率，进行额外排序是否值得。如果排序一次后能够搜索多次，那么排序的开销是值得的。但是，对于大型列表而言，只排序一次也会有昂贵的计算成本，因此从头进行顺序搜索可能是更好的选择。

5.2.3　散列

我们之前利用了元素在集合中的相对位置改进了搜索算法。针对有序列表，我们可以采用二分搜索（时间复杂度为对数阶）找到目标元素。本节将更进一步，通过**散列**构建一个搜索时间复杂度为 $O(1)$ 的数据结构。

要做到这一点，我们需要了解关于元素位置的更多信息。如果每个元素都在指定的位置上，那么只需比较一次即可确定元素是否存在。不过，我们在后面会发现，事实往往并不会如此理想。

散列表是一种元素集合，其中的元素以非常便于查找的方式存储。散列表中的每个位置通常被称为**槽**，其中可以存储一个元素。槽用一个从 0 开始的整数标记，例如 0 号槽、1 号槽、2 号槽，等等。初始情形下，散列表中没有元素，每个槽都是空的。可以用 Python 列表来实现散列表，并将每个元素都初始化为 Python 中的特殊值 None。图 5-4 展示了大小为 11 的散列表。也就是说，表中有 m 个槽，编号从 0 到 10。

图 5-4　有 11 个槽的散列表

散列函数将散列表中的元素与其所属位置对应起来。对散列表中的任一元素，散列函数返回一个介于 0 和 $m-1$ 之间的整数。假设有一个由整数元素 54、26、93、17、77 和 31 构成的集合。首先来看第一个散列函数，它有时被称作"取余函数"，即用一个元素除以表的大小，并将得到的余数作为散列值（`h(item) = item%11`）。表 5-4 给出了所有示例元素的散列值。取余函数是一个很常见的散列函数，这是因为结果必须在槽编号范围内。

表 5-4　使用余数作为散列值

元　素	散　列　值
54	10
26	4
93	5
17	6
77	0
31	9

　　计算出散列值后，就可以将每个元素插入相应的位置，如图 5-5 所示。注意，在 11 个槽中，有 6 个被占用了。占用率被称作**载荷因子**，记作 λ，定义如下。

$$\lambda = \frac{\text{元素个数}}{\text{散列表大小}}$$

在本例中，$\lambda = \frac{6}{11}$。

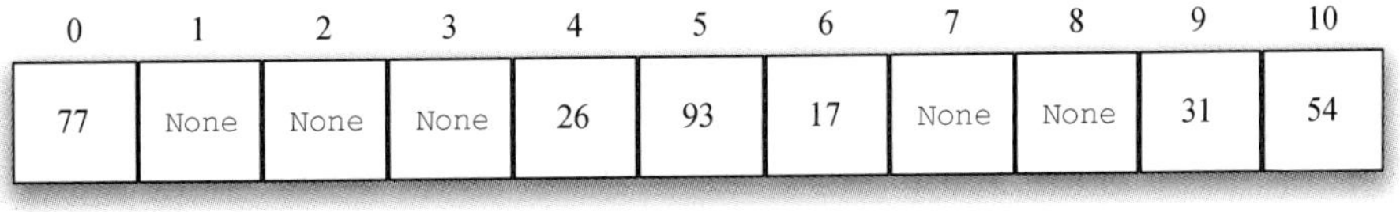

0	1	2	3	4	5	6	7	8	9	10
77	None	None	None	26	93	17	None	None	31	54

图 5-5　有 6 个元素的散列表

　　搜索目标元素时，仅需使用散列函数计算出该元素的槽编号，并查看对应的槽中是否有值。因为计算散列值并找到相应位置所需的时间是固定的，所以搜索操作的时间复杂度是 $O(1)$。如果一切正常，那么我们就已经找到了常数阶的搜索算法。

　　可能你已经看出来了，只有当每个元素的散列值不同时，散列表才有用。如果集合中的下一个元素是 44，它的散列值是 0（44%11=0），而 77 的散列值也是 0，这就有问题了。散列函数会将两个元素放入同一个槽，这种情况被称作**冲突**，也叫"碰撞"。显然，冲突给散列函数带来了问题，我们稍后详细讨论。

1. 散列函数

　　给定一个元素集合，如果一个散列函数能将每个元素映射到不同的槽，它就被称作**完美散列函数**。如果元素已知，并且集合不变，那么我们就能构建一个完美散列函数。不幸的是，给定任意一个元素集合，没有系统化方法来保证散列函数是完美的。所幸，不完美的散列函数也能有不错的性能。

　　构建完美散列函数的一个方法是增大散列表，使之能容纳每一个元素，这样就能保证每个元素都有属于自己的槽。当元素个数少时，这个方法是可行的，而当元素很多时，就不可行了。如果元素是 9 位的社会保障号，这个方法需要大约 10 亿个槽。如果只想存储一个班上 25 名学生的数据，这样做就会浪费极大的内存空间。

　　我们的目标是创建这样一个散列函数：冲突数最少，计算方便，元素均匀分布于散列表中。有多种常见的方法来扩展取余函数，下面介绍其中的几种。

　　折叠法先将元素切成等长的部分（最后一部分的长度可能不同），然后将这些部分相加，得到散列值。假设元素是电话号码 436-555-4601，以 2 位为一组进行切分，得到 43、65、55、46 和 01。将这些数字相加后，得到 210。假设散列表有 11 个槽，接着需要用 210 除以 11，并保留余数 1。所以，电话号码 436-555-4601 被映射到散列表中的 1 号槽。有些折叠法更进一步，在加总前每隔一个数反转一次。就本例而言，反转后的结果是：43+56+55+64+01=219，219%11=10。

　　另一个构建散列函数的数学技巧是**平方取中法**：先将元素取平方，然后提取中间几位数。如果元素是 44，先计算 44^2=1936，然后提取中间两位 93，继续进行取余的步骤，得到 5（93%11）。表 5-5 分别展示了取余法和平方取中法的结果，请确保自己理解这些值的计算方法。

表 5-5　取余法和平方取中法的对比

元　素	取　余	平方取中
54	10	3
26	4	7
93	5	9
17	6	8
77	0	4
31	9	6

　　我们也可以为基于字符的元素（比如字符串）创建散列函数。例如，可以将单词“cat”看作序数值序列。

```
>>> ord("c")
99
>>> ord("a")
97
>>> ord("t")
116
```

　　因此，可以将这些序数值相加，并采用取余法得到散列值，如图 5-6 所示。代码清单 5-5 给出了 hash_str 函数的定义，传入一个字符串和散列表的大小，该函数会返回散列值，其取值范围是 0 到 table_size-1。

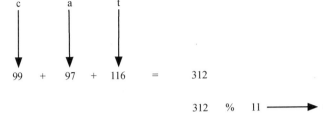

图 5-6 利用序数值计算字符串的散列值

代码清单 5-5　为字符串构建简单的散列函数

```
1    def hash_str(a_string, table_size):
2        return sum([ord(c) for c in a_string]) % table_size
```

有趣的是，针对异序词，这个散列函数总是得到相同的散列值。要弥补这一点，可以用字符位置作为权重因子，如图 5-7 所示。作为练习，请修改 hash_str 函数，为字符添加权重值。

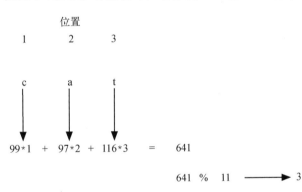

图 5-7　在考虑权重的同时，利用序数值计算字符串的散列值

你也许能想到多种计算散列值的其他方法。重要的是，散列函数一定要高效，以免它成为存储和搜索过程的性能瓶颈。如果散列函数过于复杂，计算槽编号的工作量可能比进行顺序搜索或二分搜索时的更大，这违背了散列的初衷。

2. 处理冲突

我们现在来解决散列冲突问题。当两个元素被分到同一个槽中时，必须通过一种系统化方法在散列表中安置第二个元素。这个过程被称为**处理冲突**。前文说过，如果散列函数是完美的，冲突就永远不会发生。然而，这个前提往往不成立，因此处理冲突是散列计算的重点。

一种方法是在散列表中找到另一个空槽，用于放置引起冲突的元素。简单的做法是从起初的散列值开始，顺序遍历散列表，直到找到一个空槽。注意，为了遍历散列表，可能需要往回检查第一个槽。这个过程被称为**开放定址法**，它尝试在散列表中寻找下一个空槽或地址。由于是逐个访问槽，因此这个做法被称作**线性探测**。

现在扩展表 5-4 中的元素，得到新的整数集合（54, 26, 93, 17, 77, 31, 44, 55, 20），图 5-8 展示了新整数集合经过取余散列函数处理后的结果。图 5-5 显示散列表包含 6 个元素。我们看看如果试图向其中添加 3 个元素会发生什么。当我们尝试把 44 放入 0 号槽时，就会产生冲突。采用线性探测，依次检查每个槽，直到找到一个空槽，在本例中即为 1 号槽。

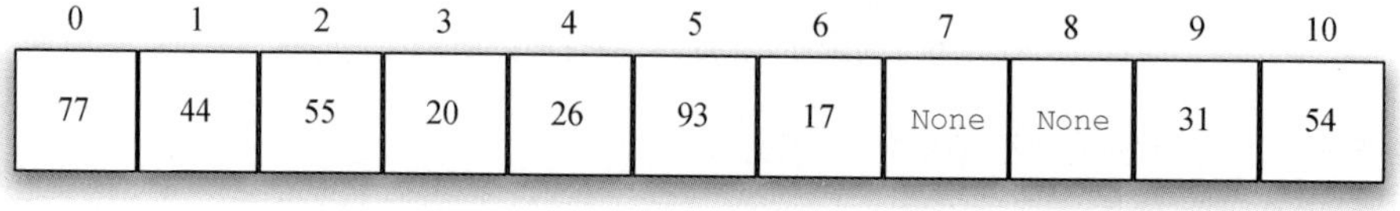

0	1	2	3	4	5	6	7	8	9	10
77	44	55	20	26	93	17	None	None	31	54

图 5-8　采用线性探测处理冲突

同理，55 应该放入 0 号槽，但是为了避免冲突，必须放入 2 号槽。集合中的最后一个元素是 20，它的散列值对应 9 号槽。因为 9 号槽中已有元素，所以开始线性探测，依次访问 10 号槽、0 号槽、1 号槽和 2 号槽，最后找到空的 3 号槽。

利用开放定址法和线性探测构建出散列表之后，需要使用同样的方法来搜索元素。假设要查找元素 93，它的散列值是 5。查看 5 号槽，发现槽中的元素就是 93，因此返回 True。如果要查找的是 20，又会如何呢？20 的散列值是 9，而 9 号槽中的元素是 31。因为可能有冲突，所以不能直接返回 False，而是应该从 10 号槽开始进行顺序搜索，直到找到元素 20 或者遇到空槽。

线性探测有个缺点，那就是会使散列表中的元素出现**聚集**现象。也就是说，如果一个槽发生太多冲突，线性探测会填满其附近的槽，而这会影响到后续插入的元素。在尝试插入元素 20 时，要越过数个散列值为 0 的元素才能找到一个空槽。图 5-9 展示了这种聚集现象。

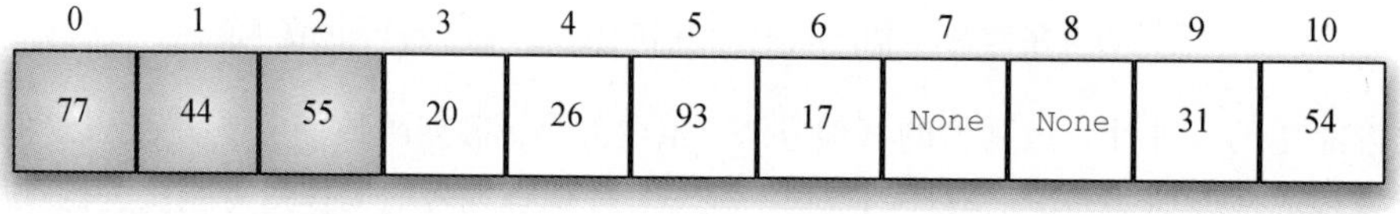

0	1	2	3	4	5	6	7	8	9	10
77	44	55	20	26	93	17	None	None	31	54

图 5-9　散列值为 0 的元素聚集在一起

要避免元素聚集，一种方法是扩展线性探测，不再依次顺序查找空槽，而是跳过一些槽，这样做能使引起冲突的元素分布得更均匀。图 5-10 展示了采用“加 3”探测策略处理冲突后的元素分布情况。发生冲突时，为了找到空槽，该策略每次跳过两个槽。

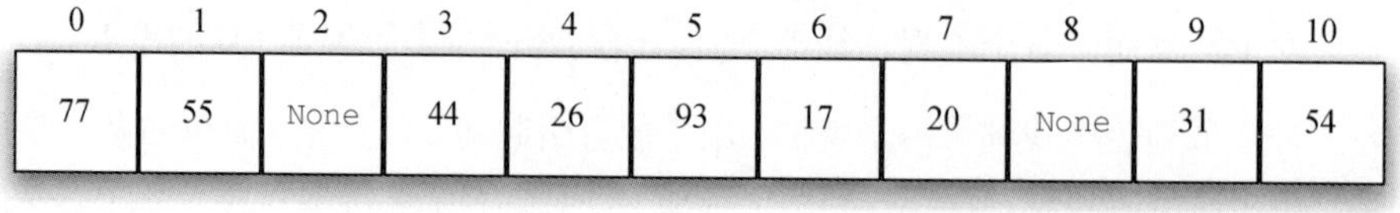

0	1	2	3	4	5	6	7	8	9	10
77	55	None	44	26	93	17	20	None	31	54

图 5-10　采用“加 3”探测策略处理冲突

再散列泛指在发生冲突后寻找另一个槽的过程。采用线性探测时，再散列函数是 `new_hash = rehash(old_hash)`，并且 `rehash(pos) = (pos + 1)%size`。"加 3"探测策略的再散列函数可以定义为 `rehash(pos) = (pos + 3)%size`。也就是说，可以将再散列函数定义为 `rehash(pos) = (pos + skip)%size`。注意，"跨步"（`skip`）的大小要能保证表中所有的槽最终都被访问到，否则就会浪费槽资源。要保证这一点，常常建议散列表的大小为素数，这就是上面例子选用 11 的原因。

平方探测是线性探测的一个变体，它不采用固定的跨步大小，而是通过再散列函数递增散列值。如果第一个散列值是 h，后续的散列值就是 $h+1$、$h+4$、$h+9$、$h+16$，等等。可以将再散列函数定义为 `rehash(pos) = (h + i^2)%size`。换句话说，平方探测的跨步大小是一系列完全平方数。图 5-11 展示了采用平方探测处理后的结果。

0	1	2	3	4	5	6	7	8	9	10
77	44	20	55	26	93	17	None	None	31	54

图 5-11 采用平方探测处理冲突

另一种处理冲突的方法是让每个槽有一个指向元素集合（或链表）的引用。**链接法**允许散列表中的同一个位置上存在多个元素。发生冲突时，元素仍然被插入其散列值对应的槽中。不过，随着同一个位置上的元素越来越多，搜索变得越来越困难。图 5-12 展示了采用链接法解决冲突后的结果。

5

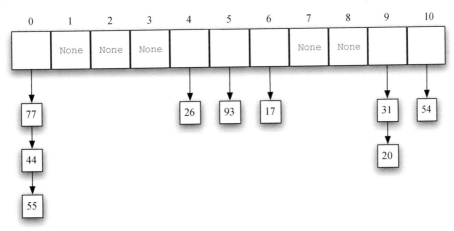

图 5-12 采用链接法处理冲突

搜索目标元素时，我们用散列函数算出它对应的槽编号。由于每个槽都有一个元素集合，因此需要再搜索一次，才能得知目标元素是否存在。链接法的优点是，平均算来，每个槽的元素不多，因此搜索可能更高效。本节最后会分析散列算法的性能。

3. 实现映射抽象数据类型

字典是最有用的 Python 集合之一。第 1 章说过，字典是存储键–值对的数据类型。键用于查找关联的值，这个概念常常被称作**映射**。

映射抽象数据类型定义如下。它是将键和值关联起来的无序集合，其中的键是不重复的，键和值之间是一一对应的关系。映射支持以下操作。

- ❑ Map() 创建一个空的映射。
- ❑ put(key, val) 往映射中加入一个新的键–值对。如果键已经存在，就用新值替换旧值。
- ❑ get(key) 返回 key 对应的值。如果 key 不存在，则返回 None。
- ❑ del 通过 del map[key] 语句从映射中删除键–值对。
- ❑ size() 返回映射中存储的键–值对的数目。
- ❑ in 通过 key in map 语句，在键存在时返回 True，否则返回 False。

使用字典的一大优势是，给定一个键，能很快找到其关联的值。为了提供这种快速查找能力，需要支持高效搜索的实现方案。虽然可以使用列表进行顺序搜索或二分搜索，但用前面描述的散列表更好，这样可以使搜索的时间复杂度达到 $O(1)$。

代码清单 5-6 使用两个列表创建 HashTable 类，以此实现映射抽象数据类型。其中，名为 slots 的列表用于存储键，名为 data 的列表用于存储值。两个列表中的键与值在位置上相对应。我们将键列表当作散列表来处理。在本节的例子中，散列表的初始大小是 11。尽管初始大小可以任意指定，但选用一个素数很重要，这样做可以尽可能地提高冲突处理算法的效率。

代码清单 5-6 HashTable 类的构造方法

```
1    class HashTable:
2        def __init__(self):
3            self.size = 11
4            self.slots = [None] * self.size
5            self.data = [None] * self.size
```

在代码清单 5-7 中，hash_function 实现了简单的取余函数。处理冲突时，采用"加 1"再散列值的线性探测法。put 函数假设，除非键已经在 self.slots 中，否则总是可以分配一个空槽。该函数计算初始的散列值，如果对应的槽中已有元素，就循环运行 rehash 函数，直到遇见一个空槽。如果槽中已有这个键，就用新值替换旧值。

代码清单 5-7 put 函数

```
1    def put(self, key, data):
2        hash_value = self.hash_function(
```

```
3            key, len(self.slots)
4        )
5
6        if self.slots[hash_value] is None:
7            self.slots[hash_value] = key
8            self.data[hash_value] = data
9        else:
10           if self.slots[hash_value] == key:
11               self.data[hash_value] = data   # 替换
12           else:
13               next_slot = self.rehash(
14                   hash_value, len(self.slots)
15               )
16               while (
17                   self.slots[next_slot] is not None
18                   and self.slots[next_slot] != key
19               ):
20                   next_slot = self.rehash(
21                       next_slot, len(self.slots)
22                   )
23
24               if self.slots[next_slot] is None:
25                   self.slots[next_slot] = key
26                   self.data[next_slot] = data
27               else:
28                   self.data[next_slot] = data
29
30   def hash_function(self, key, size):
31       return key % size
32
33   def rehash(self, old_hash, size):
34       return (old_hash + 1) % size
```

同理，get 函数也先计算初始散列值，如代码清单 5-8 所示。如果值不在初始散列值对应的槽中，就使用 rehash 确定下一个位置。注意，第 14 行确保搜索最终一定能结束，因为不会回到初始槽。如果遇到初始槽，就说明已经检查完所有可能的槽，并且元素必定不存在。

代码清单 5-8 get 函数

```
1    def get(self, key):
2        start_slot = self.hash_function(
3            key, len(self.slots)
4        )
5
6        position = start_slot
7        while self.slots[position] is not None:
8            if self.slots[position] == key:
9                return self.data[position]
10           else:
11               position = self.rehash(
12                   position, len(self.slots)
13               )
14               if position == start_slot:
15                   return None
```

```
16
17  def __getitem__(self, key):
18      return self.get(key)
19
20  def __setitem__(self, key, data):
21      self.put(key, data)
```

HashTable 类的最后两个方法提供了额外的字典功能。我们重载 `__getitem__` 和 `__setitem__`，以通过 `[]` 进行访问。这意味着创建 HashTable 类之后，就可以使用熟悉的索引运算符了。其余方法的实现留作练习。

下面来看看运行情况。首先创建一个散列表并插入一些元素。其中，键是整数，值是字符串。

```
>>> h = HashTable()
>>> h[54] = "cat"
>>> h[26] = "dog"
>>> h[93] = "lion"
>>> h[17] = "tiger"
>>> h[77] = "bird"
>>> h[31] = "cow"
>>> h[44] = "goat"
>>> h[55] = "pig"
>>> h[20] = "chicken"
>>> h.slots
[77, 44, 55, 20, 26, 93, 17, None, None, 31, 54]
>>> h.data
['bird', 'goat', 'pig', 'chicken', 'dog', 'lion',
 'tiger', None, None, 'cow', 'cat']
```

接下来，访问并修改散列表中的某些元素。注意，键 20 的值已被修改。

```
>>> h[20]
'chicken'
>>> h[17]
'tiger'
>>> h[20] = "duck"
>>> h[20]
'duck'
>>> h.data
['bird', 'goat', 'pig', 'duck', 'dog', 'lion',
 'tiger', None, None, 'cow', 'cat']
>>> print(h[99])
None
```

4. 分析散列搜索算法

在最好情况下，散列搜索算法的时间复杂度是 $O(1)$，即常数阶。然而，因为可能发生冲突，所以比较次数通常不会这么简单。尽管对散列的完整分析超出了讨论范围，但是本书在此还是提一下运用散列搜索元素时近似的比较次数。

在分析散列表的使用情况时，最重要的信息就是载荷因子 λ。从概念上来说，如果 λ 很小，那么发生冲突的概率就很小，元素也就更可能在其初始散列位置上。如果 λ 很大，则意味着散列表很拥挤，发生冲突的概率也就很大。因此，冲突解决起来会更难，找到空槽所需的比较次数会更多。若采用链接法，冲突越多，每条链上的元素也越多。

和之前一样，来看看搜索成功和搜索失败的情况。采用线性探测策略的开放定址法，搜索成功的平均比较次数如下。

$$\frac{1}{2}\left(1+\frac{1}{1-\lambda}\right)$$

搜索失败的平均比较次数如下。

$$\frac{1}{2}\left[1+\left(\frac{1}{1-\lambda}\right)^2\right]$$

若采用链接法，则搜索成功的平均比较次数如下。

$$1+\frac{\lambda}{2}$$

搜索失败时，平均比较次数就是 λ。

5.3 排序

排序是指将集合中的元素按某种顺序排列的过程。比如，一个单词列表可以按字母表次序或长度排序；一个城市列表可以按人口、面积或邮编排序。我们已经探讨过一些利用有序列表提高效率的算法（比如异序词的例子，以及二分搜索算法）。

排序算法有很多，对它们的分析也已经很透彻了。这说明，排序是计算机科学中的一个重要的研究领域。给大量元素排序可能消耗大量的计算资源。与搜索算法类似，排序算法的效率与待处理元素的数目相关。对于小型集合，采用复杂的排序算法可能得不偿失；对于大型集合，需要尽可能充分地利用各种改善措施。本节将讨论多种排序技巧，并比较它们的运行时间。

在讨论具体的算法之前，先思考可用于分析排序过程的运算。首先，排序算法要能比较大小。为了给一个集合排序，需要某种系统化的比较方法，以检查元素的排列是否违反了顺序。在衡量排序过程时，最常用的指标就是总的比较次数。其次，当元素的排列顺序不正确时，需要交换它们的位置。交换是一个耗时的操作，总的交换次数对于衡量排序算法的总体效率来说也很重要。

5.3.1 冒泡排序

冒泡排序多次遍历列表。它比较相邻的元素，将不合顺序的交换。每一轮遍历都将下一个最大值放到正确的位置上。本质上，每个元素通过"冒泡"找到自己所属的位置。

图 5-13 展示了冒泡排序的第一轮遍历过程。深色的是正在比较的元素。如果列表中有 n 个元素,那么第一轮遍历有 $n–1$ 个元素对需要进行比较。注意,最大的元素会一直往前挪,直到遍历过程结束。

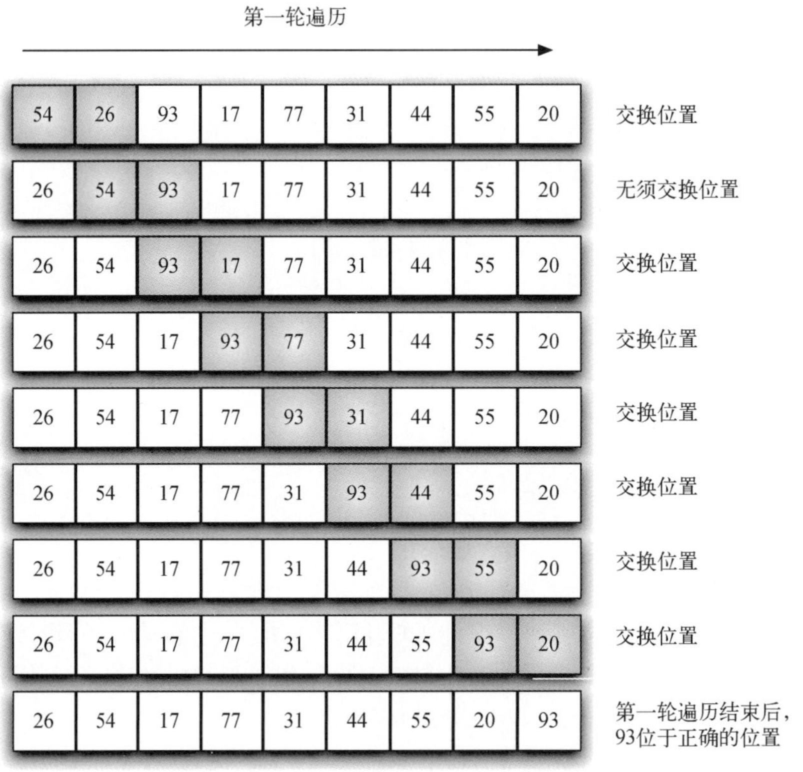

第一轮遍历

54	26	93	17	77	31	44	55	20	交换位置
26	54	93	17	77	31	44	55	20	无须交换位置
26	54	93	17	77	31	44	55	20	交换位置
26	54	17	93	77	31	44	55	20	交换位置
26	54	17	77	93	31	44	55	20	交换位置
26	54	17	77	31	93	44	55	20	交换位置
26	54	17	77	31	44	93	55	20	交换位置
26	54	17	77	31	44	55	93	20	交换位置
26	54	17	77	31	44	55	20	93	第一轮遍历结束后,93 位于正确的位置

图 5-13　冒泡排序的第一轮遍历过程

第二轮遍历开始时,最大值已经在正确位置上了。还剩 $n–1$ 个元素需要排列,也就是说,要对 $n–2$ 个元素对进行比较。由于每一轮都将下一个最大的元素放到正确位置上,因此需要遍历的轮数就是 $n–1$。完成 $n–1$ 轮后,最小的元素必然在正确位置上,因此不必再做处理。代码清单 5-9 给出了完整的 bubble_sort 函数。该函数以一个列表为参数,必要时会交换其中的元素。

代码清单 5-9　冒泡排序函数 bubble_sort

```
1   def bubble_sort(a_list):
2       for i in range(len(a_list) - 1, 0, -1):
3           for j in range(i):
4               if a_list[j] > a_list[j + 1]:
5                   temp = a_list[j]
6                   a_list[j] = a_list[j + 1]
7                   a_list[j + 1] = temp
```

Python 中的交换操作和其他大部分编程语言中的略有不同。在交换两个元素的位置时，通常需要一个临时变量（额外的内存位置）。以下代码片段交换列表中的第 i 个和第 j 个元素的位置。如果没有临时存储位置，其中一个值就会被覆盖。

```
temp = a_list[i]
a_list[i] = a_list[j]
a_list[j] = temp
```

Python 允许同时赋值。执行语句 a, b = b, a，相当于同时执行两条赋值语句，如图 5-14 所示。利用 Python 的这一特性，就可以用一条语句完成交换操作。

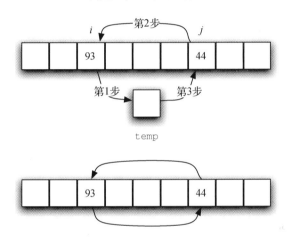

图 5-14　对比 Python 与其他大部分编程语言的交换操作

在代码清单 5-9 中，第 5~7 行采用 3 步法交换第 i 个和第 $i+1$ 个元素的位置。注意，也可以通过同时赋值来实现。

在分析冒泡排序算法时要注意，不管一开始元素是如何排列的，给含有 n 个元素的列表排序总需要遍历 $n-1$ 轮。表 5-6 展示了每一轮的比较次数。总的比较次数是前 $n-1$ 个整数之和。由于前 n 个整数之和是 $\frac{1}{2}n^2 + \frac{1}{2}n$，因此前 $n-1$ 个整数之和就是 $\frac{1}{2}n^2 + \frac{1}{2}n - n$，即 $\frac{1}{2}n^2 - \frac{1}{2}n$。这表明，该算法的时间复杂度是 $O(n^2)$。在最好情况下，列表已经是有序的，不需要执行交换操作。在最坏情况下，每一次比较都将导致一次交换。平均情况下，我们需要交换一半的次数。

表 5-6　冒泡排序中每一轮的比较次数

轮　次	比较次数
1	$n-1$
2	$n-2$
3	$n-3$
⋮	⋮
$n-1$	1

　　冒泡排序通常被视作效率最低的排序算法，因为在确定最终的位置前必须交换元素。"多余"的交换操作代价很大。不过，由于冒泡排序要遍历列表中未排序的部分，因此它具有其他排序算法没有的用途。如果在一轮遍历中没有发生元素交换，就可以确定列表已经有序。可以修改冒泡排序函数，使其在遇到这种情况时提前终止。对于只需要遍历几次的列表，冒泡排序可能有优势，因为它能判断出有序列表并终止排序过程。代码清单 5-10 实现了如上所述的修改，这种排序通常被称作**短冒泡**。

代码清单 5-10　短冒泡排序函数

```
1    def bubble_sort_short(a_list):
2        for i in range(len(a_list) - 1, 0, -1):
3            exchanges = False
4            for j in range(i):
5                if a_list[j] > a_list[j + 1]:
6                    exchanges = True
7                    a_list[j], a_list[j + 1] = (
8                        a_list[j + 1],
9                        a_list[j],
10                    )
11            if not exchanges:
12                break
```

5.3.2　选择排序

　　选择排序在冒泡排序的基础上做了改进，每次遍历列表时只做一次交换。要实现这一点，选择排序在每次遍历时寻找最大值，并在遍历完之后将它放到正确位置上。和冒泡排序一样，第一次遍历后，最大的元素就位；第二次遍历后，第二大的元素就位，依次类推。若给 n 个元素排序，需要遍历 $n-1$ 轮，这是因为最后一个元素要到 $n-1$ 轮遍历后才就位。

　　图 5-15 展示了完整的选择排序过程。每一轮遍历都选择待排序元素中最大的元素，并将其放到正确位置上。第一轮放好 93，第二轮放好 77，第三轮放好 55，依次类推。代码清单 5-11 给出了选择排序函数。

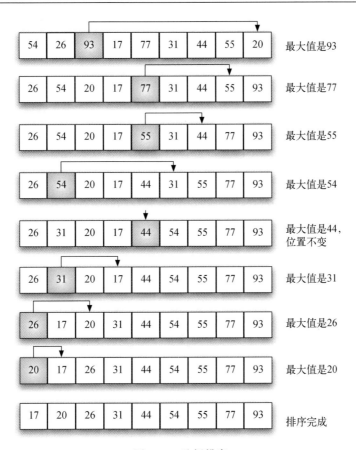

图 5-15 选择排序

代码清单 5-11 选择排序函数 selection_sort

```
1    def selection_sort(lst):
2        for i, item in enumerate(lst):
3            min_idx = len(lst) - 1
4            for j in range(i, len(lst)):
5                if lst[j] < lst[min_idx]:
6                    min_idx = j
7            if min_idx != i:
8                lst[min_idx], lst[i] = lst[i], lst[min_idx]
```

可以看出，选择排序算法和冒泡排序算法的比较次数相同，所以时间复杂度也是 $O(n^2)$。但是，由于减少了交换次数，因此选择排序算法通常更快。就本节的列表示例而言，冒泡排序交换了 20 次，而选择排序只需交换 8 次。

5.3.3　插入排序

　　插入排序的时间复杂度也是 $O(n^2)$，但原理稍有不同。它在列表较低的一端维护一个有序的子列表，并将新元素逐个"插入"这个子列表。图 5-16 展示了插入排序的过程。深色元素代表有序子列表中的元素。

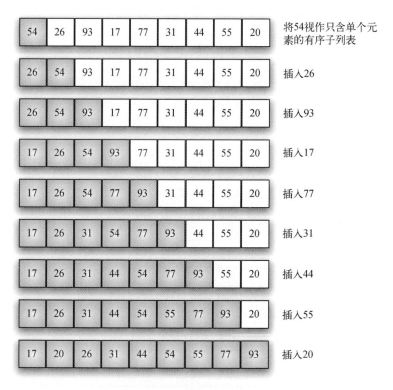

图 5-16　插入排序

　　首先假设位置 0 处的元素是只含单个元素的有序子列表。从元素 1 到元素 $n-1$，每一轮都将当前元素与有序子列表中的元素进行比较。在有序子列表中，将比它大的元素右移；当遇到一个比它小的元素或抵达子列表终点时，就可以插入当前元素。

　　图 5-17 详细展示了第 5 轮遍历的情况。此刻，有序子列表包含 5 个元素：17、26、54、77 和 93。现在想插入 31。第一次与 93 比较，结果是将 93 向右移；同理，77 和 54 也向右移。遇到 26 时，就不移了，并且 31 找到了正确位置。现在，有序子列表有 6 个元素。

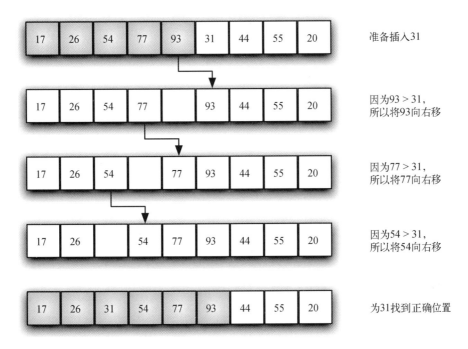

图 5-17　插入排序的第 5 轮遍历

从代码清单 5-12 可知，在给 n 个元素排序时，插入排序算法需要遍历 $n–1$ 轮。循环从位置 1 开始，直到位置 $n–1$ 结束，这些元素都需要插入有序子列表中。第 8 行实现了移动操作，将列表中的一个值挪一个位置，为待插入元素腾出空间。要记住，这不是之前的算法进行的那种完整的交换操作。

代码清单 5-12　插入排序函数 `insertion_sort`

```
1    def insertion_sort(a_list):
2        for i in range(1, len(a_list)):
3            cur_val = a_list[i]
4            cur_pos = i
5            while (
6                cur_pos > 0 and a_list[cur_pos - 1] > cur_val
7            )
8                a_list[cur_pos] = a_list[cur_pos - 1]
9                cur_pos = cur_pos - 1
10           a_list[cur_pos] = cur_val
```

在最坏情况下，插入排序算法的比较次数是前 $n–1$ 个整数之和，对应的时间复杂度是 $O(n^2)$。在最好情况下（列表已经是有序的），每一轮只需比较一次。

移动操作和交换操作有一个重要的不同点。总体来说，交换操作的处理时间大约是移动操作的 3 倍，因为后者只需进行一次赋值。在基准测试中，插入排序算法的性能很不错。

5.3.4　希尔排序

希尔排序也称"递减增量排序"，它对插入排序做了改进，将列表分成数个子列表，并对每一个子列表应用插入排序。如何切分列表是希尔排序的关键——并不是连续切分，而是使用增量 i（有时称作**步长**）选取所有间隔为 i 的元素组成子列表。

以图 5-18 中的列表为例，这个列表有 9 个元素。如果增量为 3，就有 3 个子列表，每个都可以应用插入排序，结果如图 5-19 所示。尽管列表仍然不算完全有序，但通过给子列表排序，我们已经让元素离它们的最终位置更近了。

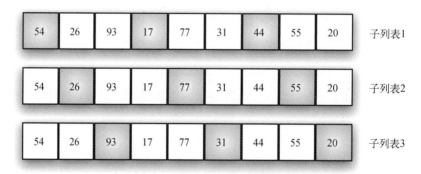

图 5-18　增量为 3 的希尔排序

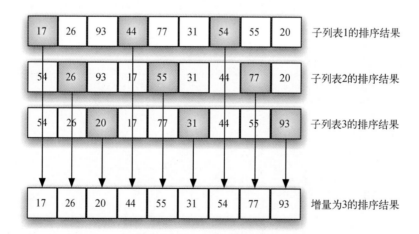

图 5-19　为每个子列表排序后的结果

图 5-20 展示了最终的标准插入排序过程。由于有了之前的子列表排序，因此总移动次数已经减少了。本例只需要再移动 4 次。

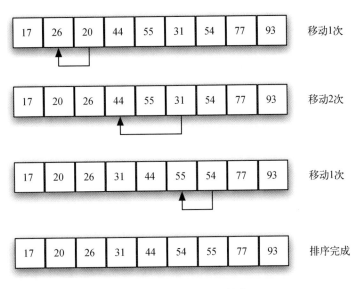

图 5-20 最终进行插入排序

如前所述，如何切分列表是希尔排序的关键。代码清单 5-13 中的函数采用了另一组增量。先为 $\frac{n}{2}$ 个子列表排序，接着是 $\frac{n}{4}$ 个子列表。最终，整个列表由基本的插入排序算法排好序。图 5-21 展示了采用这种增量后的第一批子列表。

代码清单 5-13 希尔排序函数 `shell_sort`

```
1   def shell_sort(a_list):
2       sublist_count = len(a_list) // 2
3       while sublist_count > 0:
4           for pos_start in range(sublist_count):
5               gap_insertion_sort(
6                   a_list, pos_start, sublist_count
7               )
8           print(f"After increments of size {sublist_count}"
9               + f" the list is \n\t{a_list}")
10          sublist_count = sublist_count // 2
11
12  def gap_insertion_sort(a_list, start, gap):
13      for i in range(start + gap, len(a_list), gap):
14          cur_val = a_list[i]
15          cur_pos = i
16          while (
17              cur_pos >= gap
18              and a_list[cur_pos - gap] > cur_val
19          ):
20              a_list[cur_pos] = a_list[cur_pos - gap]
21              cur_pos = cur_pos - gap
22          a_list[cur_pos] = cur_val
```

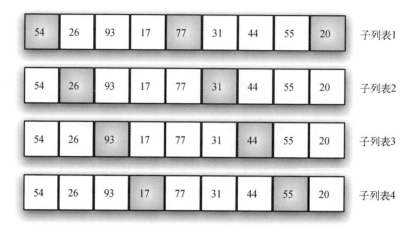

图 5-21　希尔排序的初始子列表

下面对 `shell_sort` 的调用示例给出了使用每个增量之后的结果（部分有序），以及增量为 1 的插入排序结果。

```
>>> a_list = [54, 26, 93, 17, 77, 31, 44, 55, 20]
>>> shell_sort(a_list)
After increments of size 4 the list is
        [20, 26, 44, 17, 54, 31, 93, 55, 77]
After increments of size 2 the list is
        [20, 17, 44, 26, 54, 31, 77, 55, 93]
After increments of size 1 the list is
        [17, 20, 26, 31, 44, 54, 55, 77, 93]
```

乍看之下，你可能会觉得希尔排序不可能比插入排序好，因为最后一步要做一次完整的插入排序。但实际上，列表已经由增量的插入排序做了预处理，所以最后一步插入排序不需要进行多次比较或移动。也就是说，每一轮遍历都生成了"更有序"的列表，这使得最后一步非常高效。

尽管对希尔排序的总体分析已经超出了本书的讨论范围，但是不妨了解一下它的时间复杂度。基于上述行为，希尔排序的时间复杂度大概介于 $O(n)$ 和 $O(n^2)$ 之间。若采用代码清单 5-13 中的增量，则时间复杂度是 $O(n^2)$。通过改变增量，比如采用 $2^k - 1$（1, 3, 7, 15, 31, …），希尔排序的时间复杂度可以达到 $O(n^{\frac{3}{2}})$。

5.3.5　归并排序

现在，我们将注意力转向使用分治策略改进排序算法。要研究的第一个算法是**归并排序**，它是递归算法，每次将一个列表一分为二。如果列表为空或只有一个元素，那么从定义上来说它就是有序的（基本情况）。如果列表不止一个元素，就将列表一分为二，并对两部分都递归调用归并排序。当两部分都有序后，就进行**归并**这一基本操作。归并是指将两个较小的有序列表归并为一个有序列表的过程。图 5-22a 展示了示例列表被拆分后的情况，图 5-22b 给出了归并后的有序列表。

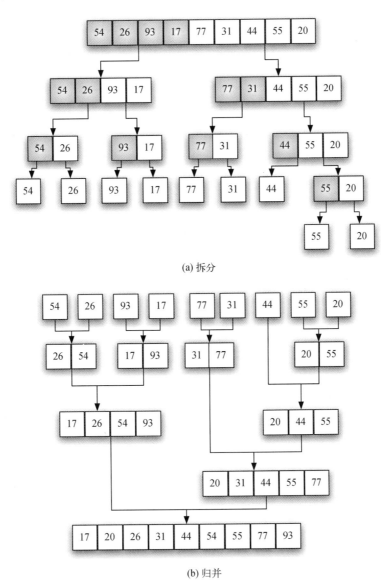

(a) 拆分

(b) 归并

图 5-22 归并排序中的拆分和归并

在代码清单 5-14 中，merge_sort 函数从处理基本情况开始。如果列表的长度小于或等于 1，说明它已经是有序列表，因此不需要做后续的处理。如果长度大于 1，则通过 Python 的切片操作得到左半部分和右半部分。要注意，列表所含元素的个数可能不是偶数。这并没有关系，因为左右子列表的长度最多相差 1。

代码清单 5-14　归并排序函数 `merge_sort`

```
1    def merge_sort(a_list):
2        print("Splitting", a_list)
3        if len(a_list) > 1:
4            mid = len(a_list) // 2
5            left_half = a_list[:mid]
6            right_half = a_list[mid:]
7            merge_sort(left_half)
8            merge_sort(right_half)
9            i, j, k = 0, 0, 0
10           while i < len(left_half) and j < len(right_half):
11               if left_half[i] <= right_half[j]:
12                   a_list[k] = left_half[i]
13                   i = i + 1
14               else:
15                   a_list[k] = right_half[j]
16                   j = j + 1
17               k = k + 1
18           while i < len(left_half):
19               a_list[k] = left_half[i]
20               i = i + 1
21               k = k + 1
22           while j < len(right_half):
23               a_list[k] = right_half[j]
24               j = j + 1
25               k = k + 1
26       print("Merging", a_list)
```

在第 7~8 行对左右子列表调用 `merge_sort` 函数后，我们就能假设它们已经排好序了。第 9~25 行负责将两个小的有序列表归并为一个大的有序列表。注意，归并操作不停地从有序子列表中取出最小值，放回初始列表（`a_list`）。第 11 行确保了算法是稳定的。稳定的算法保持了列表中重复元素的顺序，被大多数算法所青睐。

`merge_sort` 函数有一条 `print` 语句（第 2 行），用于在每次调用开始时展示待排序列表的内容。第 26 行也有一条 `print` 语句，用于展示归并过程。以下脚本展示了针对示例列表执行 `merge_sort` 函数的结果。

```
>>> a_list = [54, 26, 93, 17, 77, 31, 44, 55, 20]
>>> merge_sort(a_list)
Splitting [54, 26, 93, 17, 77, 31, 44, 55, 20]
Splitting [54, 26, 93, 17]
Splitting [54, 26]
Splitting [54]
Merging [54]
Splitting [26]
Merging [26]
Merging [26, 54]
Splitting [93, 17]
Splitting [93]
Merging [93]
Splitting [17]
```

```
Merging [17]
Merging [17, 93]
Merging [17, 26, 54, 93]
Splitting [77, 31, 44, 55, 20]
Splitting [77, 31]
Splitting [77]
Merging [77]
Splitting [31]
Merging [31]
Merging [31, 77]
Splitting [44, 55, 20]
Splitting [44]
Merging [44]
Splitting [55, 20]
Splitting [55]
Merging [55]
Splitting [20]
Merging [20]
Merging [20, 55]
Merging [20, 44, 55]
Merging [20, 31, 44, 55, 77]
Merging [17, 20, 26, 31, 44, 54, 55, 77, 93]
```

注意，列表[44, 55, 20]不会均分，第一部分是[44]，第二部分是[55, 20]。很容易看出，拆分操作最终生成了能立即与其他有序列表归并的列表。

分析 merge_sort 函数时，要考虑它的两个独立的构成部分。首先，列表被一分为二。在学习二分搜索时已经算过，当列表的长度为 n 时，能切分 $\log n$ 次。第二个处理过程是归并。列表中的每个元素最终都得到处理，并被放到有序列表中。所以，得到长度为 n 的列表需要进行 n 次操作。由此可知，需要进行 $\log n$ 次拆分，每一次需要进行 n 次操作，所以一共是 $n\log n$ 次操作。也就是说，归并排序算法的时间复杂度是 $O(n\log n)$。

你应该记得，切片操作的时间复杂度是 $O(k)$，其中 k 是切片的大小。为了保证 merge_sort 函数的时间复杂度是 $O(n\log n)$，需要去除切片运算符。在进行递归调用时，传入头和尾的下标即可做到这一点。我们将此留作练习。

有一点要注意：merge_sort 函数需要额外的空间来存储切片操作得到的两半部分。当列表较大时，使用额外的空间可能会使排序出现问题。

5.3.6 快速排序

和归并排序一样，**快速排序**也采用分治策略，但不使用额外的存储空间。不过，代价是列表可能不会被一分为二。出现这种情况时，算法的效率会有所下降。

快速排序算法首先选出一个**基准值**。尽管有很多种选法，但为简单起见，本节选取列表中的第一个元素。基准值的作用是帮助切分列表。在最终的有序列表中，基准值的位置通常被称作**分割点**，算法在分割点切分列表，以进行对快速排序的子调用。

在图 5-23 中，元素 54 将作为第一个基准值。从前面的例子可知，54 最终应该位于 31 当前所在的位置。下一步是**划分**操作。它会找到分割点，同时将其他元素放到正确的一边——要么大于基准值，要么小于基准值。

图 5-23　快速排序的第一个基准值

划分操作首先找到两个坐标——left_mark 和 right_mark——它们分别位于列表剩余元素的开头和末尾，如图 5-24 所示的第 1 个和第 8 个位置。划分的目的是根据待排序元素与基准值的相对大小将它们放到正确的一边，同时逐渐逼近分割点。图 5-24 展示了为元素 54 寻找正确位置的过程。

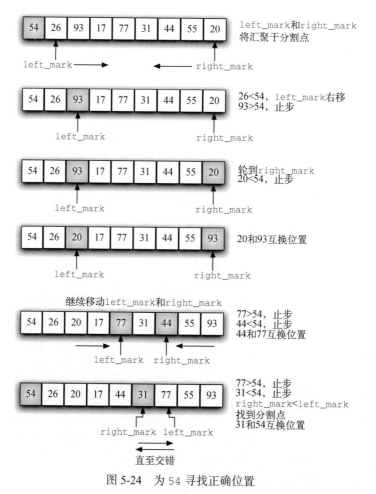

图 5-24　为 54 寻找正确位置

首先加大 left_mark，直到遇到一个大于基准值的元素。然后减小 right_mark，直到遇到一个小于基准值的元素。这样一来，就找到两个与最终的分割点错序的元素。本例中，这两个元素就是 93 和 20。互换这两个元素的位置，然后重复上述过程。

当 right_mark 小于 left_mark 时，过程终止。此时，right_mark 的位置就是分割点。将基准值与当前位于分割点的元素互换，即可使基准值位于正确位置，如图 5-25 所示。分割点左边的所有元素都小于基准值，右边的所有元素都大于基准值。因此，可以在分割点处将列表一分为二，并针对左右两部分递归调用快速排序函数。

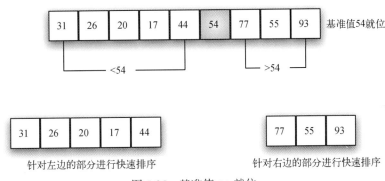

图 5-25 基准值 54 就位

在代码清单 5-15 中，快速排序函数 quick_sort 调用了递归函数 quick_sort_helper。quick_sort_helper 首先处理和归并排序相同的基本情况。如果列表的长度小于或等于 1，说明它已经是有序列表；如果长度大于 1，则进行划分操作并递归地排序。划分函数 partition 实现了前面描述的过程。

代码清单 5-15 快速排序函数 quick_sort

```
1    def quick_sort(a_list):
2        quick_sort_helper(a_list, 0, len(a_list)-1)
3
4
5    def quick_sort_helper(a_list, first, last):
6        if first < last:
7            split = partition(a_list, first, last)
8            quick_sort_helper(a_list, first, split - 1)
9            quick_sort_helper(a_list, split + 1, last)
10
11
12   def partition(a_list, first, last):
13       pivot_val = a_list[first]
14       feft_mark = first + 1
15       right_mark = last
16       done = False
17
```

```
18        while not done:
19            while (
20                left_mark <= right_mark
21                and a_list[left_mark] <= pivot_val
22            ):
23                left_mark = left_mark + 1
24            while (
25                left_mark <= right_mark
26                and a_list[right_mark] >= pivot_val
27            ):
28                right_mark = right_mark - 1
29            if right_mark < left_mark:
30                done = True
31            else:
32                a_list[left_mark], a_list[right_mark] = (
33                    a_list[right_mark],
34                    a_list[left_mark],
35                )
36        a_list[first], a_list[right_mark] = (
37            a_list[right_mark]
38            a_list[first]
39        )
40
41        return right_mark
```

在分析 quick_sort 函数时要注意，对于长度为 n 的列表，如果划分操作总是发生在列表的中部，就会切分 $\log n$ 次。为了找到分割点，n 个元素都要与基准值比较。所以，时间复杂度是 $O(n \log n)$。另外，快速排序算法不需要像归并排序算法那样使用额外的存储空间。

不幸的是，最坏情况下，分割点不在列表的中部，而是偏向某一端，这会导致切分不均匀。在这种情况下，含有 n 个元素的列表可能被分成一个不含元素的列表与一个含有 $n-1$ 个元素的列表。然后，含有 $n-1$ 个元素的列表可能会被分成不含元素的列表与一个含有 $n-2$ 个元素的列表，依次类推。这会导致时间复杂度变为 $O(n^2)$，因为还要加上递归的开销。

前面提过，有多种选择基准值的方法。可以尝试使用**三数取中法**避免切分不均匀，即在选择基准值时考虑列表的头元素、中间元素与尾元素。本例中，首先选取元素 54、77 和 20，然后取中间值 54 作为基准值（当然，它也是之前选择的基准值）。这种方法的思路是，如果头元素的正确位置不在列表中部附近，那么三元素的中间值将更靠近中部。当原始列表的起始部分已经有序时，这一招尤其管用。我们将这种基准值选法的实现留作练习。

5.4 小结

- 不论列表是否有序，顺序搜索算法的时间复杂度都是 $O(n)$。
- 对于有序列表来说，二分搜索算法在最坏情况下的时间复杂度是 $O(\log n)$。
- 基于散列表的搜索算法可以达到常数阶。

- □ 冒泡排序、选择排序和插入排序都是 $O(n^2)$ 算法。
- □ 希尔排序通过给子列表排序，改进了插入排序。它的时间复杂度介于 $O(n)$ 和 $O(n^2)$ 之间。
- □ 归并排序的时间复杂度是 $O(n\log n)$，但是归并过程需要用到额外的存储空间。
- □ 快速排序的时间复杂度是 $O(n\log n)$，但当分割点不靠近列表中部时会降到 $O(n^2)$。它不需要使用额外的存储空间。

5.5　关键术语

步长	槽	插入排序
冲突	冲突处理	短冒泡
二分搜索	分割点	划分
归并	归并排序	基准值
聚集	开放定址法	快速排序
链接法	冒泡排序	平方取中法
平方探测	三数取中法	散列
散列表	散列函数	顺序搜索
完美散列函数	稳定算法	希尔排序
线性探测	选择排序	映射
载荷因子	再散列	折叠法

5.6　练习

1. 利用本章给出的公式，计算散列表处于以下情况时的平均比较次数：

   - □ 占用率为 10%;
   - □ 占用率为 25%;
   - □ 占用率为 50%;
   - □ 占用率为 75%;
   - □ 占用率为 90%;
   - □ 占用率为 99%。

   你认为在哪种情况下散列表过小？请给出理由。

2. 修改为字符串构建的散列函数，用字符位置作为权重因子。

3. 请为字符串散列函数设计另一种权重机制。这些函数存在什么偏差？

4. 研究完美散列函数。针对一个名字列表（同学、家人等），使用完美散列函数生成散列值。

5. 随机生成一个整数列表。展示如何用下列算法为该列表排序：

　□ 冒泡排序；
　□ 选择排序；
　□ 插入排序；
　□ 希尔排序（自己决定增量）；
　□ 归并排序；
　□ 快速排序（自己决定基准值）。

6. 针对整数列表[1, 2, 3, 4, 5, 6, 7, 8, 9, 10]，展示如何用下列算法为该列表排序：

　□ 冒泡排序；
　□ 选择排序；
　□ 插入排序；
　□ 希尔排序（自己决定增量）；
　□ 归并排序；
　□ 快速排序（自己决定基准值）。

7. 针对整数列表[10, 9, 8, 7, 6, 5, 4, 3, 2, 1]，展示如何用下列算法为该列表排序：

　□ 冒泡排序；
　□ 选择排序；
　□ 插入排序；
　□ 希尔排序（自己决定增量）；
　□ 归并排序；
　□ 快速排序（自己决定基准值）。

8. 针对字符列表["P", "Y", "T", "H", "O", "N"]，展示如何用下列算法为该列表排序：

　□ 冒泡排序；
　□ 选择排序；
　□ 插入排序；
　□ 希尔排序（自己决定增量）；
　□ 归并排序；
　□ 快速排序（自己决定基准值）。

9. 为快速排序算法设计另一种选择基准值的策略，比如选择中间元素。重新实现算法，并为随机数据集排序。在什么情况下，你的策略会优于（或劣于）本章所采用的策略？

10. 进行随机实验，测试顺序搜索算法与二分搜索算法在处理整数列表时的差异。

11. 随机生成一个有序的整数列表。通过基准测试分析文中给出的二分搜索函数（递归版本与循环版本）。请解释你得到的结果。

12. 不用切片运算符，实现递归版本的二分搜索算法。别忘了传入头元素和尾元素的下标。随机生成一个有序的整数列表，并进行基准测试。

13. 为映射抽象数据类型实现 len 方法（ __len__ ）。

14. 为映射抽象数据类型实现 in 方法（ __contains__ ）。

15. 采用链接法处理冲突时，如何从散列表中删除元素？如果是采用开放定址法，又如何做呢？有什么必须处理的特殊情况？请为 HashTable 类实现 del 方法。

16. 在本章中，散列表的大小为 11。如果表满了，就需要增大。请重新实现 put 方法，使得散列表可以在载荷因子达到一个预设值时自动调整大小（可以根据载荷对性能的影响，自己决定预设值）。

17. 实现平方探测这一再散列技巧。

18. 使用随机数生成器创建一个含 500 个整数的列表。通过基准测试分析本章中的排序算法。它们在执行速度上有什么差别？

19. 可以将冒泡排序算法修改为向两个方向"冒泡"。第一轮沿着列表"向上"遍历，第二轮沿着列表"向下"遍历。继续这一模式，直到无须遍历为止。实现这种排序算法，并描述它的适用情形。

20. 针对同一个列表使用不同的增量集，为希尔排序进行基准测试。

21. 不使用切片运算符，实现 merge_sort 函数。

22. 有一种改进快速排序的办法，那就是在列表长度小于某个值时采用插入排序（这个值被称为"分区限制"）。这是什么道理？重新实现快速排序算法，并给一个随机整数列表排序。采用不同的分区限制进行性能分析。

23. 修改 quick_sort 函数，在选取基准值时采用三数取中法。通过实验对比两种技巧的性能差异。

第6章

树及其算法

6.1 本章目标

- ❑ 理解树这种数据结构及其用法。
- ❑ 了解如何用树实现映射。
- ❑ 用列表实现树。
- ❑ 用类和引用实现树。
- ❑ 将树实现为递归数据结构。
- ❑ 用堆实现优先级队列。

6.2 示例

我们已经学习了栈和队列等线性数据结构，并对递归有了一定的了解，现在来学习树这种常见的数据结构。树广泛应用于计算机科学的操作系统、图形学、数据库到计算机网络等多个领域。作为数据结构的树和现实世界中的树有很多共同之处，二者皆有根、枝、叶。不同之处在于，前者的根在顶部，而叶在底部。

在研究树这种数据结构之前，先来看一些例子。第一个例子是生物学中的分类树。图 6-1 从生物分类学的角度给出了某些动物的类别，从这个简单的例子中，我们可以了解树的一些属性。第一个属性是层次性，即树是按层级构建的，越笼统就越靠近顶部，越具体则越靠近底部。在图 6-1 中，顶层是界，下一层（上一层的"子节点"）是门，然后是纲，依次类推。但不管这棵分类树往下长多深，所有的节点都仍然表示动物。

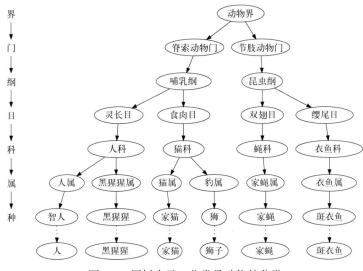

图 6-1　用树表示一些常见动物的分类

可以从树的顶部开始，沿着由椭圆和箭头构成的路径，一直到底部。在树的每一层，我们都可以提出一个问题，然后根据答案选择路径。比如，我们可以问："这个动物属于脊索动物门还是节肢动物门？"如果答案是"脊索动物门"，就选脊索动物门那条路径。再问："是哺乳纲吗？"如果不是，就被卡住了（当然，仅限于在这个简单的例子中）。继续发问："这个哺乳动物属于灵长目还是食肉目？"就这样，我们可以沿着路径直达树的底部，找到常见的动物名。

树的第二个属性是，一个节点的所有子节点都与另一个节点的所有子节点无关。比如，衣鱼属的子节点是斑衣鱼（拉丁学名含 *Domestica*）。家蝇属的子节点是家蝇，其拉丁学名也含 *Domestica*，仅此而已。这意味着可以变更家蝇属的这个子节点，而不会影响衣鱼属的子节点。

第三个属性是，叶子节点都是独一无二的。在本例中，每一个物种都对应唯一的一条从树根到树叶的路径，比如动物界→脊索动物门→哺乳纲→食肉目→猫科→猫属→家猫。

另一个常见的树状结构是文件系统。在文件系统中，目录或文件夹呈树状结构。图 6-2 展示了 Unix 文件系统的一小部分。

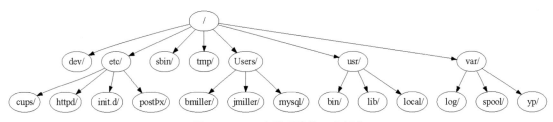

图 6-2　Unix 文件系统的一小部分

类似于生物分类树，在文件系统树中，可以沿着一条路径从根直达任何目录。这条路径能唯一标识子目录以及其中的所有文件。树的层次性衍生出另一个重要属性，即可以将树的某个部分（称作**子树**）整体移到另一个位置，而不影响下面的层。比如，可以将从/etc/起的全部子树挪到usr/下。这会将到达 httpd/的路径从/etc/httpd/变成/usr/etc/httpd/，但不会影响 httpd 目录下的内容或子节点。

关于树的最后一个例子是网页。以下是一个简单网页的 HTML 代码。图 6-3 展示了该网页用到的 HTML 标签所对应的树。

```
<html lang="en">
  <head>
    <meta charset="utf-8">
    <title>simple</title>
  </head>
  <body>
    <h1>A simple web page</h1>
    <ul >
      <li>List item one</li>
      <li>List item two</li>
    </ul>
    <h2>
      <a href="https://www.ituring.com.cn">Luther College</a>
    <h2>
  </body>
</html>
```

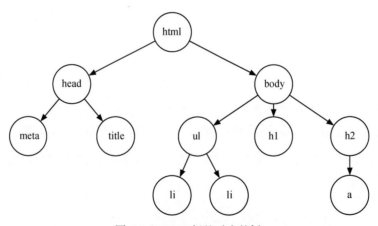

图 6-3　HTML 标签对应的树

HTML 源代码与对应的树展示了另一种层级关系。树的每一层对应 HTML 标签的每一层嵌套。在源代码中，第一个标签是<html>，最后一个是</html>。其余的标签都在这一对标签之内。检查一遍会发现，树的每一层都具备这种嵌套属性。

6.3 术语及定义

在看了一些树的例子之后，现在来正式地定义树及其构成。

节点

节点是树的重要部分。它可以有自己的名字，我们称作"键"。节点也可以带有附加信息，我们称作"值"或者"有效载荷"。有效载荷信息对于很多树算法来说不是重点，但它常常在使用树的应用中很重要。

边

边是树的另一个重要部分。两个节点通过一条边相连，表示它们之间存在关系。除了根节点以外，其他每个节点都仅有一条入边，出边则可能有多条。

根节点

根节点是树中唯一没有入边的节点。在图 6-2 中，/就是根节点。

路径

路径是由边连接的有序节点列表。比如，哺乳纲→食肉目→猫科→猫属→家猫就是一条路径。

子节点

与一个节点的出边相连的所有节点称为该节点的子节点。在图 6-2 中，log/、spool/和 yp/都是 var/的子节点。

父节点

一个节点是其所有子节点的父节点。在图 6-2 中，var/是 log/、spool/和 yp/的父节点。

兄弟节点

具有同一父节点的节点互称为兄弟节点。图 6-2 中文件系统树中的 etc/和 usr/就是兄弟节点。

子树

一个父节点及其所有后代的节点和边构成一棵子树。

叶子节点

叶子节点没有子节点。比如，图 6-1 中的人和黑猩猩都是叶子节点。

层数

节点 n 的层数是从根节点到 n 的唯一路径长度。在图 6-1 中，猫属的层数是 5。由定义可知，根节点的层数是 0。

高度

树的高度是其中节点层数的最大值。图 6-2 中的树高度为 2。

定义基本术语后，就可以进一步给出树的正式定义。实际上，本书将提供两种定义，其中一种涉及节点和边，另一种涉及递归。你在后面会看到，递归定义很有用。

定义一：树由节点及连接节点的边构成。树有以下属性：

❑ 有一个根节点；
❑ 除根节点外，其他每个节点都与其唯一的父节点相连；
❑ 从根节点到其他每个节点都有且仅有一条路径；
❑ 如果每个节点最多有两个子节点，我们就称这样的树为**二叉树**。

图 6-4 展示了一棵符合定义一的树。边的箭头表示连接方向。

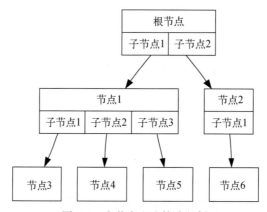

图 6-4　由节点和边构成的树

定义二：一棵树要么为空，要么由一个根节点和零棵或多棵子树构成，子树本身也是一棵树。每棵子树的根节点通过一条边连到父树的根节点。图 6-5 展示了树的递归定义。从树的递归定义可知，图中的树至少有 4 个节点，因为三角形代表的子树必定有一个根节点。这棵树或许有更多的节点，但必须更深入地查看子树后才能确定。

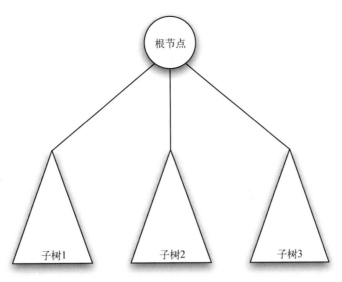

图 6-5　树的递归定义

6.4　实现

根据 6.3 节给出的定义，可以使用以下函数创建并操作二叉树。

- ❏ `BinaryTree()`创建一个二叉树实例。
- ❏ `get_root_val()`返回当前节点存储的对象。
- ❏ `set_root_val(val)`在当前节点中存储参数 val 中的对象。
- ❏ `get_left_child()`返回当前节点的左子节点所对应的二叉树。
- ❏ `get_right_child()`返回当前节点的右子节点所对应的二叉树。
- ❏ `insert_left(val)`新建一棵二叉树，并将其作为当前节点的左子节点。
- ❏ `insert_right(val)`新建一棵二叉树，并将其作为当前节点的右子节点。

实现树的关键在于选择一个好的内部存储技巧。Python 提供了两种有意思的方式，我们在选择前会仔细了解这两种方式。第一种称作"列表之列表"，第二种称作"节点与引用"。

6.4.1　列表之列表

用"列表之列表"表示树时，先从 Python 的列表数据结构开始，编写前面定义的函数。尽管将对列表的操作实现为接口与已经实现的其他抽象数据类型有些不同，但其实很有意思，这会给我们提供一个简单的递归数据类型，供我们直接查看和检查。在"列表之列表"的树中，我们将根节点的值作为列表的第一个元素；第二个元素是代表左子树的列表；第三个元素是代表右子树的列表。要理解这个存储技巧，来看一个例子。图 6-6 展示了一棵简单的树及其对应的列表实现。

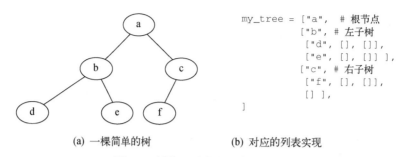

(a) 一棵简单的树   (b) 对应的列表实现

图 6-6   树的"列表之列表"表示法

注意，可以通过标准的列表索引操作访问子树。树的根节点是 my_tree[0]，左子树是 my_tree[1]，右子树是 my_tree[2]。下面的 Python 会话展示了如何使用列表创建树。一旦创建完成，就可以访问它的根节点、左子树和右子树。"列表之列表"表示法有个很好的性质，那就是表示子树的列表结构符合树的定义，这样的结构是递归的！由一个根节点和两个空列表构成的子树是一个叶子节点。还有一个很好的性质，那就是这种表示法可以推广到有很多子树的情况。如果树是多叉树，则多一个列表即可表示多的一棵子树。

```
>>> my_tree = [
...        "a",
...        ["b", ["d", [], []], ["e", [], []]],
...        ["c", ["f", [], []], []],
...]
>>> my_tree
['a', ['b', ['d', [], []], ['e', [], []]],
['c', ['f', [], []], []]]
>>> my_tree[0]
'a'
>>> my_tree[1]
['b', ['d', [], []], ['e', [], []]]
>>> my_tree[2]
['c', ['f', [], []], []]
```

接下来提供一些便于将列表作为树使用的函数，以正式定义树数据结构。注意，我们不是要定义二叉树类，而是要创建可用于标准列表的函数。

make_binary_tree 函数构造一个简单的列表，它仅有一个根节点和两个作为子节点的空列表，如代码清单 6-1 所示。要给树添加左子树，需要在列表的第二个位置加入一个新列表。请务必当心：如果列表的第二个位置上已经有内容了，我们要保留已有内容，并将它作为新列表的左子树。代码清单 6-2 给出了插入左子树的 Python 代码。

代码清单 6-1   以"列表之列表"构建二叉树

```
1    def make_binary_tree(root):
2        return [root, [], []]
```

代码清单 6-2 插入左子树

```
1   def insert_left(root, new_child):
2       old_child = root.pop(1)
3       if len(old_child) > 1:
4           root.insert(1, [new_child, old_child, []])
5       else:
6           root.insert(1, [new_child, [], []])
7       return root
```

在插入左子树时，首先获取当前左子树所对应的列表（可能为空），然后加入新的左子树，将旧的左子树作为新节点的左子树。这样一来，就可以在树的任意位置插入新节点了。insert_right 的代码与 insert_left 类似，如代码清单 6-3 所示。

代码清单 6-3 插入右子树

```
1   def insert_right(root, new_child):
2       old_child = root.pop(2)
3       if len(old_child) > 1:
4           root.insert(2, [new_child, [], old_child])
5       else:
6           root.insert(2, [new_child, [], []])
7       return root
```

为了完整地创建树的函数集，我们来编写一些访问函数，用于读写根节点与左右子树，如代码清单 6-4 所示。

代码清单 6-4 树的访问函数

```
1   def get_root_val(root):
2       return root[0]
3
4   def set_root_val(root, new_value):
5       root[0] = new_value
6
7   def get_left_child(root):
8       return root[1]
9
10  def get_right_child(root):
11      return root[2]
```

以下 Python 会话使用了刚创建的树函数。请自己输入代码试试。在章末的练习中，你需要画出这些调用得到的树状结构。

```
>>> a_tree = make_binary_tree(3)
>>> insert_left(a_tree, 4)
[3, [4, [], []], []]
>>> insert_left(a_tree, 5)
[3, [5, [4, [], []], []], []]
```

```
>>> insert_right(a_tree, 6)
[3, [5, [4, [], []], []], [6, [], []]]
>>> insert_right(a_tree, 7)
[3, [5, [4, [], []], []], [7, [], [6, [], []]]]
>>> left_child = get_left_child(a_tree)
>>> left_child
[5, [4, [], []], []]
>>> set_root_val(left_child, 9)
>>> a_tree
[3, [9, [4, [], []], []], [7, [], [6, [], []]]]
>>> insert_left(left_child, 11)
[9, [11, [4, [], []], []], []]
>>> a_tree
[3, [9, [11, [4, [], []], []], []], [7, [], [6, [], []]]]
>>> get_right_child(get_right_child(a_tree)))
[6, [], []]
```

6.4.2　节点与引用

树的第二种表示法是利用节点与引用。我们将定义一个类,其中有根节点和左右子树的属性。采用"节点与引用"表示法时,可以将树想象成如图 6-7 所示的结构。这种表示法遵循面向对象编程范式,所以本章后续内容会采用这种表示法。

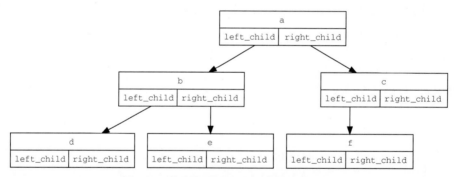

图 6-7　"节点与引用"表示法的简单示例

首先定义一个简单的类,如代码清单 6-5 所示。"节点与引用"表示法的要点是,属性 left_child 和 right_child 会指向 BinaryTree 类的其他实例。举例来说,在向树中插入新的左子树时,我们会创建另一个 BinaryTree 实例,并将根节点的 self.left_child 改为指向新树。

代码清单 6-5　BinaryTree 类

```
1   class BinaryTree:
2       def __init__(self, root_obj):
3           self.key = root_obj
4           self.left_child = None
5           self.right_child = None
```

在代码清单 6-5 中，构造方法接收一个对象，并将其存储到根节点中。正如能在列表中存储任何对象，根节点对象也可以是指向任何对象的引用。就之前的例子而言，我们将节点名作为根的值存储。采用"节点与引用"法表示图 6-7 中的树，将创建 6 个 BinaryTree 实例。

下面看看基于根节点构建树所需的函数。为了给树添加左子树，我们新建一个二叉树对象，将根节点的 left_child 属性指向新对象。代码清单 6-6 给出了 insert_left 函数的代码。

代码清单 6-6　插入左子节点

```
1    def insert_left(self, new_node):
2        if self.left_child is None:
3            self.left_child = BinaryTree(new_node)
4        else:
5            new_child = BinaryTree(new_node)
6            new_child.left_child = self.left_child
7            self.left_child = new_child
```

在插入左子树时，必须考虑两种情况。第一种情况是原本没有左子节点。此时，只需往树中添加一个节点即可。第二种情况是已经存在左子节点。此时，插入一个节点，并将已有的左子节点降一层。代码清单 6-6 中的 else 语句处理的就是第二种情况。

insert_right 函数也要考虑相应的两种情况：要么原本没有右子节点，要么必须在根节点和已有的右子节点之间插入一个节点。代码清单 6-7 给出了 insert_right 函数的代码。

代码清单 6-7　插入右子节点

```
1    def insert_right(self, new_node):
2        if self.right_child == None:
3            self.right_child = BinaryTree(new_node)
4        else:
5            new_child = BinaryTree(new_node)
6            new_child.right_child = self.right_child
7            self.right_child = new_child
```

为了完成对二叉树数据结构的定义，我们来编写一些访问左右子节点与根节点的函数，如代码清单 6-8 所示。

代码清单 6-8　二叉树的访问函数

```
1    def get_root_val(self):
2        return self.key
3
4    def set_root_val(self, new_obj):
5        self.key = new_obj
6
7    def get_left_child(self):
8        return self.left_child
9
```

```
10        def get_right_child(self):
11            return self.right_child
```

有了创建与操作二叉树的所有代码，现在用它们来进一步了解结构。我们创建一棵简单的树，并为根节点 a 添加子节点 b 和 c。下面的 Python 会话创建了这棵树，并查看 key、left_child 和 right_child 中存储的值。注意，根节点的左右子节点本身都是 BinaryTree 类的不同实例。正如递归定义所言，二叉树的所有子树也都是二叉树。

```
>>> from pythonds3.trees import BinaryTree
>>> a_tree = BinaryTree("a")
>>> a_tree.get_root_val()
a
>>> print(a_tree.get_left_child())
None
>>> a_tree.insert_left("b")
>>> print(a_tree.get_left_child())
<pythonds3.trees.binary_tree.BinaryTree object at 0x103103fd0>
>>> print(a_tree.get_left_child().get_root_val())
b
>>> a_tree.insert_right("c")
>>> print(a_tree.get_right_child())
<pythonds3.trees.binary_tree.BinaryTree object at 0x103103f98>
>>> print(a_tree.get_right_child().get_root_val())
c
>>> a_tree.get_right_child().set_root_val("hello")
>>> print(a_tree.get_right_child().get_root_val())
hello
```

6.5   二叉树的应用

6.5.1   解析树

树的实现已经齐全了，现在来看看如何用树解决一些实际问题。本节介绍解析树，可以用它来表示现实世界中像句子或数学表达式这样的构造。

图 6-8 展示了一个简单句子的层次结构。用树结构表示句子让我们可以通过子树处理句子的各个独立部分。

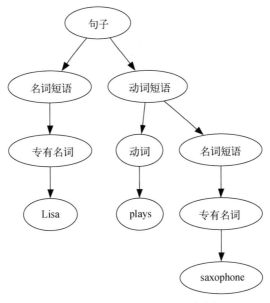

图 6-8 一个简单句子的解析树

我们也可以将((7 + 3) * (5 - 2))这样的数学表达式表示成解析树，如图 6-9 所示。

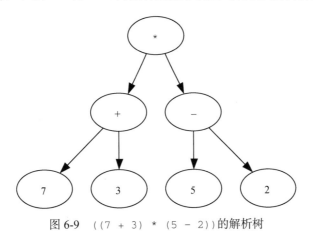

图 6-9 ((7 + 3) * (5 - 2))的解析树

这是完全括号表达式，乘法的优先级高于加法和减法，但因为有括号，所以在做乘法前必须先做括号内的加法和减法。树的层次性有助于理解整个表达式的计算次序。在计算顶层的乘法前，必须先计算子树中的加法和减法。加法（左子树）的结果是 10，减法（右子树）的结果是 3。利用树的层次结构，在计算完子树的表达式后，只需用一个节点代替整棵子树即可。应用这个替换过程后，便得到如图 6-10 所示的简化树。

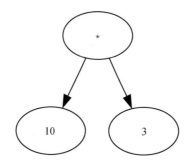

图 6-10   `((7 + 3) * (5 - 2))`的简化解析树

本节的剩余部分将深入考察解析树，重点如下：

❑ 如何根据完全括号表达式构建解析树；

❑ 如何计算解析树中的表达式；

❑ 如何将解析树还原成最初的数学表达式。

构建解析树的第一步是将表达式字符串拆分成标记列表。需要考虑 4 种标记：左括号、右括号、运算符和操作数。我们知道，左括号代表新表达式的起点，所以应该创建一棵对应该表达式的新树。反之，遇到右括号则意味着到达该表达式的终点。我们也知道，操作数既是叶子节点，也是其运算符的子节点。此外，每个运算符都有左右子节点。

有了上述信息，便可以定义以下 4 条规则：

(1) 如果当前标记是`(`，就为当前节点添加一个左子节点，并下沉至该子节点；

(2) 如果当前标记在列表`["+", "-", "/", "*"]`中，就将当前节点的值设为当前标记对应的运算符；为当前节点添加一个右子节点，并下沉至该子节点；

(3) 如果当前标记是数字，就将当前节点的值设为这个数并返回至父节点；

(4) 如果当前标记是`)`，就跳到当前节点的父节点。

编写 Python 代码前，我们先通过一个例子来理解上述规则。将表达式`(3 + (4 * 5))`拆分成标记列表 `["(", "3", "+", "(", "4", "*", "5", ")", ")"]`。起初，解析树只有一个空的根节点，随着对每个标记的处理，解析树的结构和内容逐渐充实，如图 6-11 所示。

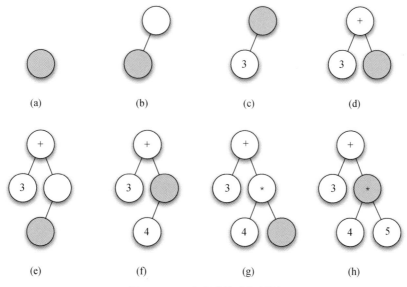

图 6-11 一步步地构建解析树

以图 6-11 和上一段中的表达式为例，我们来一步步地构建解析树。

(a) 创建一棵空树。

(b) 读入第一个标记(。根据规则 1，为根节点添加一个左子节点。将当前节点设置为该新创建的左子节点。

(c) 读入下一个标记 3。根据规则 3，将当前节点的值设为 3，并回到父节点。

(d) 读入下一个标记+。根据规则 2，将当前节点的值设为+，并添加一个右子节点。新节点成为当前节点。

(e) 读入下一个标记(。根据规则 1，为当前节点添加一个左子节点，并将其作为当前节点。

(f) 读入下一个标记 4。根据规则 3，将当前节点的值设为 4，并回到父节点。

(g) 读入下一个标记*。根据规则 2，将当前节点的值设为*，并添加一个右子节点。新节点成为当前节点。

(h) 读入下一个标记 5。根据规则 3，将当前节点的值设为 5，并回到父节点。

(i) 读入下一个标记)。根据规则 4，将*的父节点作为当前节点。

(j) 读入下一个标记)。根据规则 4，将+的父节点作为当前节点。因为+没有父节点，所以工作完成。

本例表明，在构建解析树的过程中，需要追踪当前节点及其父节点。可以通过 `get_left_child` 与 `get_right_child` 获取子节点，但如何追踪父节点呢？一个简单的办法就是在遍历这棵树时使用栈记录父节点。每当要下沉至当前节点的子节点时，先将当前节点压到栈中。当要返回到当前节点的父节点时，就将父节点从栈中弹出来。

利用前面描述的规则以及 `Stack` 和 `BinaryTree`，就可以编写创建解析树的 Python 函数。代码清单 6-9 给出了解析树构建器的代码。

代码清单 6-9　解析树构建器

```
1   from pythonds3.basic import Stack
2   from pythonds3.trees import BinaryTree
3
4
5   def build_parse_tree(fp_exp):
6       fp_list = fp_exp.split()
7       p_stack = Stack()
8       expr_tree = BinaryTree("")
9       pStack.push(expr_tree)
10      current_tree = expr_tree
11
12      for i in fp_list:
13          if i == '(':
14              current_tree.insert_left("")
15              p_stack.push(current_tree)
16              current_tree = current_tree.left_child
17          elif i in ["+", "-", "*", "/"]:
18              current_tree.root = i
19              current_tree.insertRight("")
20              p_stack.push(current_tree)
21              current_tree = current_tree.right_child
22          elif I.isdigit():
23              current_tree.root = int(i)
24              parent = p_stack.pop()
25              current_tree = parent
26          elif i == ")":
27              current_tree = p_stack.pop()
28          else:
29              raise ValueError(f"Unknown operator '{i}'")
30
31      return expr_tree
```

在代码清单 6-9 中，第 13、17、22 和 26 行的 `if...elif` 语句体现了构建解析树的 4 条规则，其中每条语句都通过调用 `BinaryTree` 和 `Stack` 的方法实现了前面描述的规则。这个函数中唯一的错误检查在 `else` 从句中，如果遇到一个不能识别的标记，就抛出一个 `ValueError` 异常。

有了一棵解析树之后，我们能对它做些什么呢？作为第一个例子，我们可以写一个函数计算解析树，并返回计算结果。要写这个函数，我们将利用树的层次性。针对图 6-9 中的解析树，可以用图 6-10 中的简化解析树替换。由此可见，可以写一个算法，通过递归计算每棵子树得到整棵解析树的结果。

和之前编写递归函数一样，设计递归计算函数要从确定基本情况开始。就针对树进行操作的递归算法而言，一个很自然的基本情况就是检查叶子节点。解析树的叶子节点必定是操作数。由于像整数和浮点数这样的数值对象不需要进一步翻译，因此 evaluate 函数可以直接返回叶子节点的值。为了向基本情况靠近，算法将执行递归步骤，即对当前节点的左右子节点调用 evaluate 函数。递归调用可以有效地沿着各条边往叶子节点靠近。

若要结合两个递归调用的结果，只需将父节点中存储的运算符应用于子节点的计算结果即可。从图 6-10 中可知，根节点的两个子节点的计算结果就是它们自身，即 10 和 3。应用乘号，得到最后的结果 30。

递归函数 evaluate 的实现如代码清单 6-10 所示。首先，获取指向当前节点的左右子节点的引用。如果左右子节点的值都是 None，就说明当前节点确实是叶子节点。第 13 行执行这项检查。如果当前节点不是叶子节点，则查看当前节点中存储的运算符，并将其应用于左右子节点的递归计算结果。

代码清单 6-10 计算二叉解析树的递归函数

```
1    import operator
2
3    def evaluate(parse_tree):
4        operators = {
5            "+": operator.add,
6            "-": operator.sub,
7            "*": operator.mul,
8            "/": operator.truediv
9        }
10       left_child = parse_tree.left_child
11       right_child = parse_tree.right_child
12
13       if left_child and right_child:
14           fn = operators[parse_tree.root]
15           return fn(
16               evaluate(left_child), evaluate(right_child)
17           )
18       else:
19           return parse_tree.root
```

我们使用具有键+、-、*和/的字典实现算术。字典中存储的值是 operator 模块的函数。该模块给我们提供了常用运算符的函数版本。在字典中查询运算符时，对应的函数对象被取出。既然取出的对象是函数，就可以用普通的方式 function(param1, param2)调用。因此，operators["+"](2, 2)等价于 operator.add(2, 2)。

最后，我们通过图 6-11 中的解析树构建过程来理解 evaluate 函数。第一次调用 evaluate 函数时，将整棵树的根节点作为参数 parse_tree 传入。然后，获取指向左右子节点的引用，检查它们是否存在。第 16 行进行递归调用。从查询根节点的运算符开始，该运算符是+，对应 operator.add 函数，要传入两个参数。和普通的 Python 函数调用一样，Python 做的第一件事是计算入参的值。本例中，两个入参都是对 evaluate 函数的递归调用。由于入参的计算顺序是从左到右，因此第一次递归调用是在左边。对左子树递归调用 evaluate 函数，发现节点没有左右子节点，所以这是一个叶子节点。处于叶子节点时，只需返回叶子节点的值作为计算结果即可。本例中，返回整数 3。

至此，我们已经为顶层的 operator.add 调用计算出一个参数的值了，但还没完。继续从左到右的参数计算过程，现在进行一个递归调用，计算根节点的右子节点。我们发现，该节点不仅有左子节点，还有右子节点，所以检查节点存储的运算符——是*，将左右子节点作为参数调用函数。这时可以看到，两个调用都已到达叶子节点，计算结果分别是 4 和 5。算出参数之后，返回 operator.mul(4, 5) 的结果。至此，我们已经算出了顶层运算符（+）的操作数，剩下的工作就是完成对 operator.add(3, 20) 的调用。因此，表达式(3 + (4 * 5))的计算结果就是 23。

6.5.2   树的遍历

我们已经了解了树的基本功能，现在是时候看看一些其他的使用模式了。这些使用模式可以按访问节点的方式分为 3 种。我们将对所有节点的访问称为"遍历"，共有 3 种遍历方式，分别为**前序遍历**、**中序遍历**和**后序遍历**。接下来，我们首先仔细地定义这 3 种遍历方式，然后通过一些例子看看它们的用法。

前序遍历

在前序遍历中，先访问根节点，然后递归地前序遍历左子树，最后递归地前序遍历右子树。

中序遍历

在中序遍历中，先递归地中序遍历左子树，然后访问根节点，最后递归地中序遍历右子树。

后序遍历

在后序遍历中，先递归地后序遍历左子树，然后递归地后序遍历右子树，最后访问根节点。

我们通过几个例子来理解这 3 种遍历方式。首先看看前序遍历。我们将一本书的内容结构表示为一棵树，整本书是根节点，每一章是根节点的子节点，每一章中的每一节是这章的子节点，每小节又是这节的子节点，依次类推。图 6-12 展示了一本书的树状结构，它包含两章。注意，遍历算法对每个节点的子节点数没有要求，但本例只针对二叉树。

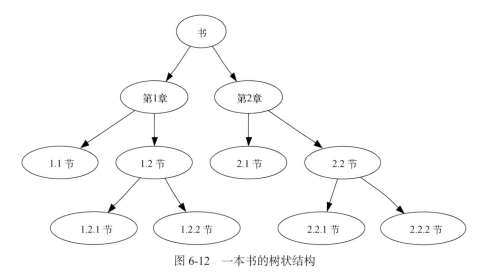

图 6-12   一本书的树状结构

假设我们从前往后阅读这本书，那么阅读顺序就符合前序遍历的次序。从根节点"书"开始，遵循前序遍历指令，对左子节点"第 1 章"递归调用 preorder 函数。然后，对"第 1 章"的左子节点递归调用 preorder 函数，得到节点"1.1 节"。由于该节点没有子节点，因此不必再进行递归调用。沿着树回到节点"第 1 章"，接下来访问它的右子节点，即"1.2 节"。和前面一样，先访问左子节点"1.2.1 节"，然后访问右子节点"1.2.2 节"。访问完"1.2 节"之后，回到"第 1 章"。接下来，回到根节点，以同样的方式访问节点"第 2 章"。

遍历树的代码格外简洁，这主要是因为遍历是递归的。你可能会想，前序遍历算法的最佳实现方式是什么呢？是一个将树用作数据结构的函数，还是树本身的一个方法？代码清单 6-11 给出了前序遍历算法的外部函数版本，该函数将二叉树作为参数，其代码尤为简洁，这是因为算法的基本情况仅仅是检查树是否存在。如果参数 tree 是 None，函数直接返回。

代码清单 6-11   将前序遍历算法实现为外部函数

```
1    def preorder(tree):
2        if tree:
3            print(tree.key)
4            preorder(tree.left_child)
5            preorder(tree.right_child)
```

我们也可以将 preorder 实现为 BinaryTree 类的方法，如代码清单 6-12 所示。请留意将代码从外部移到内部后有何变化。通常来说，只需要用 self 代替 tree。但是，我们还需要修改基本情况。内部方法在递归调用 preorder 前，必须检查左右子节点是否存在。

代码清单 6-12　将前序遍历算法实现为 `BinaryTree` 类的方法

```
1   def preorder(self):
2       print(self.key, end=" ")
3       if self.left_child:
4           self.left_child.preorder()
5       if self.right_child:
6           self.right_child.preorder()
```

哪种实现方式更好呢？在本例中，将 `preorder` 实现为外部函数可能是更好的选择。原因在于，我们很少会仅执行遍历操作。在大多数情况下，遍历树的同时还要进行其他操作。在下一个例子中，我们会看到后序遍历和之前计算解析树的代码十分相似。我们会将后续的遍历代码写成外部函数。

在代码清单 6-13 中，后序遍历函数 `postorder` 与前序遍历函数 `preorder` 几乎相同，只不过对 `print` 的调用被移到了函数的末尾。

代码清单 6-13　后序遍历函数

```
1   def postorder(tree):
2       if tree:
3           postorder(tree.left_child)
4           postorder(tree.right_child)
5           print(tree.key)
```

我们已经见识过后序遍历的一个常见用途，那就是计算解析树。回顾代码清单 6-10，我们所做的就是先计算左子树，再计算右子树，最后通过根节点运算符的函数调用将两个结果结合起来。假设二叉树只存储一个表达式的数据，我们在代码清单 6-14 中重写计算函数，使之更接近于后序遍历函数。

代码清单 6-14　后序求值函数

```
1   def postordereval(tree):
2       operators = {
3           "+": operator.add,
4           "-": operator.sub,
5           "*": operator.mul,
6           "/": operator.truediv,
7       }
8       result_1 = None
9       result_2 = None
10      if tree:
11          result_1 = postordereval(tree.left_child)
12          result_2 = postordereval(tree.right_child)
13          if result_1 and result_2:
14              return operators[tree.key](result_1,result_2)
15          return tree.key
```

注意，代码清单 6-14 与代码清单 6-13 在形式上很相似，只不过求值函数最后不是打印结果，而是返回结果。这样一来，就可以保存从第 11 行和第 12 行的递归调用返回的值，然后在第 14 行使用这些值和运算符进行计算。

最后来了解中序遍历。中序遍历的访问顺序是左子树、根节点、右子树。代码清单 6-15 给出了中序遍历函数的代码。注意，3 个遍历函数的区别仅在于 print 函数与递归函数调用的相对位置。

代码清单 6-15 中序遍历函数

```
1    def inorder(tree):
2        if tree:
3            inorder(tree.left_child)
4            print(tree.key)
5            inorder(tree.right_child)
```

通过中序遍历解析树，可以还原不带括号的表达式。接下来修改中序遍历算法，以得到完全括号表达式。唯一要做的修改是：在递归调用左子树前打印一个左括号，在递归调用右子树后打印一个右括号。代码清单 6-16 是修改后的函数。

代码清单 6-16 修改后的中序遍历函数，它能还原完全括号表达式

```
1    def print_exp(tree):
2        result = ""
3        if tree:
4            result = "(" + print_exp(tree.left_child)
5            result = result + str(tree.key)
6            result = (
7                result
8                + print_exp(tree.right_child
9                + ")"
10           )
11       return result
```

以下 Python 会话展示了 print_exp 和 postordereval 的用法。

```
>>> from pythonds3.trees import BinaryTree
>>> x = BinaryTree("*")
>>> x.insert_left("+")
>>> l = x.left_child
>>> l.insert_left(4)
>>> l.insert_right(5)
>>> x.insert_right(7)
>>> print(print_exp(x))
(((4)+(5))*(7))
>>> print(postordereval(x))
```

63

注意, print_exp 函数给每个数字都加上了括号。尽管不能算错误,但这些括号显然是多余的。在章末的练习中,请修改 print_exp 函数,移除这些括号。

6.6 利用二叉堆实现优先级队列

前面介绍过队列这一先进先出的数据结构。队列有一个重要的变体,叫作**优先级队列**。和队列一样,优先级队列从头部移除元素,不过元素的逻辑顺序是由优先级决定的。优先级最高的元素在队列最前面,优先级最低的元素在队列最后面。因此,当一个元素入队时,它可能直接被移到优先级队列的头部。你在第 7 章中会看到,对于一些图算法来说,优先级队列是一个有用的数据结构。

你或许可以想到一些使用排序函数和列表实现优先级队列的简单方法。但是,就时间复杂度而言,列表的插入操作是 $O(n)$,排序操作是 $O(n\log n)$。其实,我们可以找到更优解。实现优先级队列的经典方法是使用叫作**二叉堆**的数据结构。二叉堆的入队操作和出队操作均可达到 $O(\log n)$。

二叉堆学起来很有意思,它画出来很像一棵树,但其内部实现只用了一个列表。二叉堆有两个常见的变体:**最小堆**(最小键值的元素一直在队首)与**最大堆**(最大键值的元素一直在队首)。本节将实现最小堆,并将最大堆的实现留作练习。

6.6.1 二叉堆的操作

我们将实现以下基本的二叉堆方法。

❑ BinaryHeap() 新建一个空的二叉堆。
❑ insert(k) 往堆中加入一个新元素。
❑ get_min() 返回最小的元素,元素留在堆中。
❑ delete() 返回最小的元素,并将该元素从堆中移除。
❑ is_empty() 在堆为空时返回 True,否则返回 False。
❑ size() 返回堆中元素的个数。
❑ heapify(list) 根据一个列表创建堆。

以下 Python 会话展示了一些二叉堆方法的用法。注意,无论元素的添加顺序如何,我们每次都是将最小键值的元素移除。

```
>>> from pythonds3.trees import BinaryHeap
>>> my_heap = BinaryHeap()
>>> my_heap.insert(5)
>>> my_heap.insert(7)
>>> my_heap.insert(3)
```

```
>>> my_heap.insert(11)
>>> print(my_heap.delete())
3
>>> print(my_heap.delete())
5
>>> print(my_heap.delete())
7
>>> print(my_heap.delete())
11
```

6.6.2 二叉堆的实现

1. 结构属性

为了使二叉堆能高效地工作，我们利用二叉树的对数性质来表示它。为了保证对数性能，必须维持树的平衡。平衡的二叉树是指，其根节点的左右子树含有数量大致相等的节点。在实现二叉堆时，我们通过创建一棵**完全二叉树**来维持树的平衡。在完全二叉树中，除了最底层，其他每一层的节点都是满的。在最底层，我们从左往右填充节点。图 6-13 展示了完全二叉树的一个例子。

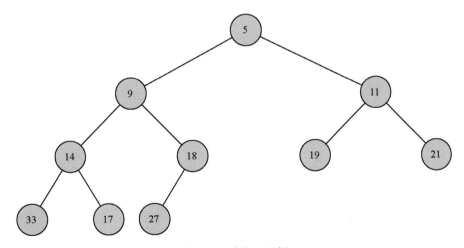

图 6-13　完全二叉树

完全二叉树的另一个有趣之处在于，可以用一个列表来表示它，而不需要采用"列表之列表"或"节点与引用"表示法。由于树是完全的，因此对于在列表中处于位置 p 的节点来说，它的左子节点正好处于位置 $2p+1$；同理，右子节点处于位置 $2p+2$。若要找到树中任意节点的父节点，只需使用 Python 的整数除法即可。给定列表中位置 n 处的节点，其父节点的位置就是 $(n–1)//2$。图 6-14 展示了一棵完全二叉树，并给出了列表表示。注意父节点和子节点之间的 $2p+1$ 和 $2p+2$ 关系。树的列表表示——加上这个"完全"的结构性质——让我们得以通过一些简单的数学运算遍历完全二叉树。我们会看到，这也有助于高效地实现二叉堆。

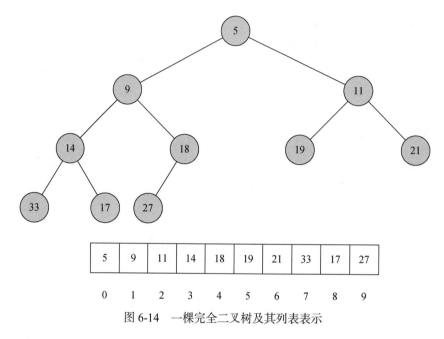

图 6-14   一棵完全二叉树及其列表表示

2. 堆的有序性

我们用来存储堆元素的方法依赖堆的有序性。**堆的有序性**是指：对于堆中任意元素 x 及其父元素 p，p 的键都不大于 x 的键。图 6-14 也展示出完全二叉树具备堆的有序性。

3. 堆操作

我们首先来实现二叉堆的构造方法。既然用一个列表就可以表示整个二叉堆，那么构造方法要做的就是初始化这个列表。代码清单 6-17 给出了构造方法的 Python 代码。

代码清单 6-17   新建二叉堆

```
1    class BinaryHeap:
2        def __init__(self):
3            self._heap = []
```

接下来实现 insert 方法。将元素加入列表的最简单、最高效的方法就是将元素追加到列表末尾。追加操作的优点在于，它能保证完全树的性质，但缺点是很可能会破坏堆的结构性质。不过可以写一个方法，通过比较新元素与其父元素来重新获得堆的结构性质。如果新元素小于其父元素，就将二者交换。图 6-15 展示了将新元素放到正确位置上所需的一系列交换操作。

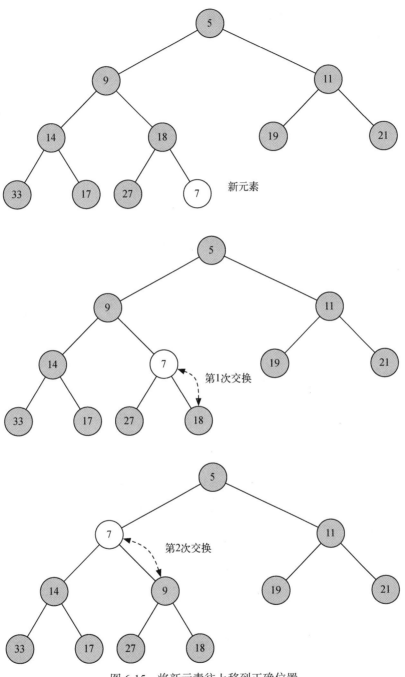

图6-15 将新元素往上移到正确位置

　　注意，将元素往上移时，其实是在新元素及其父元素之间重建堆的结构性质。此外，也保留了兄弟元素之间的堆性质。当然，如果新元素很小，需要继续往上一层交换。事实上，我们可能需要往上交换直到树的顶层。代码清单 6-18 给出了 _perc_up 方法的代码，该方法将元素一直沿着树向上移动，直到重获堆的结构性质。我们在方法名中使用了一个下划线来表示它是一个内部操作。就当前节点而言，父节点的下标就是当前节点的下标减 1 并整除 2 之后的结果。

代码清单 6-18　_perc_up 方法

```
1   def _perc_up(self, i):
2       while (i - 1) // 2 >= 0:
3           parent_idx = (i - 1) // 2
4           if self._heap[i] < self._heap[parent_idx]:
5               self._heap[i], self._heap[parent_idx] = (
6                   self._heap[parent_idx],
7                   self._heap[i]
8               )
9           i = parent_idx
```

　　现在准备好编写 insert 方法了（如代码清单 6-19 所示）。其实，insert 方法的大部分工作是由_perc_up 方法完成的。当元素被追加到树中之后，_perc_up 方法将其移到正确的位置。

代码清单 6-19　向二叉堆中新加元素

```
1   def insert(self, item):
2       self._heap.append(item)
3       self._perc_up(len(self._heap) - 1)
```

　　正确定义 insert 方法后，就可以编写 delete 方法。既然堆的结构性质要求根节点是树的最小元素，那么查找最小值就很简单。delete 方法的难点在于，如何在移除根节点之后重获堆的结构性质和有序性。可以分两步重建堆。第一步，取出列表中的最后一个元素，将其移到根节点的位置。移动最后一个元素保证了堆的结构性质，但可能会破坏二叉堆的有序性。第二步，将新的根节点沿着树推到正确的位置，以重获堆的有序性。图 6-16 展示了将新的根节点移动到正确位置所需的一系列交换操作。

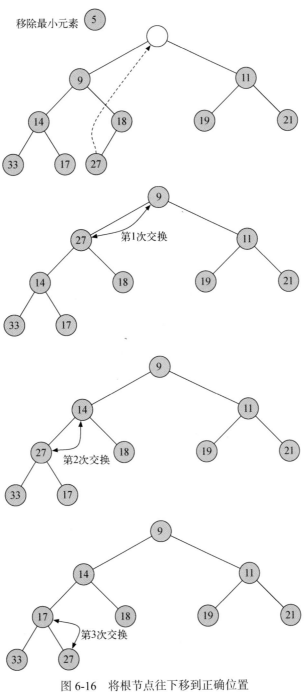

图 6-16 将根节点往下移到正确位置

为了维持堆的有序性，只需将根节点与它的最小子节点交换即可。重复节点与子节点的交换过程，直到节点比其两个子节点都小。代码清单 6-20 给出了 _perc_down 方法和 _get_min_child 方法的 Python 代码。

代码清单 6-20   _perc_down 方法和 _get_min_child 方法

```
1   def _perc_down(self, i):
2       while i * 2 + 1 < len(self._heap):
3           sm_child = self._get_min_child(i)
4           if self._heap[i] > self._heap[sm_child]:
5               self._heap[i], self._heap[sm_child] = (
6                   self._heap[sm_child],
7                   self._heap[i]
8               )
9           else:
10              break
11          i = sm_child
12
13  def _get_min_child(self, i):
14      if i * 2 + 1 > len(self._heap) - 1:
15          return i * 2 + 1
16      if self._heap[i * 2 + 1] < self._heap[i * 2 + 2]:
17          return i * 2 + 1
18      return i * 2 + 2
```

delete 操作如代码清单 6-21 所示。同样，主要工作也由辅助函数 _perc_down 完成。

代码清单 6-21   从二叉堆中删除最小的元素

```
1   def delete(self):
2       self._heap[0], self._heap[-1] = (
3           self._heap[-1],
4           self._heap[0],
5       )
6       result = self._heap.pop()
7       self._perc_down(0)
8       return result
```

关于二叉堆，还有最后一点需要讨论。我们来看看根据元素列表构建整个堆的方法。你首先想到的方法或许是这样的：给定元素列表，每次插入一个元素，构建一个堆。由于是从空列表开始，因此列表是有序的，可以采用二分搜索算法找到下一个元素的正确插入位置，时间复杂度约为 $O(\log n)$。但是，为了在列表的中部插入元素，可能需要移动其他元素，以为新元素腾出空间，这种操作的时间复杂度为 $O(n)$。因此，将 n 个元素插入堆中的操作为 $O(n \log n)$。然而，如果从完整的列表开始，构建整个堆只需 $O(n)$。代码清单 6-22 给出了构建整个堆的代码。

代码清单 6-22 根据元素列表构建堆

```
1  def heapify(self, not_a_heap):
2      self._heap = not_a_heap[:]
3      i = len(self._heap) // 2 - 1
4      while i >= 0:
5          self._perc_down(i)
6          i = i - 1
```

图 6-17 展示了 heapify 方法进行的交换过程，它将[9, 6, 5, 2, 3]中各节点从最初状态移到各自的正确位置上。

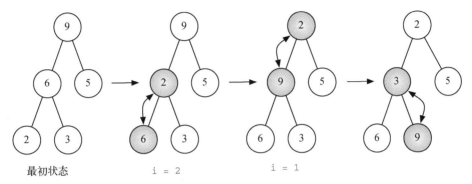

图 6-17 根据列表[9, 6, 5, 2, 3]构建堆

尽管从树的中间开始，向根的方向操作，但是_perc_down 方法保证了最大的节点总是沿着树向下移动。在这棵完全二叉树中，超过中点的节点都是叶子节点，没有任何子节点。当 i = 0 时，从树的根节点往下移，可能需要经过多次交换。如图 6-17 中最右边的两棵树所示，9 先被移出根节点，然后_perc_down 会沿着树检查子节点，以确保尽量将它往下移。在本例中，9 的第 2 次交换对象是 3。这样一来，9 就移到了树的底层，不需要再做交换了。比较一系列交换操作后的列表表示将有助于理解，如图 6-18 所示。

```
start [9, 6, 5, 2, 3]
i = 1 [9, 2, 5, 6, 3]
i = 0 [2, 3, 5, 6, 9]
```

图 6-18 根据列表[9, 6, 5, 2, 3]构建堆

前面说过，构建堆的时间复杂度是 $O(n)$，这乍一听可能很难理解，证明过程超出了本书范畴。不过，要点在于，因子 $\log n$ 是由树的高度决定的。在 heapify 的大部分工作中，树的高度低于 $\log n$。

利用建堆的时间复杂度为 $O(n)$ 这一点，可以构造一个使用堆为列表排序的算法，使它的时间复杂度为 $O(n \log n)$。这个算法留作练习。

6.7   二叉搜索树

我们已经学习了两种从集合中获取键–值对的方法。回想一下，我们讨论过映射抽象数据类型的两种实现，分别是列表二分搜索和散列表。本节将学习**二叉搜索树**，它是映射的另一种实现。我们感兴趣的不是元素在树中的确切位置，而是如何利用二叉树结构提供高效的搜索。

6.7.1   搜索树的操作

在实现搜索树之前，我们来复习一下映射抽象数据类型提供的接口。你会发现，这个接口类似于 Python 字典。

❑ `Map()` 新建一个空的映射。

❑ `put(key, val)` 往映射中加入一个新的键–值对。如果键已经存在，就用新值替换旧值。

❑ `get(key)` 返回 key 对应的值。如果 key 不存在，则返回 `None`。

❑ `del` 通过 `del map[key]` 这样的语句从映射中删除键–值对。

❑ `size()` 返回映射中存储的键–值对的数目。

❑ `in` 通过 `key in map` 这样的语句，在键存在时返回 `True`，否则返回 `False`。

6.7.2   搜索树的实现

二叉搜索树依赖这样一个性质：小于父节点的键都在左子树中，大于父节点的键则都在右子树中。我们称这个性质为**二叉搜索性**，它会引导我们实现上述映射接口。图 6-19 描绘了二叉搜索树的这个性质，图中只展示了键，没有展示对应的值。注意，每一对父节点和子节点都具有这个性质。左子树的所有键都小于根节点的键，右子树的所有键则都大于根节点的键。

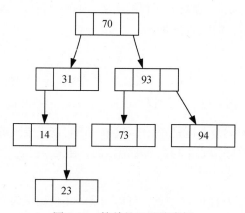

图 6-19   简单的二叉搜索树

　　接下来看看如何构造二叉搜索树。图 6-19 中的节点是按如下顺序插入键之后形成的：70、31、93、94、14、23、73。因为 70 是第一个插入的键，所以是根节点。31 小于 70，所以成为 70 的左子节点。93 大于 70，所以成为 70 的右子节点。现在树的两层已经满了，所以下一个键会成为 31 或 93 的子节点。94 比 70 和 93 都要大，所以它成了 93 的右子节点。同理，14 比 70 和 31 都要小，所以它成了 31 的左子节点。23 也小于 31，所以它必定在 31 的左子树中。而它又大于 14，所以成了 14 的右子节点。

　　我们将采用"节点与引用"表示法实现二叉搜索树，它类似于我们在实现链表和表达式树时采用的方法。不过，由于必须创建并处理一棵空的二叉搜索树，因此我们将使用两个类。一个称作 BinarySearchTree，另一个称作 TreeNode。BinarySearchTree 类有一个引用，指向作为二叉搜索树根节点的 TreeNode 类。大多数情况下，外面这个类的方法只是检查树是否为空。如果树中有节点，请求就被发往 BinarySearchTree 类的私有方法，这个方法以根节点作为参数。当树为空，或者想删除根节点的键时，需要采取特殊的措施。代码清单 6-23 是 BinarySearchTree 类的构造方法及一些其他的方法。

代码清单 6-23　BinarySearchTree 类

```
1    class BinarySearchTree:
2        def __init__(self):
3            self.root = None
4            self.size = 0
5
6        def __len__(self):
7            return self.size
8
9        def __iter__(self):
10           return self.root.__iter__()
```

　　TreeNode 类提供了很多辅助方法，这大大地简化了 BinarySearchTree 类的工作。代码清单 6-24 是 TreeNode 类的构造方法以及辅助方法。可以看到，很多辅助方法有助于根据子节点的位置（是左还是右）以及自己的子节点类型来给节点归类。TreeNode 类显式地将每个节点的父节点记录为它的一个属性。在讨论 del 操作的实现时，你会看到这一点为何重要。

代码清单 6-24　TreeNode 类的构造方法和辅助方法

```
1    class TreeNode:
2        def __init__(self, key, value,
3                     left=None, right=None, parent=None):
4            self.key = key
5            self.value = value
6            self.left_child = left
7            self.right_child = right
8            self.parent = parent
9
```

```
10      def is_left_child(self):
11          return (
12              self.parent
13              and self.parent.left_child is self
14          )
15
16      def is_right_child(self):
17          return (
18              self.parent
19              and self.parent.right_child is self
20          )
21
22      def is_root(self):
23          return not self.parent
24
25      def is_leaf(self):
26          return not (self.right_child or self.left_child)
27
28      def has_any_children(self):
29          return self.right_child or self.left_child
30
31      def has_children(self):
32          return self.right_child and self.left_child
33
34      def replace_value(self, key, value, left, right):
35          self.key = key
36          self.value = value
37          self.left_child = left
38          self.right_child = right
39          if self.left_child:
40              self.left_child.parent = self
41          if self.right_child:
42              self.right_child.parent = self
```

在 TreeNode 类的实现中，另一个有趣之处是使用 Python 的可选参数。可选参数使得在多种环境下创建 TreeNode 更方便。有时，我们想构造一个已有 parent 和 child 的 TreeNode，可以将父节点和子节点（如左子节点）作为参数传入。其他时候，我们会创建一个只带有键–值对的 TreeNode，而不传入 parent 和 left_child。在这种情况下，可选参数会使用默认值。

现在有了 BinarySearchTree 和 TreeNode，是时候写一个能帮我们构建二叉搜索树的 put 方法了。put 是 BinarySearchTree 类的一个方法。它检查树是否已经有根节点，若没有，就创建一个 TreeNode，并将其作为树的根节点；若有，就调用私有的递归辅助方法 _put，并根据以下算法在树中搜索。

❏ 从根节点开始搜索二叉树，比较新键与当前节点的键。如果新键更小，搜索左子树。如果新键更大，搜索右子树。

❏ 当没有可供搜索的左（右）子节点时，就说明找到了新键的插入位置。

□ 向树中插入一个节点，做法是创建一个 `TreeNode` 对象，并将其插入到前一步发现的位置上。

向树中插入新节点的方法如代码清单 6-25 所示。按照上述步骤，我们将_put 方法写成递归的。注意，在向树中插入新的子节点时，current 被作为父节点传入新树。

代码清单 6-25 为二叉搜索树插入新节点

```
1   def put(self, key, value):
2       if self.root:
3           self._put(key, value, self.root)
4       else:
5           self.root = TreeNode(key, value)
6       self.size = self.size + 1
7
8   def _put(self, key, val, current):
9       if key < current.key:
10          if current.left_child:
11              self._put(key, val, current.left_child)
12          else:
13              current.left_child = TreeNode(
14                  key, value, parent=current
15              )
16      else:
17          if current.right_child:
18              self._put(key, value, current.right_child)
19          else:
20              current.right_child = TreeNode(
21                  key, value, parent=current
22              )
```

插入方法有个重要的问题：不能正确地处理重复的键。遇到重复的键时，它会在已有节点的右子树中创建一个具有同样键的节点。这样做的结果就是搜索时永远发现不了较新的键。要处理重复键插入，更好的做法是用关联的新值替换旧值。这个修复工作留作练习。

定义 put 方法后，就可以方便地通过让__setitem__方法调用 put 方法来重载[]运算符（如代码清单 6-26 所示）。如此一来，就可以写出像 my_zip_tree['Plymouth'] = 55446 这样的 Python 语句，就如同访问 Python 字典一样。

代码清单 6-26 重载__setitem__

```
1   def __setitem__(self, key, value):
2       self.put(key, value)
```

图 6-20 展示了向二叉搜索树中插入新节点的过程。浅灰色节点表示在插入过程中被访问过的节点。

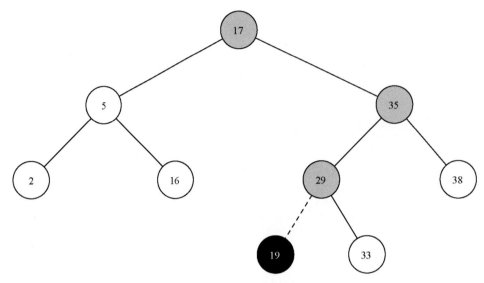

图 6-20   插入键为 19 的新节点

构造出树后，下一个任务就是实现获取给定的键对应的值。get 方法比 put 方法还要简单，因为它只是递归地搜索二叉树，直到访问到不匹配的叶子节点或者找到匹配的键。在后一种情况下，它会返回节点中存储的值。

get 和 _get 的实现如代码清单 6-27 所示。_get 方法中的搜索代码和 _put 方法中选择左右子节点的逻辑相同。注意，_get 方法返回一个 TreeNode 给 get。这样一来，对于其他 BinarySearchTree 方法来说，如果需要使用 TreeNode 值之外的数据，_get 可以作为灵活的辅助方法使用。

代码清单 6-27   查找键对应的值

```
1    def get(self, key):
2        if self.root:
3            result = self._get(key, self.root)
4            if result:
5                return result.value
6        return None
7
8    def _get(self, key, current):
9        if not current:
10            return None
11        if current.key == key:
12            return current
13        if key < current.key:
14            return self._get(key, current.left_child)
15        return self._get(key, current.right_child)
```

通过实现__getitem__方法，我们可以写出类似于访问字典的 Python 语句——而实际上使用的是二叉搜索树——比如 z = my_zip_tree["Fargo"]。从代码清单 6-28 可以看出，__getitem__方法要做的就是调用 get 方法。

代码清单 6-28　重载__getitem__

```
1    def __getitem__(self, key):
2        return self.get(key)
```

利用 get 方法，可以通过为 BinarySearchTree 编写__contains__方法来实现 in 操作。__contains__方法只需调用 get 方法，并在 get 方法返回一个值时返回 True，或在 get 方法返回 None 时返回 False。代码清单 6-29 实现了__contains__方法。

代码清单 6-29　检查树中是否有某个键

```
1    def __contains__(self, key):
2        return bool(self._get(key, self.root))
```

你应该记得，__contains__方法重载了 in 运算符，因此我们可以写出"Northfield" in my_zip_tree 这样的语句。

最后，我们将注意力转向二叉搜索树中最有挑战性的操作——删除一个键（如代码清单 6-30 所示）。第一个任务是在树中找到要删除的节点。如果树中不止一个节点，使用 _get 方法搜索，找到要移除的 TreeNode。如果树中只有一个节点，则意味着要移除的是根节点，不过仍要确保根节点的键就是要删除的键。无论哪种情况，如果找不到要删除的键，delete 方法都会抛出一个异常。

代码清单 6-30　delete 方法

```
1    def delete(self, key):
2        if self.size > 1:
3            node_to_remove = self._get(key, self.root)
4            if node_to_remove:
5                self._delete(node_to_remove)
6                self.size = self.size - 1
7            else:
8                raise KeyError("Error, key not in tree")
9        elif self.size == 1 and self.root.key == key:
10           self.root = None
11           self.size = self.size - 1
12       else:
13           raise KeyError("Error, key not in tree")
```

6

一旦找到待删除键对应的节点，就必须考虑 3 种情况。

(1) 待删除节点没有子节点（如图 6-21 所示）。

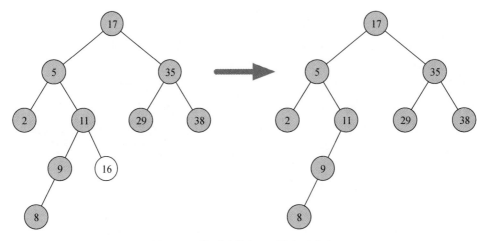

图 6-21   待删除节点 16 没有子节点

(2) 待删除节点只有一个子节点（如图 6-22 所示）。

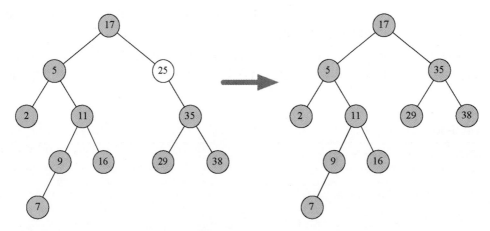

图 6-22   待删除节点 25 有一个子节点

(3) 待删除节点有两个子节点（如图 6-23 所示）。

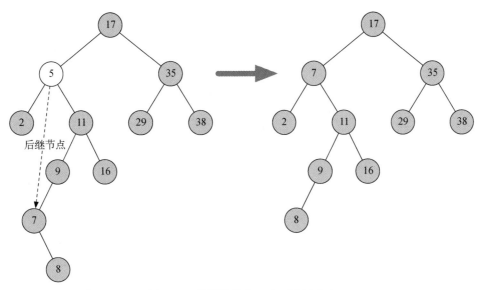

图 6-23　待删除节点 5 有两个子节点

情况 1 很简单。如果当前节点没有子节点，要做的就是删除这个节点，并移除父节点对这个节点的引用，如代码清单 6-31 所示。

代码清单 6-31　情况 1：待删除节点没有子节点

```
1    def _delete(self, current):
2        if current.is_leaf():
3            if current.if_left_child():
4                current.parent.left_child = None
5            else:
6                current.parent.right_child = None
```

情况 2 稍微复杂些。如果待删除节点只有一个子节点，那么可以用子节点取代待删除节点，如代码清单 6-32 所示。查看这段代码后会发现，它考虑了 6 种情况。由于左右子节点的情况是对称的，因此只需要讨论当前节点有左子节点的情况。

(1) 如果当前节点是一个左子节点，只需将当前节点的左子节点对父节点的引用改为指向当前节点的父节点，然后将父节点对当前节点的引用改为指向当前节点的左子节点。

(2) 如果当前节点是一个右子节点，只需将当前节点的左子节点对父节点的引用改为指向当前节点的父节点，然后将父节点对当前节点的引用改为指向当前节点的左子节点。

(3) 如果当前节点没有父节点，那它肯定是根节点。调用 replace_value 方法，替换根节点的 key、value、left_child 和 right_child 数据。

代码清单 6-32   情况 2：待删除节点只有一个子节点

```
1    else: # 只有一个子节点
2        if current.left_child:
3            if current.is_Left_Child():
4                current.left_child.parent = current.parent
5                current.parent.left_child = current.left_child
6            elif current.is_right_child():
7                current.left_child.parent = current.parent
8                current.parent.right_child = (
9                    current.leftChild
10               )
11           else:
12               current.replace_value(
13                   current.left_child.key,
14                   current.left_child.value,
15                   current.left_child.left_child,
16                   current.left_child.right_child
17               )
18       else:
19           if current.is_left_child():
20               current.right_child.parent = current.parent
21               current.parent.left_child = (
22                   current.rightChild
23               )
24           elif current.is_right_child():
25               current.right_child.parent = current.parent
26               current.parent.right_child = (
27                   current.rightChild
28               )
29           else:
30               current.replace_value(
31                   current.right_child.key,
32                   current.right_child.value,
33                   current.right_child.left_child,
34                   current.right_child.right_child
35               )
```

　　情况 3 最难处理。如果一个节点有两个子节点，那就不太可能仅靠用其中一个子节点取代它来解决问题。不过，可以搜索整棵树，找到可以替换待删除节点的节点。候选节点要能为左右子树都保持二叉搜索树的关系，也就是树中具有次大键的节点。我们将这个节点称为**后继节点**，下面要学习一种能找到后继节点的方法。后继节点的子节点必定不会多于一个，所以我们知道如何按照已实现的两种删除方法来移除它。移除后继节点后，只需直接将它放到树中待删除节点的位置上即可。处理情况 3 的代码如代码清单 6-33 所示。

代码清单 6-33   情况 3：待删除节点有两个子节点

```
1    elif current.had_children():
2        successor = current.find_successor()
3        successor.splice_out()
```

```
4          current.key = successor.key
5          current.value = successor.value
```

在代码清单 6-33 中，我们用辅助方法 find_successor 和 splice_out 来寻找并删除后继节点。之所以用 splice_out 方法，是因为它可以直接访问待拼接的节点，并进行正确的修改。虽然也可以递归调用 delete，但那样做会浪费时间重复搜索键的节点。

寻找后继节点的代码如代码清单 6-34 所示。可以看出，这是 TreeNode 类的一个方法。它利用的二叉搜索树属性，也是从小到大打印出树节点的中序遍历所利用的。在查找后继节点时，要考虑以下 3 种情况。

(1) 如果节点有右子节点，那么后继节点就是右子树中最小的节点。

(2) 如果节点没有右子节点，并且其本身是父节点的左子节点，那么后继节点就是父节点。

(3) 如果节点是父节点的右子节点，并且其本身没有右子节点，那么后继节点就是除其本身外父节点的后继节点。

代码清单 6-34　寻找并删除后继节点

```
1    def find_successor(self):
2        successor = None
3        if self.right_child:
4            successor = self.right_child.find_min()
5        else:
6            if self.parent:
7                if self.is_left_child():
8                    successor = self.parent
9                else:
10                   self.parent.right_child = None
11                   successor = self.parent.find_successor()
12                   self.parent.right_child = self
13       return successor
14
15   def find_min(self):
16       current = self
17       while current.left_child:
18           current = current.left_child
19       return current
20
21   def splice_out(self):
22       if self.is_leaf():
23           if self.is_left_child():
24               self.parent.left_child = None
25           else:
26               self.parent.right_child = None
27       elif self.has_any_child():
28           if self.left_child:
29               if self.is_left_child():
```

6

```
30                      self.parent.left_child = self.left_child
31               else:
32                      self.parent.right_child = self.left_child
33               self.left_child.parent = self.parent
34          else:
35               if self.is_left_child():
36                      self.parent.left_child = self.right_child
37               else:
38                      self.parent.right_child = self.right_child
39               self.right_child.parent = self.parent
```

在试图从一棵二叉搜索树中删除节点时，上述第一个条件是唯一重要的。但是，find_successor 方法还有其他用途，我们会在本章末的练习中进行探索。

find_min 方法用来查找子树中最小的键。可以确定，在任意二叉搜索树中，最小的键就是最左边的子节点。鉴于此，find_min 方法只需沿着子树中每个节点的 left_child 引用走，直到遇到一个没有左子节点的节点。

如代码清单 6-35 所示，我们可以为 BinarySearchTree 类实现一个 __delete__ 方法来支持 del 操作符。这是一个封装方法，允许我们通过 del my_zip_tree["NYC"] 从映射中移除键。

代码清单 6-35   重载 __delete__

```
1    def __delitem__(self, key):
2        self.delete(key)
```

现在来看看最后一个二叉搜索树接口方法。假设我们想按顺序遍历树中的键。我们在字典中就是这么做的，为什么不在树中试试呢？我们已经知道如何按顺序遍历二叉树——使用中序遍历算法。然而，由于迭代器每次调用只返回一个节点，因此创建一个迭代器需要一些额外的工作。

Python 为创建迭代器提供了一个很强大的函数，即 yield。与 return 类似，yield 每次向调用方返回一个值。除此之外，yield 还会冻结函数的状态，因此下次调用函数时，会从这次离开之处继续。创建可迭代对象的函数被称作生成器。

二叉搜索树迭代器的代码如代码清单 6-36 所示。请仔细看看这份代码。乍看之下，你可能会认为它不是递归的。但是，因为 __iter__ 重载了循环的 for ... in 操作，所以它确实是递归的！由于在 TreeNode 实例上递归，因此 __iter__ 方法被定义在 TreeNode 类中。

代码清单 6-36   二叉搜索树迭代器

```
1    def __iter__(self):
2        if self:
3            if self.left_child:
4                for elem in self.left_child:
5                    yield elem
6            yield self.key
```

```
7              if self.right_child:
8                  for elem in self.right_child:
9                      yield elem
```

读者可以从 GitHub 上下载包含完整 BinarySearchTree 和 TreeNode 类的文件。

6.7.3 搜索树的分析

至此，我们已经完整地实现了二叉搜索树，接下来简单地分析它的各个方法。先分析 put 方法，限制其性能的因素是二叉树的高度。6.3 节曾说过，树的高度是根节点到最深的叶子节点之间的边数量。高度之所以是限制因素，是因为在搜索合适的插入位置时，每一层最多需要做一次比较。

那么，二叉树的高度是多少呢？答案取决于键的插入方式。如果键的插入顺序是随机的，那么树的高度约为 $\log_2 n$，其中 n 为树的节点数。这是因为，若键是随机分布的，那么小于和大于根节点的键大约各占一半。二叉树的顶层有 1 个根节点，第 1 层有 2 个节点，第 2 层有 4 个节点，依次类推。在任意一层的节点数为 2^d，其中 d 是当前层的深度。在完全平衡的二叉树中，节点总数是 $2^{h+1}-1$，其中 h 代表树的高度。

在完全平衡的二叉树中，左右子树的节点数相同。最坏情况下，put 的时间复杂度是 $O(\log_2 n)$，其中 n 是树的节点数。注意，这是上一段所述运算的逆运算。所以，$\log_2 n$ 是树的高度，代表 put 在搜索合适的插入位置时所需的最大比较次数。

不幸的是，按顺序插入键可以构造出一棵高度为 n 的搜索树！图 6-24 就是一个例子，这时 put 方法的时间复杂度为 $O(n)$。

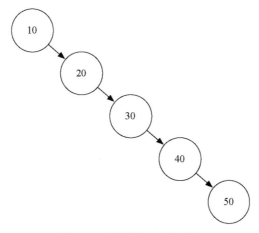

图 6-24 偏斜的二叉搜索树

既然 put 的性能由树的高度决定，你应该可以猜到，get、in 和 del 也都如此。get 在树中查找键，最坏情况就是沿着树一直搜到底也没找到。乍看之下，del 可能更复杂，因为在删除节点前可能还得找到后继节点。但是查找后继节点的最坏情况也受限于树的高度，也就是工作量加一倍。由于 2 是一个常量系数，因此对于不平衡的树来说，最坏情况下的时间复杂度仍是 $O(n)$。

6.8　平衡二叉搜索树

在 6.7 节中，我们了解了二叉搜索树的构建过程。我们已经知道，当二叉搜索树不平衡时，get 和 put 等操作的性能可能降到 $O(n)$。本节将介绍一种特殊的二叉搜索树，它能自动维持平衡。这种树叫作 AVL 树，以其发明者 G. M. Adelson-Velskii 和 E. M. Landis 的姓氏命名。

AVL 树实现映射抽象数据类型的方式与普通的二叉搜索树一样，唯一的差别就是性能。实现 AVL 树时，要记录每个节点的**平衡因子**。我们通过查看每个节点左右子树的高度来实现这一点。更正式地说，我们将平衡因子定义为左右子树的高度之差。

$$balance\_factor = height(left\_subtree) - height(right\_subtree)$$

根据上述定义，如果平衡因子大于零，我们称之为左倾；如果平衡因子小于零，就是右倾；如果平衡因子等于零，那么树就是完全平衡的。为了实现 AVL 树并利用平衡树的优势，我们将平衡因子为–1、0 和 1 的树都定义为平衡树。一旦某个节点的平衡因子超出这个范围，我们就需要通过一些操作让树恢复平衡。图 6-25 展示了一棵右倾树及其中每个节点的平衡因子。

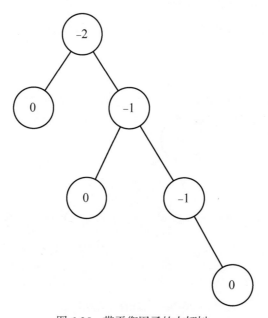

图 6-25　带平衡因子的右倾树

6.8.1 AVL 树的性能

我们先看看限定平衡因子带来的结果。我们认为，保证树的平衡因子为–1、0 或 1，可以使关键操作获得更好的大 O 性能。首先考虑平衡因子如何改善最坏情况。有左倾与右倾这两种可能性。如果考虑高度为 0、1、2 和 3 的树，图 6-26 展示了应用新规则后最不平衡的左倾树。

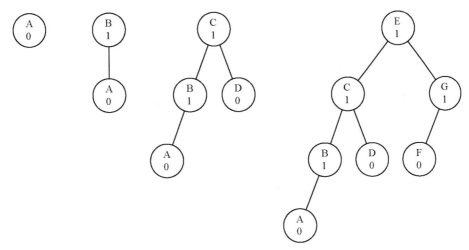

图 6-26　左倾 AVL 树的最坏情况

查看树中的节点数可知，高度为 0 时有 1 个节点，高度为 1 时有 2 个节点（1＋1＝2），高度为 2 时有 4 个节点（1＋1＋2＝4），高度为 3 时有 7 个节点（1＋2＋4＝7）。也就是说，当高度为 h 时，节点数 N_h 是：

$$N_h = 1 + N_{h-1} + N_{h-2}$$

你或许觉得这个公式很眼熟，因为它与斐波那契数列很相似。可以根据它推导出由 AVL 树的节点数计算高度的公式。在斐波那契数列中，第 i 个数是：

$$F_0 = 0$$
$$F_1 = 1$$
$$F_i = F_{i-1} + F_{i-2}, i \geq 2$$

一个重要的事实是，随着斐波那契数列的增长，F_i / F_{i-1} 逐渐逼近黄金分割比例 Φ，$\Phi = \dfrac{1+\sqrt{5}}{2}$。如果你好奇这个等式的推导过程，可以参考数学教科书。我们在此直接使用这个等式，将 F_i 近似为 $F_i = \Phi^i / \sqrt{5}$。由此，可以将 N_h 的等式重写为：

$$N_h = F_{h+1} - 1, h \geq 1$$

用黄金分割近似替换，得到：

$$N_h = \frac{\varPhi^{h+2}}{\sqrt{5}} - 1$$

移项，两边以 2 为底取对数，求 h，得到：

$$\log N_h + 1 = (H+2)\log\varPhi - \frac{1}{2}\log 5$$

$$h = \frac{\log N_h + 1 - 2\log\varPhi + \frac{1}{2}\log 5}{\log\varPhi}$$

$$h = 1.44\log N_h$$

在任何时间，AVL 树的高度都等于节点数取对数再乘以一个常数（1.44）。对于搜索 AVL 树来说，这是一件好事，因为时间复杂度被限制为 $O(\log N)$。

6.8.2 AVL 树的实现

我们已经证明，保持 AVL 树的平衡会带来很大的性能优势。现在来看如何往 AVL 树中插入一个键。由于所有新键都作为叶子节点插入，并且新叶子节点的平衡因子是零，所以对新插入的节点没有额外的要求。但插入新节点后，必须要更新其父节点的平衡因子。新的叶子节点对其父节点平衡因子的影响取决于它是左子节点还是右子节点。如果是右子节点，父节点的平衡因子减一。如果是左子节点，则父节点的平衡因子加一。这个规则可以递归地应用到每个祖先，直到根节点。由于更新平衡因子是递归过程，我们来检查以下两种基本情况：

❑ 递归调用抵达根节点；
❑ 父节点的平衡因子调整为零；如果子树的平衡因子为零，那么祖先节点的平衡因子将不会有变化。

我们将 AVL 树实现为 `BinarySearchTree` 的子类。首先重载 `_put` 方法，然后新写 `update_balance` 辅助方法，如代码清单 6-37 所示。可以看到，除了在第 11 行和第 21 行调用 `update_balance` 以外，`_put` 方法的定义和简单的二叉搜索树中的几乎一模一样。

代码清单 6-37　更新平衡因子

```
1    def _put(self, key, value, current_node):
2        if key < current_node.key:
3            if current_node.left_child:
4                self._put(
5                    key, value, current_node.left_child
6                )
7            else:
```

```
8                    current_node.left_child = AVLTreeNode(
9                        key, value, 0, parent=current_node
10                   )
11                   self.update_balance(current_node.left_child)
12           else:
13               if current_node.right_child:
14                   self._put(
15                       key, value, current_node.right_child
16                   )
17               else:
18                   current_node.right_child = AVLTreeNode(
19                       key, value, 0, parent=current_node
20                   )
21                   self.update_balance(current_node.right_child)
22
23   def update_balance(self, node):
24       if (
25           node.balance_factor > 1
26           or node.balance_factor < -1
27       ):
28           self.rebalance(node)
29           return
30       if node.parent:
31           if node.is_left_child():
32               node.parent.balance_factor += 1
33           elif node.is_right_child():
34               node.parent.balance_factor -= 1
35
36           if node.parent.balance_factor != 0:
37               self.update_balance(node.parent)
```

　　新方法 update_balance 做了大部分工作，它实现了前面描述的递归过程。update_balance 方法先检查当前节点是否需要再平衡（第 24 行）。如果符合判断条件，就进行再平衡，不需要更新父节点；如果当前节点不需要再平衡，就调整父节点的平衡因子。如果父节点的平衡因子非零，那么沿着树往根节点的方向递归调用 update_balance 方法。

　　如果需要进行再平衡，该怎么做呢？高效的再平衡是让 AVL 树发挥作用同时不损性能的关键。为了让 AVL 树恢复平衡，需要在树上进行一次或多次**旋转**。

　　要理解什么是旋转，来看一个简单的例子。考虑图 6-27 中左边的树。这棵树的平衡因子是–2，因此并不平衡。要让它恢复平衡，我们围绕以节点 A 为根节点的子树做一次左旋。

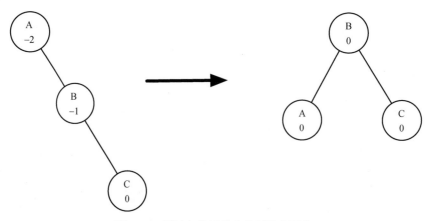

图 6-27   通过左旋让失衡的树恢复平衡

本质上，左旋包括以下步骤。

❑ 将右子节点（节点 B）提升为子树的根节点。

❑ 将旧根节点（节点 A）作为新根节点的左子节点。

❑ 如果新根节点（节点 B）已经有一个左子节点，将其作为新左子节点（节点 A）的右子节点。注意，因为图 6-27 中节点 B 之前是节点 A 的右子节点，所以此时节点 A 必然没有右子节点。因此，可以为它添加新的右子节点，而无须过多考虑。

左旋过程在概念上很简单，但代码细节有点复杂，因为需要对节点进行挪动，以保证二叉搜索树的性质。另外，还要保证正确地更新节点的父指针。

我们来看一棵稍微复杂一点的树，并理解右旋过程。图 6-28 左边的是一棵根节点平衡因子为 2 的左倾树。

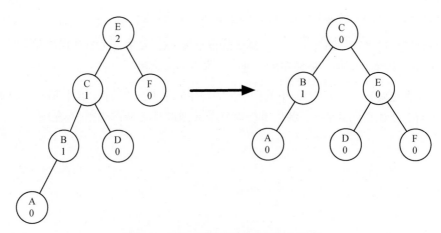

图 6-28   通过右旋让失衡的树恢复平衡

右旋步骤如下。

❑ 将左子节点（节点 C）提升为子树的根节点。

❑ 将旧根节点（节点 E）作为新根节点的右子节点。

❑ 如果新根节点（节点 C）已经有一个右子节点（节点 D），将其作为新右子节点（节点 E）的左子节点。注意，因为图 6-28 中节点 C 之前是节点 E 的左子节点，所以此时节点 E 必然没有左子节点。因此，可以为它添加新的左子节点，而无须过多考虑。

了解旋转的基本原理之后，就可以学习具体的实现。代码清单 6-38 给出了左旋的代码（因为 rotate_right 方法与 rotate_left 是对称的，所以留作练习）。第 2 行创建一个临时变量，用于记录子树的新根节点。如前所述，新根节点是旧根节点的右子节点。既然临时变量存储了指向右子节点的引用，便可以将旧根节点的右子节点替换为新根节点的左子节点。

代码清单 6-38　左旋

```
1   def rotate_left(self, rotation_root):
2       new_root = rotation_root.right_child
3       rotation_root.right_child = new_root.left_child
4       if new_root.left_child:
5           new_root.left_child.parent = rotation_root
6       new_root.parent = rotation_root.parent
7       if rotation_root.is_root():
8           self._root = new_root
9       else:
10          if rotation_root.is_left_child():
11              rotation_root.parent.left_child = new_root
12          else:
13              rotation_root.parent.right_child = new_root
14      new_root.left_child = rotation_root
15      rotation_root.parent = new_root
16      rotation_root.balance_factor = (
17          rotation_root.balance_factor
18          + 1
19          - min(new_root.balance_factor, 0)
20      )
21      new_root.balance_factor = (
22          newRoot.balance_factor
23          + 1
24          + max(rotation_root.balance_factor, 0)
25      )
```

下一步是调整这两个节点的父指针。如果 new_root 有左子节点，那么这个左子节点的新父节点就是旧根节点。将新根节点的父指针指向旧根节点的父节点。如果旧根节点是整棵树的根节点，那么必须将树的根节点设为新根节点；否则的话，当旧根节点是左子节点时，将左子节点的父指针指向新根节点；当旧根节点是右子节点时，将右子节点的父指针指向新根节点（第 10~13 行）。最后，将旧根节点的父节点设为新根节点。这一系列描述很复杂，所以建议你根据图 6-27

的例子运行一遍函数。

第 16~25 行需要特别解释一下。这几行更新了旧根节点和新根节点的平衡因子。由于其他移动操作都是针对整棵子树，因此旋转后其他节点的平衡因子都不受影响。但在没有完整地重新计算新子树高度的情况下，怎么更新平衡因子呢？图 6-29 和下面的推导过程能证明，这些代码是对的。

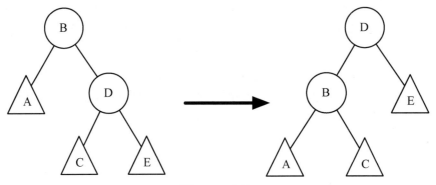

图 6-29　左旋

图 6-29 展示了左旋结果。B 和 D 是旋转的节点，A、C、E 是它们的子树。针对根节点为 x 的子树，将其高度记为 h_x。由定义可知：

$$new\_bal(B) = h_A - h_C$$
$$old\_bal(B) = h_A - h_D$$

D 的旧高度也可以定义为 $1 + \max(h_C, h_E)$，即 D 的高度等于两棵子树的高度的大值加一。因为 h_C 与 h_E 不变，所以代入第 2 个等式，得到 $old\_bal(B) = h_A - (1 + \max(h_C, h_E))$。然后，将两个等式相减，并运用代数知识化简 $new\_bal(B)$ 的等式。

$$new\_bal(B) - old\_bal(B) = h_A - h_C - (h_A - (1 + \max(h_C, h_E)))$$
$$new\_bal(B) - old\_bal(B) = h_A - h_C - h_A + (1 + \max(h_C, h_E))$$
$$new\_bal(B) - old\_bal(B) = h_A - h_A + 1 + \max(h_C, h_E) - h_C$$
$$new\_bal(B) - old\_bal(B) = 1 + \max(h_C, h_E) - h_C$$

下面将 $old\_bal(B)$ 移到等式右边，并利用性质 $\max(a,b) - c = \max(a-c, b-c)$ 得到：

$$new\_bal(B) = old\_bal(B) + 1 + \max(h_C - h_C, h_E - h_C)$$

由于 $h_E - h_C$ 就等于 $-old\_bal(D)$，因此可以利用另一个性质 $\max(-a, -b) = -\min(a,b)$。最后几步推导如下：

$$new\_bal(B) = old\_bal(B) + 1 + \max(0, -old\_bal(D))$$
$$new\_bal(B) = old\_bal(B) + 1 - \min(0, old\_bal(D))$$

至此，我们已经做好所有准备了。如果还记得 B 是 `rotation_root` 而 D 是 `new_root`，那么就能看到以上等式对应代码清单 6-38 中的第 16~20 行：

```
rotation_root.balance_factor = (
    rotation_root.balance_factor
    + 1
    - min(new_root.balance_factor, 0)
)
```

通过类似的推导，可以得到节点 D 的等式，以及右旋后的平衡因子。这个推导过程留作练习。

现在你可能认为大功告成了。我们已经知道如何左旋和右旋，也知道应该在什么时候旋转，但请看看图 6-30。节点 A 的平衡因子为–2，应该做一次左旋。但是，围绕节点 A 左旋后会怎样呢?

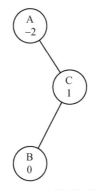

图 6-30　更难平衡的树

左旋后得到另一棵失衡的树，如图 6-31 所示。如果在此基础上做一次右旋，就回到了图 6-30 的状态。

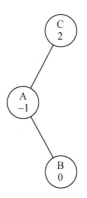

图 6-31　左旋后，树朝另一个方向失衡

要解决这种问题，必须遵循以下规则。

> □ 如果子树需要左旋，首先检查右子树的平衡因子。如果右子树左倾，就对右子树做一次右旋，再围绕原节点做一次左旋。
> □ 如果子树需要右旋，首先检查左子树的平衡因子。如果左子树右倾，就对左子树做一次左旋，再围绕原节点做一次右旋。

图 6-32 展示了如何通过以上规则解决图 6-30 和图 6-31 中的困境。围绕节点 C 做一次右旋，再围绕节点 A 做一次左旋，就能让子树恢复平衡。

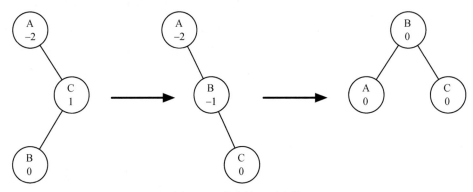

图 6-32　先右旋，再左旋

rebalance 方法实现了上述规则，如代码清单 6-39 所示。第 2 行的 if 语句实现了规则 1，第 8 行的 elif 语句实现了规则 2。

代码清单 6-39　实现再平衡

```
1   def rebalance(self, node):
2       if node.balance_factor < 0:
3           if node.right_child.balance_factor > 0:
4               self.rotate_right(node.right_child)
5               self.rotate_left(node)
6           else:
7               self.rotate_left(node)
8       elif node.balance_factor > 0:
9           if node.left_child.balance_factor < 0:
10              self.rotate_left(node.left_child)
11              self.rotate_right(node)
12          else:
13              self.rotate_right(node)
```

在 6.11 节中，你将尝试为一些更复杂的树恢复平衡。

通过维持树的平衡，可以保证 get 方法的时间复杂度为 $O(\log_2 n)$。但这会给 put 操作的性能带来多大影响呢？我们来看看 put 操作所需的步骤。因为新节点作为叶子节点插入，所以更新所有父节点的平衡因子最多需要 $\log_2 n$ 次操作——每一层一次。如果树失衡了，恢复平衡最多需要旋转两次。每次旋转的时间复杂度是 $O(1)$ ，所以 `put` 操作的时间复杂度仍然是 $O(\log_2 n)$ 。

至此，我们已经实现了一棵可用的 AVL 树，不过还没有实现删除节点的功能。我们将删除节点及后续的更新和再平衡的实现留作练习。

6.8.3 映射实现总结

前面介绍了可以用来实现映射这一抽象数据类型的多种数据结构，包括有序列表、散列表、二叉搜索树以及 AVL 树。表 6-1 总结了每种实现在映射关键操作上的性能。

表 6-1 映射的不同实现间的性能对比

	有序列表	散列表	二叉搜索树	AVL 树
put	$O(n)$	$O(1)$	$O(n)$	$O(\log_2 n)$
get	$O(\log_2 n)$	$O(1)$	$O(n)$	$O(\log_2 n)$
in	$O(\log_2 n)$	$O(1)$	$O(n)$	$O(\log_2 n)$
del	$O(n)$	$O(1)$	$O(n)$	$O(\log_2 n)$

6.9 小结

本章介绍了树这一数据结构。有了树，我们可以写出很多有趣的算法。我们用各种树实现了下面的算法或数据结构。

- ❑ 用二叉树解析并计算表达式。
- ❑ 用二叉树实现映射。
- ❑ 用平衡二叉树（AVL 树）实现映射。
- ❑ 用二叉树实现最小堆。
- ❑ 用最小堆实现优先级队列。

6.10 关键术语

AVL 树	BST 特性	边	层数
堆的有序性	二叉堆	二叉树	二叉搜索树
父节点	高度	根节点	后继节点
后序遍历	节点	解析树	路径
平衡因子	前序遍历	树	树的遍历
完全二叉树	兄弟节点	旋转	叶子节点

6

映射	优先级队列	中序遍历	子节点
子树	最小堆/最大堆		

6.11 练习

1. 画出下列函数调用后的树结构。

```
>>> r = BinaryTree(3)
>>> insert_left(r, 4)
[3, [4, [], []], []]
>>> insert_left(r, 5)
[3, [5, [4, [], []], []], []]
>>> insert_right(r, 6)
[3, [5, [4, [], []], []], [6, [], []]]
>>> insert_right(r, 7)
[3, [5, [4, [], []], []], [7, [], [6, [], []]]]
>>> set_root_val(r, 9)
>>> insert_left(r, 11)
[9, [11, [5, [4, [], []], []], []], [7, [], [6, [], []]]]
```

2. 为表达式 `(4 * 8) / 6 - 3` 创建对应的表达式树。

3. 针对整数列表 `[1, 2, 3, 4, 5, 6, 7, 8, 9, 10]`，给出插入列表中整数得到的二叉搜索树。

4. 针对整数列表 `[10, 9, 8, 7, 6, 5, 4, 3, 2, 1]`，给出插入列表中整数得到的二叉搜索树。

5. 生成一个随机整数列表。给出插入列表中整数得到的二叉堆。

6. 将前一道题得到的列表作为 `heapify` 方法的参数，给出得到的二叉堆。以树和列表两种形式展示。

7. 画出按次序插入这些键之后的二叉搜索树：68、88、61、89、94、50、4、76、66、82。

8. 生成一个随机整数列表。画出插入列表中整数得到的二叉搜索树。

9. 针对整数列表 `[1, 2, 3, 4, 5, 6, 7, 8, 9, 10]`，给出插入列表中整数得到的二叉堆。

10. 针对整数列表 `[10, 9, 8, 7, 6, 5, 4, 3, 2, 1]`，给出插入列表中整数得到的二叉堆。

11. 考虑本章二叉树遍历的两种实现方式。在实现为方法时，为什么必须在调用 `preorder` 前检查，而在实现为函数时，可以在调用内部检查？

12. 给出构建下面这棵二叉树所需的函数调用。

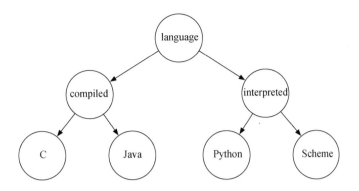

13. 对下面这棵树，实施恢复平衡所需的旋转操作。

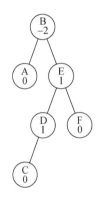

14. 以图 6-29 作为出发点，推导出节点 D 在更新后的平衡因子等式。

15. 扩展 `build_parse_tree` 方法，使其能处理字符间没有空格的数学表达式。

16. 修改 `build_parse_tree` 和 `evaluate` 函数，使它们支持逻辑运算符（and、or、not）。注意，not 是一元运算符，这会让代码变得有些复杂。

17. 使用 `find_successor` 方法，写一个非递归的二叉搜索树中序遍历方法。

18. 线索二叉搜索树中的每个节点都维护着指向后继节点的引用。修改二叉搜索树的实现代码，从而实现线索二叉搜索树。为线索二叉搜索树写一个非递归的中序遍历方法。

19. 修改二叉搜索树的实现代码，以正确处理重复的键。也就是说，如果键已在树中，就替换有效载荷，而不是用同一个键插入一个新节点。

20. 创建限定大小的二叉堆。也就是说，堆只保持 n 个最重要的元素。如果堆的大小超过了 n，就会舍弃最不重要的元素。

21. 整理 `print_exp` 函数，使其能去掉数字周围多余的括号。

22. 使用 `heapify` 方法，为列表写一个时间复杂度为 $O(n \log n)$ 的排序函数。

23. 写一个函数，以数学表达式解析树为参数，计算各变量的导数。

24. 通过二叉堆实现最大堆。

25. 使用 `BinaryHeap` 类，实现一个叫作 `PriorityQueue` 的新类。为 `PriorityQueue` 类实现构造方法，以及 `enqueue` 方法和 `dequeue` 方法。

26. 实现 AVL 树的 `delete` 方法。

第 7 章

图及其算法

7

7.1 本章目标

❑ 学习什么是图以及如何使用图。

❑ 使用多种内部表示实现**图**的抽象数据类型。

❑ 学习如何用图解决众多问题。

本章的主题是图。与第 6 章介绍的树相比，图是更通用的结构；事实上，可以把树看作一种特殊的图。图可以用来表示现实世界中很多有意思的事物，包括道路系统、城市之间的航班、互联网的连接，甚至是计算机专业的一系列必修课。你在本章中会看到，一旦找到了贴切的问题表示方法，就可以用一些标准的图算法来解决那些看起来非常困难的问题。

尽管我们能够轻易看懂路线图并理解其中不同地点之间的关系，但是计算机并不具备这样的能力。不过，我们也可以将路线图看成一个图，从而让计算机帮我们做一些非常有意思的事情。用过地图网站的人都知道，计算机可以帮助我们找到两地之间最短、最快、最便捷的路线。

计算机专业的学生可能会有这样的疑惑：自己需要学习哪些课程才能获得学位呢？图可以很好地表示课程之间的依赖关系。图 7-1 展示了要在路德学院获得计算机科学学位，所需学习课程的先后顺序。

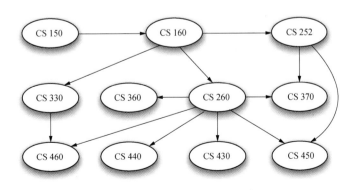

图 7-1　计算机课程的学习顺序

7.2 术语及定义

看过了图的例子之后,现在来正式地定义图及其构成。从对树的学习中,我们已经知道了一些术语。

顶点

顶点又称节点,是图的基础部分。它可以有自己的名字,我们称作"键"。顶点也可以带有附加信息,我们称作"值"或者"有效载荷"。

边

边是图的另一个基础部分。两个顶点通过一条边相连,表示它们之间存在某种联系。边既可以是单向的,也可以是双向的。如果图中的所有边都是单向的,我们称之为**有向图**。图 7-1 明显是一个有向图,因为必须修完某些课程后才能修后续的课程。

权重

边可以带权重,用来表示从一个顶点到另一个顶点的代价。例如在路线图中,从一个城市到另一个城市,边的权重可以表示两个城市之间的距离。

有了上述定义之后,就可以正式地定义图。图可以用 G 来表示,并且 $G = (V, E)$。其中,V 是一个顶点集合,E 是一个边集合。每一条边是一个二元组 (v, w),其中 $v, w \in V$。可以向边的二元组中再添加一个元素,用于表示权重。子图 s 是一个由边 e 和顶点 v 构成的集合,其中 $e \subset E$ 且 $v \subset V$。

图 7-2 展示了一个简单的带权有向图。我们可以用 6 个顶点和 9 条边的两个集合来正式地描述这个图:

$$V = \left\{ v_0, v_1, v_2, v_3, v_4, v_5 \right\}$$

$$E = \left\{ \begin{array}{l} (v_0, v_1, 5), (v_1, v_2, 4), (v_2, v_3, 9), \\ (v_3, v_4, 7), (v_4, v_0, 1), (v_0, v_5, 2), \\ (v_5, v_4, 8), (v_3, v_5, 3), (v_5, v_2, 1) \end{array} \right\}$$

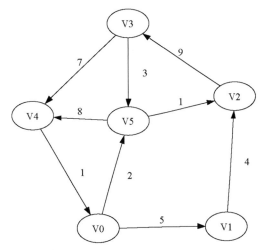

图 7-2 简单的带权有向图

图 7-2 中的例子还体现了其他两个重要的概念。

路径

路径是由边连接的顶点组成的序列。路径的正式定义为 $w_1, w_2, \cdots, w_n$ ，其中对于所有的 $1 \leqslant i \leqslant n-1$ ，有 $(w_i, w_{i+1}) \in E$ 。无权重路径的长度是路径上的边数，有权重路径的长度是路径上的边的权重之和。以图 7-2 为例，从 v_3 到 v_1 的路径是顶点序列 (v_3, v_4, v_0, v_1) ，相应的边是 $\{(v_3, v_4, 7), (v_4, v_0, 1), (v_0, v_1, 5)\}$ 。

环

环是有向图中的一条起点和终点为同一个顶点的路径。例如，图 7-2 中的路径 (v_5, v_2, v_3, v_5) 就是一个环。没有环的图被称为**无环图**，没有环的有向图被称为**有向无环图**（DAG）。接下来会看到，DAG 能帮助我们解决很多重要的问题。

7.3 图的抽象数据类型

图的抽象数据类型通过顶点和边的集合定义。顶点可以与其他顶点相连，也可以独立存在。边连接了两个顶点并且可能带有权重。

- ❑ `Graph()` 新建一个空图。
- ❑ `add_vertex(vert)` 向图中添加一个顶点实例。
- ❑ `add_edge(from_vert, to_vert)` 向图中添加一条有向边，连接两个顶点。
- ❑ `add_edge(from_vert, to_vert, weight)` 向图中添加一条带权重 `weight` 的有向边，用于连接顶点 `from_vert` 和 `to_vert`。

7

❑ get_vertex(vert_key)在图中找到名为 vert_key 的顶点。

❑ get_vertices()以列表形式返回图中所有顶点。

❑ in 通过 vertex in graph 这样的语句,在顶点存在时返回 True,否则返回 False。

知道了图的抽象数据类型定义,可以通过多种方式在 Python 中实现它。你会看到,在使用不同的表达方式来实现图的抽象数据类型时,需要做很多取舍。有两种非常著名的图实现,它们分别是**邻接矩阵**和**邻接表**。本节会解释这两种实现,并且用 Python 类来实现邻接表。

7.3.1 邻接矩阵

要实现图,最简单的方式就是使用二维矩阵。在矩阵实现中,每一行和每一列都表示图中的一个顶点。第 v 行和第 w 列交叉的格子中的值表示从顶点 v 到顶点 w 的边的权重。如果两个顶点被一条边连接起来,就称它们是**相邻**的。图 7-3 展示了图 7-2 对应的邻接矩阵,格子中的值表示从顶点 v 到顶点 w 的边的权重。

	V0	V1	V2	V3	V4	V5
V0		5				2
V1			4			
V2				9		
V3					7	3
V4	1					
V5			1		8	

图 7-3 邻接矩阵示例

邻接矩阵的优点是简单。对于小图来说,邻接矩阵可以清晰地展示哪些顶点是相连的。但是,图 7-3 中的绝大多数单元格是空的,我们称这种矩阵是"稀疏"的。对于存储稀疏数据来说,矩阵并不高效。事实上,要在 Python 中创建如图 7-3 所示的矩阵结构并不容易。

邻接矩阵适用于表示有很多条边的图。但是,"很多条边"具体是什么意思呢?要填满矩阵,共需要多少条边?由于每一行和每一列对应图中的每一个顶点,因此填满矩阵共需要 $|V|^2$ 条边。

当每一个顶点都与其他所有顶点相连时，矩阵就被填满了。在现实世界中，很少有问题能够达到这种连接度。本章所探讨的问题都会用到稀疏连接的图。

7.3.2 邻接表

为了实现稀疏连接的图，更高效的方式是使用邻接表。在邻接表实现中，我们为图对象的所有顶点保存一个主列表，同时为每一个顶点对象都维护一个列表，其中记录了与它相连的顶点。在对 Vertex 类的实现中，我们使用字典（而不是列表），字典的键是顶点，值是权重。图 7-4 展示了图 7-2 所对应的邻接表。

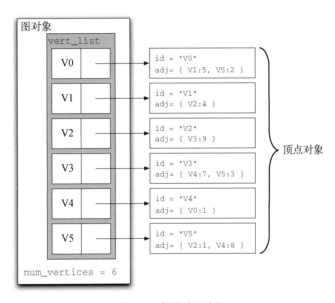

图 7-4　邻接表示例

邻接表的优点是能够紧凑地表示稀疏图。此外，邻接表也有助于方便地找到与某一个顶点相连的其他所有顶点。

7.3.3 实现

在 Python 中，通过字典可以轻松地实现邻接表。我们要创建两个类：Vertex 类表示图中的每一个顶点（如代码清单 7-1 所示），Graph 类存储包含所有顶点的主列表（如代码清单 7-2 所示）。

代码清单 7-1　Vertex 类

```
1   class Vertex:
2       def __init__(self, key):
3           self.key = key
```

```
4          self.neighbors = {}
5
6      def get_neighbor(self, other):
7          return self.neighbors.get(other, None)
8
9      def set_neighbor(self, other, weight=0):
10         self.neighbors[other] = weight
11
12     def __repr__(self):
13         return f"Vertex({self.key})"
14
15     def __str__(self):
16         return (
17             f"{self.key} connected to: "
18             + f"{[x.key for x in self.neighbors]} "
19         )
20
21     def get_neighbors(self):
22         return self.neighbors.keys()
23
24     def get_key(self):
25         return self.key
```

代码清单 7-2　Graph 类

```
1   class Graph:
2       def __init__(self):
3           self.vertices = {}
4
5       def set_vertex(self, key):
6           self.vertices[key] = Vertex(key)
7
8       def get_vertex(self, key):
9           return self.vertices.get(key, None)
10
11      def __contains__(self, key):
12          return key in self.vertices
13
14      def add_edge(self, from_vert, to_vert, weight=0):
15          if from_vert not in self.vertices:
16              self.set_vertex(from_vert)
17          if to_vert not in self. vertices:
18              self.set_vertex(to_vert)
19          self.vertices[from_vert].set_neighbor(
20              self.vertices[to_vert], weight
21          )
22
23      def get_vertices(self):
24          return self.vertices.keys()
25
26      def __iter__(self):
27          return iter(self.vertices.values())
```

Vertex 使用 neighbors 字典来记录与其相连的顶点，以及每一条边的权重。代码清单 7-1 展示了 Vertex 类的实现，其构造方法简单地初始化 key（它通常是一个字符串），以及字典 neighbors。set_neighbor 方法添加从一个顶点到另一个的连接。get_neighbors 方法返回邻接表中的所有顶点，由 neighbors 来表示。get_neighbor 方法返回从当前顶点到以参数传入的顶点之间的边的权重。

Graph 类的实现如代码清单 7-2 所示，其中包含一个将顶点名映射到顶点对象的字典。在图 7-4 中，该字典对象由灰色方块表示。Graph 类也提供了向图中添加顶点和连接不同顶点的方法。get_vertices 方法返回图中所有顶点的名字。此外，我们还实现了 __iter__ 方法，从而使遍历图中的所有顶点对象更加方便。总之，这两个方法使我们能够根据顶点名或者顶点对象本身遍历图中的所有顶点。

下面的 Python 会话使用 Graph 类和 Vertex 类创建了如图 7-2 所示的图。首先创建 6 个顶点，编号依次为 0~5。然后打印顶点字典。注意，对每一个键，我们都创建了一个 Vertex 实例。接着，添加将顶点连接起来的边。最后，用一个嵌套循环验证图中的每一条边都已被正确存储。请按照图 7-2 的内容检查会话的最终结果。

```
>>> g = Graph()
>>> for i in range(6):
...     g.set_vertex(i)
>>> g.vertices
{0: Vertex(0), 1: Vertex(1), 2: Vertex(2),
3: Vertex(3), 4: Vertex(4), 5: Vertex(5)}
>>> g.add_edge(0, 1, 5)
>>> g.add_edge(0, 5, 2)
>>> g.add_edge(1, 2, 4)
>>> g.add_edge(2, 3, 9)
>>> g.add_edge(3, 4, 7)
>>> g.add_edge(3, 5, 3)
>>> g.add_edge(4, 0, 1)
>>> g.add_edge(5, 4, 8)
>>> g.add_edge(5, 2, 1)
>>> for v in g:
...     for w in v.get_neighbors():
...         print(f"({v.getId()}, {w.getKey()})")
...
(0, 1)
(0, 5)
(1, 2)
(2, 3)
(3, 4)
(3, 5)
(4, 0)
(5, 4)
(5, 2)
```

7

7.4 广度优先搜索

7.4.1 词梯问题

我们从词梯问题开始学习图算法。考虑这样一个任务：将单词 fool 转换成 sage。在解决词梯问题时，每次只能替换一个字母，并且每一步的结果都必须是一个单词，而不能是不存在的词。词梯问题由《爱丽丝梦游仙境》的作者刘易斯·卡罗尔于 1878 年提出。下面的单词转换序列是样例问题的一个解。

fool

pool

poll

pole

pale

sale

sage

词梯问题有很多变体，例如在给定步数内完成转换，或者必须用到某个单词。在本节中，我们研究从起始单词转换到结束单词所需的最小步数。

由于本章的主题是图，因此我们自然会想到使用图算法来解决这个问题。以下是大致步骤：

❑ 用图表示单词之间的关系；
❑ 用一种名为广度优先搜索的图算法找到从起始单词到结束单词的最短路径。

7.4.2 构建词梯图

第一个问题是如何用图来表示大的单词集合。如果两个单词的区别仅在于有一个不同的字母，就用一条边将它们相连。如果能创建这样一个图，那么其中的任意一条连接两个单词的路径就是词梯问题的一个解。图 7-5 展示了一个小型图，可用于解决从 fool 到 sage 的词梯问题。注意，它是无向图，并且边没有权重。

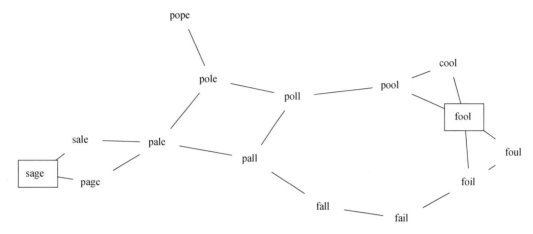

图 7-5　用于解决词梯问题的小型图

创建这个图有多种方式。假设有一个单词列表，其中每个单词的长度都相同。首先，为每个单词创建顶点。为了连接这些顶点，可以将每个单词与列表中的其他所有单词进行比较。如果两个单词只相差一个字母，就可以在图中创建一条边，将它们连接起来。对于只有少量单词的情况，这个算法还不错。但是，假设列表中有 5110 个单词，将一个单词与列表中的其他所有单词进行比较，时间复杂度为 $O(n^2)$。对于 5110 个单词来说，这意味着要进行 2600 多万次比较。

采用图 7-6 所示的方法，可以更高效地构建这个关系图。假设有许多桶，每一个桶上都标有一个长度为 4 的单词，但是某一个字母被下划线代替。当处理列表中的每一个单词时，将它与桶上的标签进行比较，并将下划线理解为通配符。每当单词与桶上的词匹配时，我们就将其放入桶中。因此，我们会将 pope 和 pops 放入同一个 pop_桶中。一旦将所有单词都放入对应的桶中之后，同一个桶中的单词一定是相连的。

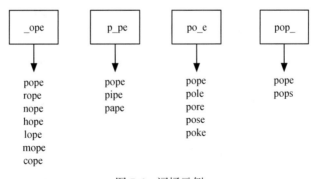

图 7-6　词桶示例

在 Python 中，可以通过字典来实现上述方法。字典的键就是桶上的标签，值就是对应的单词列表。一旦构建好字典，就能利用它来创建图。首先为每个单词创建顶点，然后在字典中对应

7

同一个键的单词之间创建边。代码清单 7-3 展示了构建图所需的 Python 代码。

代码清单 7-3 为词梯问题构建单词关系图

```
1   from pythonds3.graphs import Graph
2
3
4   def build_graph(filename):
5       buckets = {}
6       the_graph = Graph()
7       with open(filename, "r", encoding="utf8") as file_in:
8           all_words = file_in.readlines()
9       # 创建词桶
10      for line in all_words:
11          word = line.strip()
12          for i, _ in enumerate(word):
13              bucket = f"{word[:i]}_{word[i + 1 :]}"
14              bucksts.setdefault(bucket, set()).add(word)
15
16      # 连接同一个桶内的不同单词
17      for similar_words in buckets.values():
18          for word1 in similar_words:
19              for word2 in similar_words - {word1}:
20                  the_graph.add_edge(word1, word2)
21      return the_graph
```

这是我们在本节中遇到的第一个实际的图问题，你可能会好奇这个图的稀疏程度如何。本例中的 4 个字母单词列表包含 5110 个单词。如果使用邻接矩阵表示，就会有 26 112 100 个单元格（$5110 \times 5110 = 26\,112\,100$）。用 build_graph 函数创建的图一共有 53 286 条边。因此，只有 0.2% 的单元格被填充。这显然是一个非常稀疏的矩阵。

7.4.3 实现广度优先搜索

完成图的构建之后，我们就可以编写寻找词梯问题最短路径的图算法。我们使用的算法叫作**广度优先搜索**（breadth first search，BFS）。BFS 是最简单的图搜索算法之一，也是后续要介绍的其他重要图算法的原型。

给定图 G 和起点 s，BFS 通过边来访问在 G 中与 s 之间存在路径的顶点。BFS 的一个重要特性是，它会在访问完所有与 s 相距 k 的顶点之后再去访问与 s 相距 $k+1$ 的顶点。为了理解这种搜索行为，可以想象 BFS 以每次生成一层的方式构建一棵树。它会在访问完与起始节点所有相邻的子节点之后，再访问这些子节点的子节点。

为了记录进度，BFS 会将顶点标记成白色、灰色或黑色。在构建时，所有顶点都被初始化成白色。白色代表该顶点没有被访问过。当顶点第一次被访问时，它就会被标记为灰色；当 BFS 完成对该顶点的访问之后，它就会被标记为黑色。这意味着一旦顶点变为黑色，就没有白色顶点与之相连。灰色顶点仍然可能与一些白色顶点相连，这意味着还有额外的顶点可以访问。

代码清单 7-4 中的 BFS 使用前面实现的邻接表来表示图。它还使用 Queue 来决定后续要访问的顶点，我们会了解到其重要性。

代码清单 7-4　广度优先搜索

```
1    from pythonds.basic import Queue
2
3    def bfs(start):
4        start.distance = 0
5        start.previous = None
6        vert_queue = Queue()
7        vert_queue.enqueue(start)
8        while vert_queue.size() > 0:
9            current = vert_queue.dequeue()
10           for neighbor in current.get_neighbors():
11               if neighbor.color == "white":
12                   neighbor.color = "gray"
13                   neighbor.distance = current.distance + 1
14                   neighbor.previous = current
15                   vert_queue.enqueue(neighbor)
16           current.color = 'black'
```

除此以外，BFS 还使用了 Vertex 类的扩展版本。这个新的 Vertex 类新增了 3 个实例变量：distance、previous 和 color。每一个变量都有对应的 getter 方法和 setter 方法。扩展后的 Vertex 类包含在 pythonds3 包中。因为其中没有新的知识点，所以此处不展示这个类。

BFS 从起点 start 开始，将它标记为灰色，以表示正在访问它。另外两个变量，distance 和 previous，被分别初始化为 0 和 None。随后，start 被放入 Queue 中。下一步是系统化地访问位于队列头部的顶点。我们通过遍历邻接表来访问新的顶点。在访问每一个新顶点时，都会检查它的颜色。如果是白色，说明顶点没有被访问过，那么就执行以下 4 步。

(1) 将新的未访问顶点 neighbor 标记成灰色。

(2) 将 neighbor 的 previous 设置成当前顶点 current。

(3) 将 neighborbr 的 distance 设置成到 current 的 distance 加 1。

(4) 将 neighbor 添加到队列的尾部。这样做为之后访问该顶点做好了准备。但是，要等到 current 邻接表中的所有其他顶点都被访问之后才能访问该顶点。

来看看 bfs 函数如何构建对应于图 7-5 的广度优先搜索树。从顶点 fool 开始，将所有与之相连的顶点都添加到树中。相邻的顶点有 pool、foil、foul 以及 cool。它们都被添加到队列中，作为之后要访问的顶点。图 7-7 展示了正在构建中的树以及完成这一步之后的队列。

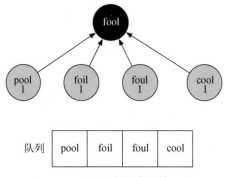

图 7-7　广度优先搜索的第 1 步

接下来，bfs 函数从队列头部移除下一个顶点（pool），并对它的邻接顶点重复之前的过程。但是，当检查 cool 的时候，bfs 函数发现它的颜色已经被标记为了灰色。这意味着从起点到 cool 有一条更短的路径，并且 cool 已经被添加到了队列中。在检查 pool 时，唯一被添加到队列的单词是 poll。图 7-8 展示了树和队列的新状态。

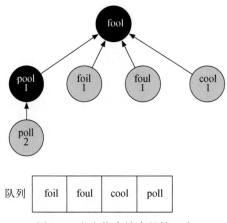

图 7-8　广度优先搜索的第 2 步

队列中的下一个顶点是 foil。唯一能添加的新顶点是 fail。当 bfs 函数继续处理队列时，后面的两个顶点都没有可供添加到队列和树中的新顶点。图 7-9a 展示了树和队列在扩展了第 2 层之后的状态。

读者应该继续研究 bfs 函数，直到理解其原理为止。图 7-9b 展示了访问完图 7-5 中所有顶点之后的广度优先搜索树。非常神奇的一点是，我们不仅解决了一开始提出的从 fool 转换成 sage 的问题，同时也解决了许多其他问题。可以从广度优先搜索树中的任意节点开始，跟随 previous 回溯到根节点，以此来找到任意单词到 fool 的最短词梯。代码清单 7-5 中的 traverse 函数展示了如何通过回溯 previous 链来打印整个词梯。

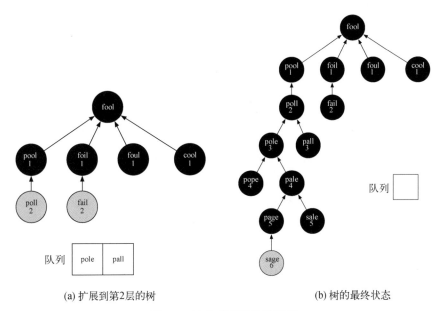

(a) 扩展到第2层的树　　　　　　　(b) 树的最终状态

图 7-9　构建广度优先搜索树

代码清单 7-5　回溯广度优先搜索树

```
1    def traverse(starting_vertex):
2        current = starting_vertex
3        while current:
4            print(current.key)
5            current = current.previous
6
7    traverse(g.get_vertex("sage"))
```

7.4.4　分析广度优先搜索

在学习其他图算法之前，我们先分析 BFS 的性能。在代码清单 7-4 中，第 8 行的 while 循环对于 $|V|$ 中的任一顶点最多只执行一次。这是因为只有白色顶点才能被访问并添加到队列中。这使得 while 循环的时间复杂度是 $O(|V|)$。至于嵌套在 while 循环中的 for 循环，它对每一条边都最多只会执行一次。原因是，每一个顶点最多只会出列一次，并且我们只有在顶点 u 出列时才会访问从 u 到 v 的边。这使得 for 循环的时间复杂度为 $O(|E|)$。因此，两个循环总的时间复杂度就是 $O(|V|+|E|)$。

进行广度优先搜索只是整个任务的一部分，从起点一直找到终点则是任务的另一部分。这部分的最坏情况是整个图是一条长链。在这种情况下，遍历所有顶点的时间复杂度是 $O(|V|)$。正常情况下，时间复杂度等于 $O(|V|)$ 乘以某个小数，但是我们仍然用 $O(|V|)$ 来表示。

最后，对于本节的问题来说，还需要时间构建初始图。我们将 `build_graph` 函数的时间复杂度分析留作练习。

7.5 深度优先搜索

7.5.1 骑士周游问题

另一个经典问题是骑士周游问题，我们用它来说明第 2 种常见的图算法。为了解决骑士周游问题，我们取一个国际象棋棋盘和一颗骑士棋子（马）。目标是找到一系列走法，使得骑士对棋盘上的每一格刚好都只访问一次。这样的一个移动序列被称为"周游路径"。千百年来，骑士周游问题吸引了众多棋手、数学家和计算机科学家。对于 8×8 的棋盘，周游数的上界是 1.305×10^{35}，但死路更多。很明显，解决这个问题需要聪明人或者强大的计算能力，抑或兼具二者。

尽管人们研究出很多种算法来解决骑士周游问题，但是图搜索算法是其中最好理解和最易编程的一种。我们再一次通过两步来解决这个问题：

❑ 用图表示骑士在棋盘上的合理走法；
❑ 使用图算法找到一条长度为 $rows \times columns - 1$ 的路径，满足图中的每一个顶点都只被访问一次的条件。

7.5.2 构建骑士周游图

为了用图表示骑士周游问题，我们将棋盘上的每一格表示为一个顶点，同时将骑士的每一次合理走法表示为一条边。图 7-10 展示了骑士的合理走法以及在图中对应的边。

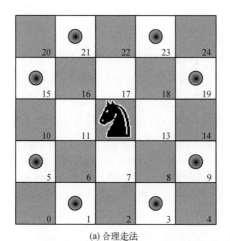

(a) 合理走法

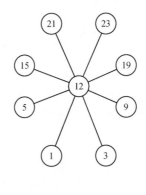

(b) 在图中对应的边

图 7-10　骑士的合理走法以及在图中对应的边

可以用代码清单 7-6 中的 Python 函数来构建 *n×n* 棋盘对应的完整图。knight_graph 函数将整个棋盘遍历了一遍。当它访问棋盘上的每一格时，都会调用辅助函数 gen_legal_moves 来创建一个列表，用于记录从这一格开始的所有合理走法。之后，所有的合理走法都被转换成图中的边。棋盘上的行列位置被转换成与图 7-10 中顶点编号相似的数字编号。

代码清单 7-6 knight_graph 函数

```
1   from pythonds3.graphs import Graph
2
3
4   def knight_graph(board_size):
5       kt_graph = Graph()
6       for row in range(board_size):
7           for col in range(board_size):
8               node_id = row * board_size + col
9               new_positions = gen_legal_moves(
10                  row, col, board_size
11              )
12              for row2, col2 in new_positions:
13                  other_node_id = row2 * board_size + col2
14                  kt_graph.add_edge(node_id, other_node_id)
15      return kt_graph
```

在代码清单 7-7 中，gen_legal_moves 函数接收骑士在棋盘上的位置，生成 8 种可能的走法，并确保这些走法使得骑士仍然在棋盘内部。

代码清单 7-7 gen_legal_moves 函数

```
1   def gen_legal_moves(x, y, board_size):
2       new_moves = []
3       move_offsets = [
4           (-1, -2),   # 左-下-下
5           (-1, 2),    # 左-上-上
6           (-2, -1),   # 左-左-下
7           (-2, 1),    # 左-左-上
8           (1, -2),    # 右-下-下
9           (1, 2),     # 右-上-上
10          (2, -1),    # 右-右-下
11          (2, 1),     # 右-右-上
12      ]
13      for r_off, c_off in move_offsets:
14          if (
15              0 <= row + r_off < board_size
16              and 0 <= col + c_off < board_size
17          ):
18              new_moves.append((row + r_off, col + c_off))
19      return new_moves
```

图 7-11 展示了在 8×8 的棋盘上所有可能的走法对应的完整图，其中一共有 336 条边。注意，

与棋盘中间的顶点相比，边缘顶点的连接更少。可以看到，这个图也是非常稀疏的。如果图是完全相连的，那么会有 4096 条边。由于本图只有 336 条边，因此邻接矩阵的填充率只有 8.2%。

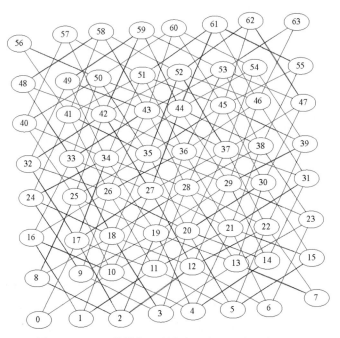

图 7-11　8×8 的棋盘上所有合理走法对应的完整图

7.5.3　实现骑士周游

用来解决骑士周游问题的搜索算法叫作**深度优先搜索**（depth first search，DFS）。与 BFS 每次构建一层不同，DFS 通过尽可能深地探索分支来构建搜索树。本节将探讨 DFS 的两种算法：第 1 种通过显式地禁止顶点被多次访问来直接解决骑士周游问题；第 2 种更通用，它在构建搜索树时允许其中的顶点被多次访问。本章稍后将利用第 2 种实现其他的图算法。

DFS 正是为找到由 64 个顶点（每个代表棋盘上的一格）和 63 条边构成的路径所需的算法。我们会看到，当 DFS 遇到死路时（无法找到下一个合理走法），它会回退到树中倒数第 2 深的顶点，以继续移动。

在代码清单 7-8 中，`knight_tour` 函数接收 4 个参数：`n` 是搜索树的当前深度；`path` 是到当前为止访问过的顶点列表；`u` 是希望在图中访问的顶点；`limit` 是路径上的顶点总数。`knight_tour` 函数是递归的。当被调用时，它首先检查基本情况。如果有一条包含 64 个顶点的路径，就从 `knight_tour` 返回 `True`，以表示找到了一次成功的周游。如果路径不够长，则通过选择一个新的访问顶点并对其递归调用 `knight_tour` 来进行更深一层的探索。

代码清单 7-8 knight_tour 函数

```
1    def knight_tour(n, path, u, limit):
2        u.color = 'gray'
3        path.append(u)
4        if n < limit:
5            neighbors = sorted(list(u.get_neighbors()))
6            i = 0
7            done = False
8            while i < len(neighbors) and not done:
9                if neighbors[i].color == 'white':
10                   done = knight_tour(
11                       n+1, path, nbrList[i], limit
12                   )
13               i = i + 1
14           if not done: # 准备回溯
15               path.pop()
16               u.color = 'white'
17       else:
18           done = True
19       return done
```

DFS 也使用颜色来记录已被访问的顶点。未访问的顶点是白色的，已被访问的则是灰色的。如果一个顶点的所有相邻顶点都已被访问过，但是路径长度仍然没有达到 64，就说明遇到了死路，必须回溯。当从 knight_tour 返回 False 时，就会发生回溯。在广度优先搜索中，我们使用了队列来记录将要访问的顶点。由于深度优先搜索是递归的，因此我们隐式地使用一个栈来回溯。当从 knight_tour 调用返回 False 时，仍然在 while 循环中，并且会查看 neighbors 中的下一个顶点。

我们通过一个例子（代码清单 7-8）来看看 knight_tour 的运行情况，可以参照图 7-12 来追踪搜索的变化。这个例子假设在代码清单 7-8 中第 5 行对 get_neighbors 方法的调用将顶点按照字母顺序排好。首先调用 knight_tour(0, path, A, 6)。

knight_tour 函数从顶点 A 开始访问，如图 7-12a 所示。与 A 相邻的顶点是 B 和 D。按照字母顺序，B 在 D 之前，因此 DFS 选择 B 作为下一个要访问的顶点，如图 7-12b 所示。对 B 的访问从递归调用 knight_tour 开始。B 与 C 和 D 相邻，因此 knight_tour 接下来会访问 C。但是，C 没有白色的相邻顶点（如图 7-12c 所示），因此是死路。此时，将 C 的颜色改回白色。knight_tour 的调用返回 False，也就是将搜索回溯到顶点 B，如图 7-12d 所示。接下来要访问的顶点是 D，因此 knight_tour 进行了一次递归调用来访问它，如图 7-12e 所示。从顶点 D 开始，knight_tour 可以继续进行递归调用，直到再一次访问顶点 C，如图 7-12f 至图 7-12h 所示。但是，这一次，检验条件 n < limit 失败了，因此我们知道遍历完了图中所有的顶点。此时返回 True，以表明对图进行了一次成功的遍历。当返回列表时，path 包含 [A, B, D, E, F, C]。其中的顺序就是每个顶点只访问一次所需的顺序。

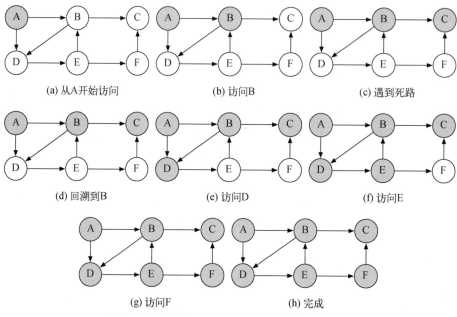

(a) 从A开始访问　　　　　　(b) 访问B　　　　　　　(c) 遇到死路

(d) 回溯到B　　　　　　　(e) 访问D　　　　　　　(f) 访问E

(g) 访问F　　　　　　　　　　(h) 完成

图 7-12　利用 `knight_tour` 函数找到路径

　　图 7-13 展示了在 8×8 的棋盘上周游的完整路径。存在多条周游路径，其中有一些是对称的。通过一些修改之后，可以实现循环周游，即起点和终点在同一个位置。

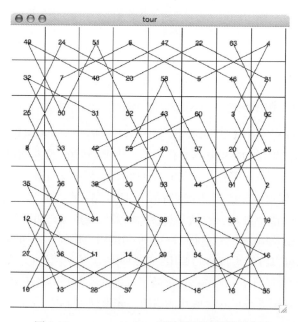

图 7-13　`knight_tour` 函数找到的周游路径

7.5.4 分析骑士周游

在学习深度优先搜索的通用版本之前，我们探索骑士周游问题中的最后一个有趣的话题：性能。具体地说，knight_tour 对用于选择下一个访问顶点的方法非常敏感。例如，利用速度正常的计算机，可以在 1.5 秒之内针对 5×5 的棋盘生成一条周游路径。但是，如果针对 8×8 的棋盘，会怎么样呢？可能需要等待半个小时才能得到结果！如此耗时的原因在于，目前实现的骑士周游问题算法是一种 $O(k^N)$ 的指数阶算法，其中 N 是棋盘上的格子数，k 是一个较小的常量。图 7-14 有助于理解搜索过程。树的根节点代表搜索过程的起点。从起点开始，算法生成并且检测骑士能走的每一步。如前所述，合理走法的数目取决于骑士在棋盘上的位置。若骑士位于四角，只有 2 种合理走法；若位于与四角相邻的格子中，则有 3 种合理走法；若在棋盘中央，则有 8 种合理走法。图 7-15 展示了棋盘上的每一格所对应的合理走法数目。在树的下一层，对于骑士当前位置来说，又有 2~8 种不同的合理走法。待检查位置的数目对应搜索树中的节点数目。

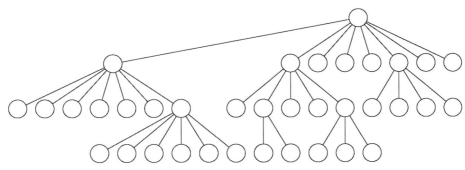

图 7-14 骑士周游问题的搜索树

2	3	4	4	4	4	3	2
3	4	6	6	6	6	4	3
4	6	8	8	8	8	6	4
4	6	8	8	8	8	6	4
4	6	8	8	8	8	6	4
4	6	8	8	8	8	6	4
3	4	6	6	6	6	4	3
2	3	4	4	4	4	3	2

图 7-15 每个格子对应的合理走法数目

我们已经看到，在高度为 N 的二叉树中，节点数为 $2^{N+1}-1$；至于子节点可能多达 8 个而非 2 个的树，其节点数会更多。由于每一个节点的分支数是可变的，因此可以使用平均分支因子来估计节点数。需要注意的是，这个算法是指数阶算法：$k^{N+1}-1$，其中 k 是棋盘的平均分支因子。我们看看它增长得有多快。对于 5×5 的棋盘，搜索树有 25 层（若把顶层记为第 0 层，则 $N=24$），平均分支因子 $k=3.8$。因此，搜索树中的节点数是 $3.8^{25}-1$ 或者 3.12×10^{14}。对于 6×6 的棋盘，$k=4.4$，搜索树有 1.5×10^{23} 个节点。对于 8×8 的棋盘，$k=5.25$，搜索树有 1.3×10^{46} 个节点。由于这个问题有很多个解，因此不需要访问搜索树中的每一个节点。但是，需要访问的节点的小数部分只是一个常量乘数，它并不能改变该问题的指数特性。我们把将 k 表达成棋盘大小的函数留作练习。

幸运的是，有办法针对 8×8 的棋盘在 1 秒内得到一条周游路径。代码清单 7-9 展示了加速搜索过程的代码。order_by_avail 函数用于替换代码清单 7-8 中第 5 行的 u.get_neighbors 调用。在 order_by_avail 函数中，第 10 行是最重要的一行，它保证接下来要访问的顶点有最少的合理走法。你可能认为这样做非常影响性能；为什么不选择合理走法最多的顶点呢？运行该程序，并在排序语句之后插入 res_list.reverse()，便可轻松找到原因。

代码清单 7-9　选择下一个要访问的顶点至关重要

```
1    def order_by_avail(n):
2        res_list = []
3        for v in n.get_neighbors():
4            if v.color == "white":
5                c = 0
6                for w in v.get_neighbors():
7                    if w.color == "white":
8                        c = c + 1
9                res_list.append((c, v))
10       res_list.sort(key=lambda x: x[0])
11       return [y[1] for y in res_list]
```

选择合理走法最多的顶点作为下一个访问顶点的问题在于，它会使骑士在周游的前期就访问位于棋盘中间的格子。当这种情况发生时，骑士很容易被困在棋盘的一边，而无法到达另一边的那些没访问过的格子。首先访问合理走法最少的顶点，则可使骑士优先访问棋盘边缘的格子。这样做保证了骑士能够尽早访问难以到达的角落，并且在需要的时候通过中间的格子跨越到棋盘的另一边。

我们称利用这类知识来加速算法为启发式技术。人类每天都在使用启发式技术做决定，启发式搜索也经常被用于人工智能领域。本例用到的启发式技术被称作 Warnsdorff 算法，以纪念在 1823 年提出该算法的数学家 H. C. von Warnsdorff。

7.5.5　通用深度优先搜索

骑士周游是深度优先搜索的一种特殊情况，它需要创建没有分支的最深深度优先搜索树。通用的深度优先搜索其实更简单，它的目标是尽可能深地搜索，尽可能多地连接图中的顶点，并且在需要的时候进行分支。

一次深度优先搜索甚至能够创建多棵深度优先搜索树，我们称之为**深度优先森林**。和广度优先搜索类似，深度优先搜索也利用前驱连接来构建树。此外，深度优先搜索还会使用 `Vertex` 类中的两个额外的实例变量：发现时间记录算法在第一次访问顶点时的步数，结束时间记录算法在顶点被标记为黑色时的步数。在学习之后会发现，顶点的发现时间和结束时间提供了一些有趣的特性，后续算法会用到这些特性。

深度优先搜索的实现如代码清单 7-10 所示。由于 `dfs` 函数和 `dfs_visit` 辅助函数使用一个变量来记录调用 `dfs_visit` 的时间，因此我们选择将代码作为 `Graph` 类的一个子类中的方法来实现。该实现继承 `Graph` 类，并且增加了 `time` 实例变量，以及 `dfs` 和 `dfs_visit` 两个方法。注意第 12 行，`dfs` 方法通过对白色顶点调用 `dfs_visit` 方法来遍历图中所有的顶点。之所以遍历所有的顶点，而不是简单地从一个指定的顶点开始搜索，是因为这样做能够确保深度优先森林中的所有顶点都在考虑范围内，而不会有顶点被遗漏。`for vertex in self` 这条语句可能看上去不太正确，但是此处的 `self` 是 `DFSGraph` 类的一个实例，遍历一个图实例中的所有顶点其实是一件非常自然的事情。

代码清单 7-10 实现通用深度优先搜索

```
1    from pythonds3.graphs import Graph
2
3    class DFSGraph(Graph):
4        def __init__(self):
5            super().__init__()
6            self.time = 0
7
8        def dfs(self):
9            for vertex in self:
10               vertex.color = "white"
11               vertex.previous = -1
12           for vertex in self:
13               if vertex.color == "white":
14                   self.dfs_visit(vertex)
15
16       def dfs_visit(self, start_vertex):
17           start_vertex.color = "gray"
18           self.time = self.time + 1
19           start_vertex.discovery_time = self.time
20           for next_vertex in start_vertex.get_neighbors():
21               if next_vertex.color == "white":
22                   next_vertex.previous = start_vertex
23                   self.dfs_visit(next_vertex)
24           start_vertex.color = "black"
25           self.time = self.time + 1
26           start_vertex.closing_time = self.time
```

7

尽管本例中的 bfs 实现只对回到起点的路径上的顶点感兴趣，但也可以创建一个表示图中所有顶点间的最短路径的广度优先森林。这个问题留作练习。在接下来的两个例子中，我们会看到为何记录深度优先森林十分重要。

从 start_vertex 开始，dfs_visit 方法尽可能深地探索所有相邻的白色顶点。如果仔细观察 dfs_visit 的代码并且将其与 bfs 比较，应该注意到二者几乎一样，除了内部 for 循环的最后一行，dfs_visit 通过递归地调用自己来继续进行下一层的搜索，bfs 则将顶点添加到队列中，以供后续搜索。有趣的是，bfs 使用队列，dfs_visit 则使用栈。我们没有在代码中看到栈，但是它其实隐式地存在于 dfs_visit 的递归调用中。

图 7-16 展示了在小型图上应用深度优先搜索算法的过程。图中，虚线表示被检查过的边，但是其一端的顶点已经被添加到深度优先搜索树中。在代码中，这是通过检查另一端的顶点为非白色来完成的。

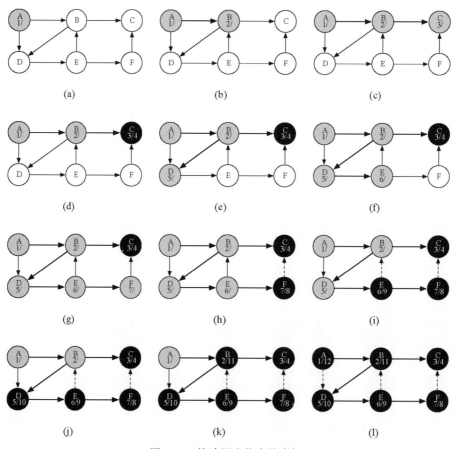

图 7-16　构建深度优先搜索树

搜索从图中的顶点 A 开始。由于所有顶点一开始都是白色的，因此算法会访问 A，如图 7-16a 所示。访问顶点的第一步是将其颜色设置为灰色，以表明正在访问该顶点，并将其发现时间设为 1。由于 A 有两个相邻顶点（B 和 D），因此它们都需要被访问。我们按照字母顺序来访问顶点。

接下来访问顶点 B（如图 7-16b 所示），将它的颜色设置为灰色，并把发现时间设置为 2。B 也与两个顶点（C 和 D）相邻，因此根据字母顺序访问 C。

访问 C 时（如图 7-16c 所示），搜索到达某个分支的终点。在将 C 标为灰色并且把发现时间设置为 3 之后，算法发现 C 没有相邻顶点。这意味着对 C 的探索完成，因此将它标为黑色，并将完成时间设置为 4。图 7-16d 展示了搜索至这一步时的状态。

由于 C 是一个分支的终点，因此需要返回到 B，并且继续探索其余的相邻顶点。唯一的待探索顶点就是 D（如图 7-16e 所示），它把搜索引到 E（如图 7-16f 所示）。E 有两个相邻顶点，即 B 和 F。正常情况下，应该按照字母顺序来访问这两个顶点，但是由于 B 已经被标记为灰色，因此算法自知不应该访问 B，因为如果这么做就会陷入死循环。因此，探索过程跳过 B，继续访问 F，如图 7-16g 所示。

F 只有 C 这一个相邻顶点，但是 C 已经被标记为黑色，因此没有后续顶点需要探索，也即到达另一个分支的终点。从此时起，算法一路回溯到起点，同时为各个顶点设置完成时间并将它们标记为黑色，如图 7-16h~图 7-16l 所示。

每个顶点的发现时间和结束时间都体现了**括号特性**，这意味着深度优先搜索树中的任一节点的子节点都有比该节点更晚的发现时间和更早的结束时间。图 7-17 展示了通过深度优先搜索算法构建的树。

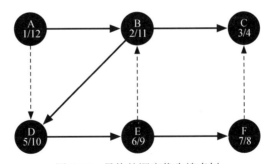

图 7-17　最终的深度优先搜索树

7.5.6　分析深度优先搜索

一般来说，深度优先搜索的运行时间如下。在代码清单 7-10 中，若不计 `dfs_visit` 的运行时间，`dfs` 中循环的运行时间为 $O(|V|)$，这是由于它们针对图中的每个顶点都只执行一次。由于

dfs_visit 只有在顶点是白色时被递归调用，因此循环最多会对图中的每一条边执行一次，也就是 $O(|E|)$。因此，深度优先搜索算法的时间复杂度是 $O(|V|+|E|)$。

7.6 拓扑排序

为了展示计算机科学家可以将几乎所有问题都转换成图问题，我们来考虑如何制作一批松饼。配方十分简单：一个鸡蛋、一杯松饼粉、一勺油，以及 3/4 杯牛奶。为了制作松饼，需要加热平底锅，并将所有原材料混合后倒入锅中。当出现气泡时，将松饼翻面，继续煎至底部变成金黄色。在享用松饼之前，还会加热一些枫糖浆。图 7-18 用图的形式展示了整个过程。

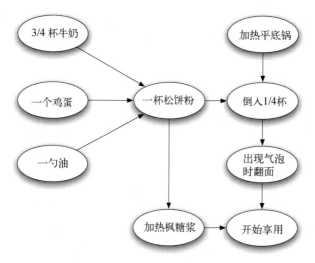

图 7-18 松饼的制作步骤

制作松饼的难点在于知道先做哪一步。从图 7-18 可知，可以先加热平底锅或者混合原材料。我们借助**拓扑排序**这种图算法来确定制作松饼的步骤。

拓扑排序根据有向无环图生成一个包含所有顶点的线性序列，使得如果图 G 中有一条边为 (v, w)，那么顶点 v 排在顶点 w 之前。在很多应用中，有向无环图被用于表明事件优先级。制作松饼只是其中一个例子，其他例子还包括软件项目调度、优化数据库查询的优先级表，以及矩阵相乘。

拓扑排序是对深度优先搜索的一种简单而强大的改进，其算法如下。

(1) 对图 g 调用 dfs(g)。之所以调用深度优先搜索函数，是因为要计算每一个顶点的结束时间。

(2) 基于结束时间，将顶点按照递减顺序存储在列表中。

(3) 将有序列表作为拓扑排序的结果返回。

图 7-19 展示了 dfs 根据如图 7-18 所示的松饼制作步骤构建的深度优先森林。

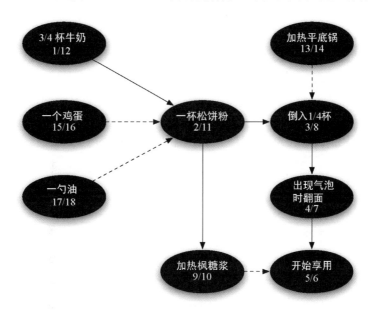

图 7-19 根据松饼制作步骤构建的深度优先森林

图 7-20 展示了拓扑排序结果。现在,我们明确地知道了制作松饼所需的步骤。

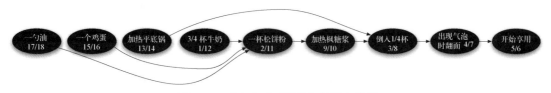

图 7-20 对有向无环图的拓扑排序结果

7.7 强连通分量

接下来将注意力转向规模庞大的图。我们将以互联网主机与各个网页构成的图为例,学习其他几种算法。首先讨论网页。

在互联网上,各种网页形成一个大型的有向图,谷歌和必应等搜索引擎正是利用了这一事实。要将互联网转换成一个图,我们将网页当作顶点,将超链接当作连接顶点的边。图 7-21 展示了以路德学院计算机系的主页作为起点的网页连接图的一小部分。由于这个图的规模庞大,因此我们限制网页与起点页之间的链接数不超过 10 个。

7

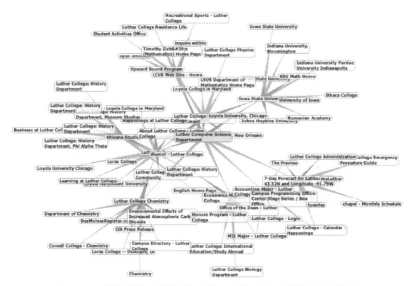

图 7-21   以路德学院计算机系的主页作为起点的网页连接图

仔细研究图 7-21，会有一些非常有趣的发现。首先，图中的很多网页来自路德学院的其他网站。其次，一些链接指向爱荷华州的其他学校。最后，一些链接指向其他文理学院。由此可以得出这样的结论：网络具有一种基础结构，使得在某种程度上相似的网页相互聚集。

通过一种叫作**强连通分量**的图算法，可以找出图中高度连通的顶点簇。对于图 G，强连通分量 C 为最大的顶点子集 $C \subset V$，其中对于每一对顶点 $v, w \in C$，都有一条从 v 到 w 的路径和一条从 w 到 v 的路径。图 7-22 展示了一个包含 3 个强连通分量的简单图。不同的强连通分量通过不同的阴影来表现。

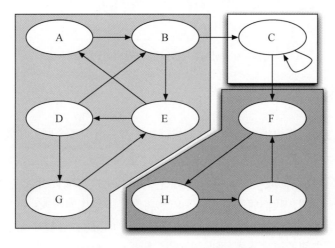

图 7-22   含有 3 个强连通分量的有向图

定义强连通分量之后，就可以把强连通分量中的所有顶点组合成单个顶点，从而将图简化。图 7-23 是图 7-22 的简化版。

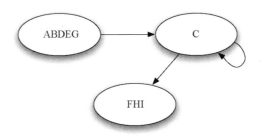

图 7-23 简化后的有向图

利用深度优先搜索，我们可以创建强大高效的算法。在学习强连通分量算法之前，还要再看一个定义。图 G 的转置图被定义为 G^T，其中所有的边都与图 G 的边反向。这意味着，如果在图 G 中有一条由 A 到 B 的边，那么在 G^T 中就会有一条由 B 到 A 的边。图 7-24 展示了一个简单图及其转置图。

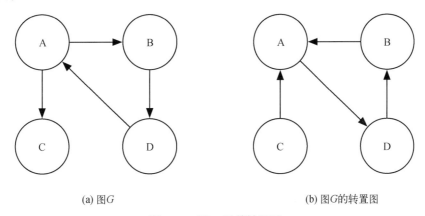

(a) 图 G (b) 图 G 的转置图

图 7-24 图 G 及其转置图

再次观察图 7-24。注意，图 7-24a 中有 2 个强连通分量，图 7-24b 中也是如此。

以下是计算强连通分量的算法。

(1) 对图 G 调用 dfs，以计算每一个顶点的结束时间。

(2) 计算图 G^T。

(3) 对图 G^T 调用 dfs，但是在主循环中，按照结束时间的递减顺序访问顶点。

(4) 第(3)步得到的深度优先森林中的每一棵树都是一个强连通分量。输出每一棵树中的顶点的 id。

以图 7-22 为例，我们来逐步分析。图 7-25a 展示了用深度优先搜索算法对原图计算得到的发现时间和结束时间，图 7-25b 展示了用深度优先搜索算法在转置图上得到的发现时间和结束时间。

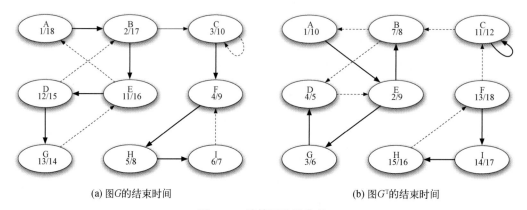

(a) 图 G 的结束时间　　　　　　　　　　　　　　　(b) 图 G^T 的结束时间

图 7-25　计算强连通分量

最后，图 7-26 展示了由强连通分量算法在第(3)步生成的森林，其中有 3 棵树。我们没有提供强连通分量算法的 Python 代码，而是将其作为编程练习。

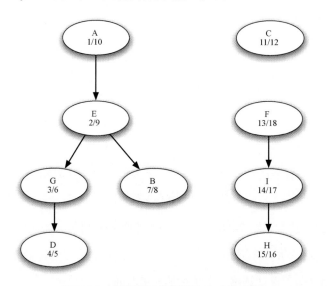

图 7-26　由强连通分量算法生成的森林

7.8　最短路径问题

当我们浏览网页、发送电子邮件，或者从校园的另一处登录实验室里的计算机时，为了将信息从一台计算机传送到另一台计算机，后台发生了很多事。深入地研究信息在多台计算机之间的传送过程，是计算机网络课程的主要内容。本节将适当地讨论互联网的运作机制，并以此介绍另一个非常重要的图算法。

图 7-27 从整体上展示了互联网的通信机制。当我们使用浏览器访问某一台服务器上的网页时，访问请求必须通过路由器从本地局域网传送到互联网上，并最终到达该服务器所在局域网对应的路由器。然后，被请求的网页通过相同的路径被传送回浏览器。在图 7-27 中，标有"互联网"的云图标中有众多额外的路由器，它们的工作就是协同将信息从一处传送到另一处。如果你的计算机支持 traceroute 命令，可以利用它看到许多路由器。下面是 traceroute 命令的执行结果：在路德学院的 Web 服务器和明尼苏达大学的邮件服务器之间有 13 个路由器。

```
 1  192.203.196.1
 2  hilda.luther.edu (216.159.75.1)
 3  ICN-Luther-Ether.icn.state.ia.us (207.165.237.137)
 4  ICN-ISP-1.icn.state.ia.us (209.56.255.1)
 5  p3-0.hsa1.chi1.bbnplanet.net (4.24.202.13)
 6  ae-1-54.bbr2.Chicago1.Level3.net (4.68.101.97)
 7  so-3-0-0.mpls2.Minneapolis1.Level3.net (64.159.4.214)
 8  ge-3-0.hsa2.Minneapolis1.Level3.net (4.68.112.18)
 9  p1-0.minnesota.bbnplanet.net (4.24.226.74)
10  TelecomB-BR-01-V4002.ggnet.umn.edu (192.42.152.37)
11  TelecomB-BN-01-Vlan-3000.ggnet.umn.edu (128.101.58.1)
12  TelecomB-CN-01-Vlan-710.ggnet.umn.edu (128.101.80.158)
13  baldrick.cs.umn.edu (128.101.80.129)(N!)  88.631 ms (N!)
```

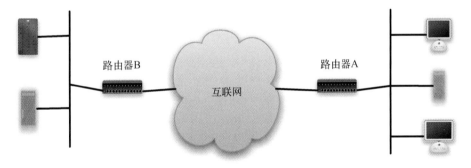

图 7-27　互联网通信概览

互联网上的每一个路由器都与一个或多个其他的路由器相连。如果在不同的时间执行 traceroute 命令，极有可能看到信息在不同的路由器间流动。这是由于一对路由器之间的连接存在一定的代价，代价大小取决于流量、时间段以及众多其他因素。至此，你应该能够理解为何可以用带权重的图来表示路由器网络。

图 7-28 展示了一个小型路由器网络对应的带权图。我们要解决的问题是为给定信息找到权重最小的路径。这个问题并不陌生，因为它和我们之前用广度优先搜索解决过的问题十分相似，只不过现在考虑的是路径的总权重，而不是路径的长度。需要注意的是，如果所有的权重都相等，

那么这两个问题就没有区别。

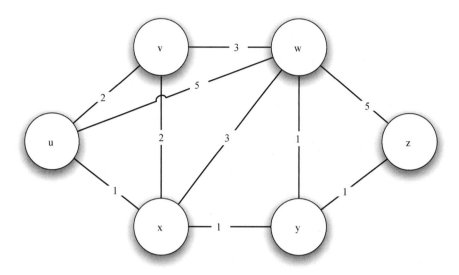

图 7-28   小型路由器网络对应的带权图

7.8.1   Dijkstra 算法

Dijkstra 算法可用于确定最短路径，它是一种迭代算法，可以提供从一个顶点到其他所有顶点的最短路径。这与广度优先搜索非常像。

为了记录从起点到各个终点的总代价，要利用 Vertex 类中的实例变量 distance。该实例变量记录从起点到当前顶点的最小权重路径的总权重。Dijkstra 算法针对图中的每个顶点都循环一次，但循环顺序是由一个优先级队列控制的。用来决定顺序的正是 distance。在创建顶点时，将 distance 设为一个非常大的值。理论上可以将 distance 设为无穷大，但是实际一般将其设为一个大于所有可能出现的实际距离的值。

Dijkstra 算法的实现如代码清单 7-11 所示。当程序运行结束时，distance 和 previous 都会被设置成正确的值。

代码清单 7-11   Dijkstra 算法的 Python 实现

```
1    from pythonds3.graphs import PriorityQueue
2
3
4    def dijkstra(graph, start):
5        pq = PriorityQueue()
6        start.distance = 0
7        pq.heapify([(v.distance, v) for v in graph])
8        while pq:
```

```
9              distance, current_v = pq.delete()
10             for next_v in current_v.get_neighbors():
11                 new_distance = (
12                     current_v.distance
13                     + current_v.get_neighbor(next_v)
14                 )
15                 if new_distance < next_v.distance:
16                     next_v.distance = new_distance
17                     next_v.previous = current_v
18                     pq.change_priority((next_v, new_distance)
```

Dijkstra 算法使用了优先级队列。你应该记得，第 6 章讲过如何用堆实现优先级队列。不过，第 6 章中的简单实现和用于 Dijkstra 算法的实现有几个不同点。首先，PriorityQueue 类存储了优先级–键对的二元组。这一点非常重要，因为 Dijkstra 算法要求优先级队列中的键与图中顶点的键相匹配。其次，二元组中的优先级被用来确定键在优先级队列中的位置。在 Dijkstra 算法的实现中，我们使用了到顶点的距离作为优先级，这是因为我们总希望访问距离最小的顶点。另一个不同点是增加了 change_priority 方法（第 18 行）。当到一个顶点的距离减少并且该顶点已在优先级队列中时，就调用这个方法，从而将该顶点移向优先级队列的头部。

我们对照图 7-29 来理解如何针对每一个顶点应用 Dijkstra 算法。从顶点 u 开始，与 u 相邻的 3 个顶点分别是 v、w 和 x。由于到 v、w 和 x 的初始距离都是 sys.maxsize，因此从起点到它们的代价就是它们之间的直接代价。更新这 3 个顶点的代价，同时将它们的前驱顶点设置成 u，并将它们添加到优先级队列中。我们使用距离作为优先级队列的键。此时，算法运行的状态如图 7-29a 所示。

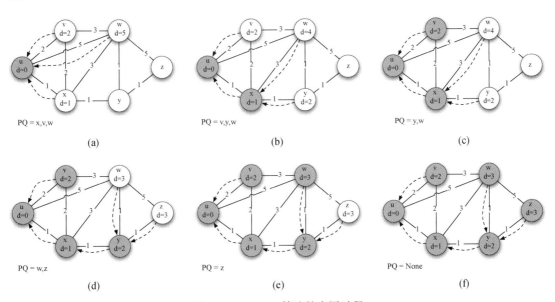

图 7-29　Dijkstra 算法的应用过程

下一次 `while` 循环检查与 x 相邻的顶点。之所以 x 是第 2 个被访问的顶点，是因为它到起点的代价最小，因此排在了优先级队列的头部。与 x 相邻的有 u、v、w 和 y。对于每一个相邻顶点，检查经由 x 到它的距离是否比已知的距离更短。显然，对于 y 来说确实如此，因为它的初始距离是 `sys.maxsize`；对于 u 和 v 来说则不然，因为它们的距离分别为 0 和 2。但是，我们发现经过 x 到 w 的距离比直接从 u 到 w 的距离要短。因此，将到达 w 的距离更新为更短的值，并且将 w 的前驱顶点从 u 改为 x。图 7-29b 展示了此时的状态。

下一步检查与 v 相邻的顶点，如图 7-29c 所示。这一步没有对图做任何改动，因此我们继续检查顶点 y。此时（如图 7-29d 所示），我们发现经由 y 到达 w 和 z 的距离都更短，因此相应地调整它们的距离及前驱顶点。最后检查 w 和 z（如图 7-29e 和图 7-29f 所示），发现不需要做任何改动。由于优先级队列为空，因此退出。

非常重要的一点是，Dijkstra 算法只适用于边的权重均为正的情况。如果图 7-28 中有一条边的权重为负，那么 Dijkstra 算法会陷入死循环。

除了 Dijkstra 算法，还有其他一些算法被用于寻找最短路径。Dijkstra 算法的问题是需要有完整的图，这意味着每一个路由器都要知道整个互联网的路由器连接情况，而事实并非如此。Dijkstra 算法的一些变体允许每个路由器在运行时才发现图，例如"距离向量"路由算法。

7.8.2 分析 Dijkstra 算法

最后，我们来分析 Dijkstra 算法的时间复杂度。开始时，要将图中的每一个顶点都添加到优先级队列中，这个操作的时间复杂度是 $O(|V|)$。优先级队列构建完成之后，`while` 循环针对每一个顶点都执行一次，这是由于一开始所有顶点都被添加到优先级队列中，并且只在循环时才被移除。在循环内部，每次对 `delete` 的调用都是 $O(\log|V|)$。综合起来考虑，循环和 `delete` 调用的总时间复杂度是 $O(|V|\log|V|)$。`for` 循环对图中的每一条边都执行一次，并且循环内部的 `change_priority` 调用为 $O(|E|\log|V|)$。因此，总的时间复杂度为 $O((|V|+|E|)\log|V|)$。

7.8.3 Prim 算法

在学习最后一个图算法之前，先考虑网络游戏设计师和互联网广播服务提供商面临的问题。他们希望高效地把信息传递给所有人。这在网络游戏中非常重要，因为所有玩家都可以据此知道其他玩家的最近位置。互联网广播也需要做到这一点，以让所有听众都接收到所需数据。图 7-30 展示了上述广播问题。

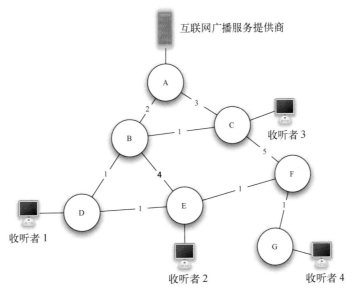

图 7-30 广播问题

为了更好地理解上述问题，我们先来看看如何通过蛮力法求解。你稍后会看到，本节提出的解决方案为何优于蛮力法。假设互联网广播服务提供商要向所有收听者播放一条消息，最简单的方法是保存一份包含所有收听者的列表，然后向每一个收听者单独发送消息。以图 7-30 为例，若采用上述解法，则每一条消息都需要有 4 份副本。假设使用代价最小的路径，我们来看看每一个路由器需要处理多少次相同的消息。

从广播服务提供商发出的所有消息都会经过路由器 A，因此 A 能够看到每一条消息的所有副本。路由器 C 只能看到一份副本，而由于路由器 B 和 D 在收听者 1、2、4 的最短路径上，因此它们能够看到每一条消息的 3 份副本。考虑到广播服务提供商每秒会发送数百条消息，这样做会导致流量剧增。

一种蛮力法是广播服务提供商针对每条消息只发送一份副本，然后由路由器来正确地发送。最简单的方法就是**无控制泛滥法**，策略如下：每一条消息都设有存活时间 TTL，它大于或等于广播服务提供商和最远的收听者之间的距离；每一个路由器都接收到消息的一份副本，并且将消息发送给所有的相邻路由器。在消息被发送时，它的 TTL 递减，直到变为 0。不难发现，无控制泛滥法产生的不必要消息比第一种方法更多。

解决广播问题的关键在于构建一棵权重最小的**生成树**。我们对最小生成树的正式定义如下：对于图 $G = (V, E)$，最小生成树 T 是 E 的无环子集，连接 V 中的所有顶点，并且 T 中边集合的权重之和为最小。

　　图 7-31 展示了简化的广播图，并且突出显示了形成最小生成树的所有边。为了解决广播问题，广播服务提供商只需向网络中发送一条消息副本。每一个路由器向属于生成树的相邻路由器转发消息，其中不包括刚刚向它发送消息的路由器。在图 7-31 的例子中，A 把消息转发给 B，B 把消息转发给 C 和 D，D 转发给 E，E 转发给 F，F 转发给 G。每一个路由器都只看到任意消息的一份副本，并且所有的收听者都接收到了消息。

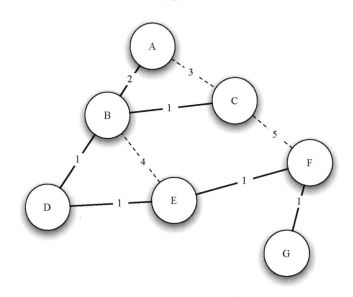

图 7-31　广播图中的最小生成树

　　上述思路对应的算法叫作 Prim 算法。由于每一步都选择代价最小的下一步，因此 Prim 算法属于一种"贪婪算法"。在这个问题中，代价最小的下一步是选择权重最小的边。

　　要实现 Prim 算法，先来看看构建生成树的基本思想，如下所示。

　　当 T 还不是生成树时：

　　(1) 找到一条可以安全添加到树中的边；

　　(2) 将新的边添加到 T 中。

　　难点在于，如何找到"可以安全添加到树中的边"。我们这样定义安全的边：它的一端是生成树中的顶点，另一端是还不在生成树中的顶点。这保证了构建的树不会出现循环。

　　Prim 算法的 Python 实现如代码清单 7-12 所示。与 Dijkstra 算法类似，Prim 算法也使用了优先级队列来选择下一个添加到图中的顶点。

代码清单 7-12 Prim 算法的 Python 实现

```python
1   import sys
2   from pythonds3.graphs import PriorityQueue
3
4   def prim(graph, start):
5       pq = PriorityQueue()
6       for vertex in graph:
7           vertex.distance = sys.maxsize
8           vertex.previous = None
9       start.distance = 0
10      pq.heapify(
11          [(vertex.distance, vertex) for vertex in graph]
12      )
13      while not pq.is_empty():
14          distance, current_v = pq.delete()
15          for next_v in current_v.get_neighbors():
16              new_distance = current_v.get_neighbor(next_v)
17              if (
18                  next_v in pq
19                  and new_distance < next_v.distance
20              ):
21                  next_v.previous = current_v
22                  next_v.distance = new_distance
23                  pq.change_priority(next_v, new_distance)
```

图 7-32 展示了将 Prim 算法应用于示例生成树的过程。以顶点 A 作为起点（如图 7-32a 所示），将 A 到其他所有顶点的距离都初始化为无穷大。检查 A 的相邻顶点后，可以更新从 A 到 B 和 C 的距离，因为实际的距离小于无穷大。更新距离之后，B 和 C 被移到优先级队列的头部，并且它们的前驱顶点被设置为 A。注意，我们还没有把 B 和 C 添加到生成树中。只有在从优先级队列中移除时，顶点才会被添加到生成树中。

由于到 B 的距离最短，因此接下来检查 B 的相邻顶点（如图 7-32b 所示）。检查后发现，可以更新 D 和 E。接下来处理优先级队列中的下一个顶点 C（如图 7-32c 所示）。与 C 相邻的唯一还在优先级队列中的顶点是 F，因此更新到 F 的距离，并且调整 F 在优先级队列中的位置。

现在检查与 D 相邻的顶点（如图 7-32d 所示），发现可以将到 E 的距离从 6 减少为 4。修改距离的同时，把 E 的前驱顶点改为 D，以此准备将 E 添加到生成树中的另一个位置。Prim 算法正是通过这样的方式将每一个顶点都添加到生成树中。

7

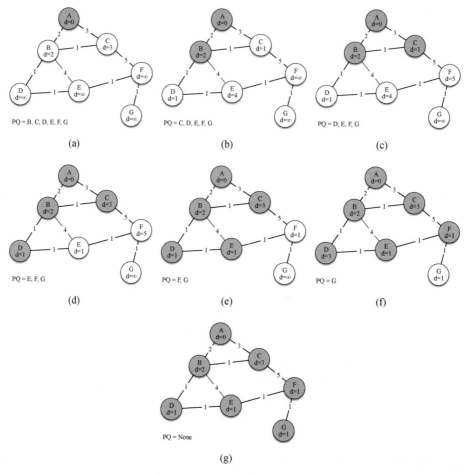

图 7-32   Prim 算法的应用过程

7.9   小结

本章介绍了图的抽象数据类型，以及一些实现方式。如果能将一个问题用图表示出来，那么就可以利用图算法加以解决。图对于解决下列问题非常有用。

- ❑ 利用广度优先搜索找到无权重的最短路径。
- ❑ 利用 Dijkstra 算法求解带权重的最短路径。
- ❑ 利用深度优先搜索探索图。
- ❑ 利用强连通分量来简化图。
- ❑ 利用拓扑排序为任务排序。
- ❑ 利用最小生成树广播消息。

7.10 关键术语

边	代价	顶点	环
广度优先搜索（BFS）	广度优先森林	括号特性	邻接表
邻接矩阵	路径	强连通分量	权重
深度优先森林	深度优先搜索（DFS）	生成树	图 拓扑排序
无环图	无控制泛滥法	相邻	有环图
有向图	有向无环图（DAG）	最短路径	

7.11 练习

1. 画出以下邻接矩阵对应的图。

	A	B	C	D	E	F
A		7	5			1
B	2			7	3	
C		2				8
D	1				2	4
E	6			5		
F		1			8	

2. 画出符合以下条件的图。

起点	终点	代价
1	2	10
1	3	15
1	6	5
2	3	7
3	4	7
3	6	10
4	5	7
6	4	5
5	6	13

7

3. 忽略权重，针对练习题 1 或者 2 中的图进行广度优先搜索。

4. build_graph 函数的时间复杂度是多少？

5. 推导出拓扑排序算法的时间复杂度。

6. 推导出强连通分量算法的时间复杂度。

7. 将 Dijkstra 算法应用于练习题 1 或者 2 中的图，展示每一步。

8. 利用 Prim 算法为练习题 1 或者 2 中的图找到最小生成树。

9. 画出发送电子邮件所需步骤的依赖图，并应用拓扑排序算法。

10. 在骑士周游问题中，利用棋盘大小 n 来表达分支因子 k。

11. 推导出骑士周游问题算法的时间复杂度中底数的表达式。

12. 解释通用深度优先搜索不适用于骑士周游问题的原因。

13. 推导出 Prim 算法的时间复杂度。

14. 修改深度优先搜索函数，以进行拓扑排序。

15. 修改深度优先搜索函数，以计算强连通分量。

16. 为 Graph 类编写 transpose 方法。

17. 使用广度优先搜索实现一个算法，用以计算从每一个顶点到其余所有顶点的最短路径。这被称为所有对最短路径。

18. 使用广度优先搜索修改第 4 章中的迷宫程序，从而找到走出迷宫的最短路径。

19. 写一个程序来解决这样一个问题：有 2 个坛子，其中一个的容量是 4 加仑，另一个的是 3 加仑。坛子上都没有刻度线。可以用水泵将它们装满水。如何使 4 加仑的坛子最后装有 2 加仑的水？

20. 扩展上面问题的程序，将坛子的容量和较大的坛子中最后的水量作为参数。

21. 写一个程序来解决这样一个问题：3 只羚羊和 3 只狮子准备乘船过河，河边有一艘能容纳 2 只动物的小船。但是，如果两侧河岸上的狮子数量大于羚羊数量，羚羊就会被吃掉。找到运送办法，使得所有动物都能安全渡河。

第 8 章

进阶算法

8.1 本章目标

- ❑ 进一步探索和扩展前文介绍的思想。
- ❑ 实现链表。
- ❑ 理解 RSA 公钥加密算法，该算法用到一些递归数学函数。
- ❑ 理解跳表，它是字典的另一种实现形式。
- ❑ 理解八叉树及其在图像处理中的应用。
- ❑ 从图的角度理解字符串匹配问题。

8.2 复习 Python 列表

第 2 章介绍了 Python 列表的一些大 O 性能限制。不过，我们还不了解 Python 是如何实现列表数据类型的。在第 3 章中，你学习了如何用"节点与引用"模式实现链表。但"节点与引用"的实现在性能上仍然不及 Python 列表。本节将探讨 Python 列表的实现原则。记住，Python 列表其实是用 C 语言实现的，本节旨在用 Python 阐释关键思路，而不是取代 C 语言的实现。

实现 Python 列表的关键在于使用**数组**，这种数据类型在 C、C++、Java 及其他许多编程语言中都很常见。数组很简单，它只能存储同一类型的数据。比如，我们可以定义一个整数数组，也可以定义一个浮点数数组，但不能将整数和浮点数混在一个数组中。数组只支持两种操作：索引和对某个位置赋值。

理解数组的最佳方式是将它看作内存中连续的字节块。可以切分这个字节块，每一小块占 n 字节，n 由数组元素的数据类型决定。图 8-1 展示了存储 6 个浮点数的数组。

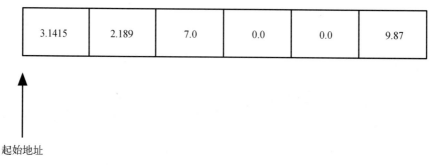

图 8-1　浮点数数组

在 Python 中，每个浮点数占 24 字节（8 字节的引用计数、8 字节的类型对象指针以及 8 字节的数据）。因此，图 8-1 中的数组共占 104 字节（56 字节的数组对象以及 6 个各占 8 字节的引用）。起始地址是指数组在内存中的起始地址。你一定见过 Python 对象的内存地址，比如 `<__main__.Foo object at 0x5eca30>`说明对象 Foo 存储于内存地址 0x5eca30。地址很重要，因为数组的索引运算是通过以下这个非常简单的算式实现的：

$$元素地址 = 起始地址 + 元素下标 \times 引用大小$$

假设浮点数数组的起始地址是 0x000040，对应的十进制数是 64。要计算数组中位置 4 的元素的地址，只需计算：$64 + 4 \times 8 = 96$。显然，这种计算的时间复杂度是 $O(1)$，但是存在一些风险。首先，数组大小是固定的，不能在数组末尾无限制地附加元素。其次，包括 C 在内的一些语言不检查数组的边界，所以即使数组只有 6 个元素，使用下标 7 赋值也不会导致运行时错误。可见，这会带来难以追踪的问题。在 Linux 操作系统中，数组访问越界会得到一条信息量并不充分的报错消息："存储器区块错误。"

Python 使用数组实现链表的策略大致如下：

❏ 使用数组存储指向其他对象的引用（在 C 语言中称为指针）；
❏ 采用**过度分配**策略，给数组分配比所需的更大的空间；
❏ 数组被填满后，分配一个更大的数组，将旧数组的内容复制到新数组中。

这个策略的效率很高。在动手实现或证明之前，先看看它的时间复杂度：

❏ 索引运算都是 $O(1)$；
❏ 追加操作在平均情况下是 $O(1)$，在最坏情况下是 $O(n)$；
❏ 从列表尾弹出元素是 $O(1)$；
❏ 从列表中删除元素是 $O(n)$；
❏ 将元素插入任意位置是 $O(n)$。

我们通过一个简单的例子来理解上述策略。首先只实现构造方法、`__resize` 方法和 `append`

方法。类名为 ArrayList。构造方法要初始化两个实例变量：max_size 记录当前数组的大小，last_index 记录当前列表的末尾。由于 Python 没有数组数据类型，因此我们将使用列表来模拟数组。代码清单 8-1 列出了这 3 个方法。注意，构造方法先初始化上述两个实例变量，然后创建一个不包含元素的数组 my_array。此外，构造方法还会创建一个名为 size_exponent 的实例变量。稍后将学习这个变量的用法。

代码清单 8-1 使用数组实现列表的简单示例

```
1   class ArrayList:
2       def __init__(self):
3           self.size_exponent = 0
4           self.max_size = 0
5           self.last_index = 0
6           self.my_array = []
7
8       def append(self, val):
9           if self.last_index > self.max_size -1:
10              self.__resize()
11          self.my_array[self.last_index] = val
12          self.last_index += 1
13
14      def __resize(self):
15          new_size = 2 ** self.size_exponent
16          print ("new_size = ", new_size)
17          New_array = [0] * new_size
18          for i in range(self.max_size):
19              new_array[i] = self.my_array[i]
20
21          self.max_size = new_size
22          self.my_array = new_array
23          self.size_exponent += 1
```

接下来我们将实现 append 方法。append 方法做的第一件事就是检测 last_index 是否超出了数组允许的下标范围（第 9 行）。如果超出，就调用__resize。注意，我们使用约定俗成的双下划线，以确保 resize 是私有方法。数组扩容后，新值被加到列表的 last_index 处，last_index 则加 1。

__resize 方法通过 $2^{size\_exponent}$ 计算出新的数组大小。扩容数组有很多种方法，有些每次将数组扩大一倍，有些乘以 1.5，有些则使用 2 的幂。Python 采用的方法是乘以 1.125 加一个常数。Python 的开发人员之所以设计这样的策略，是为了在各种 CPU 和内存的速度间取得平衡。根据这个策略，数组大小是这样的序列：0, 4, 8, 16, 24, 32, 40, 52, 64, 76, …每次扩容都会浪费一些空间，但便于分析。分配新数组后，要将旧列表中的值复制到新数组中，第 18 行开始的循环做的正是这项工作。最后，必须更新 max_size 和 last_index，增加 size_exponent，并将 new_array 保存为 self.my_array。在 C 语言中，self.my_array 对旧内存块的引用要显式地返回给系统，以供回收利用。但是，Python 中不被引用的对象会自动被垃圾回收算法清理。

8

继续学习之前,先分析为什么 append 在平均情况下的时间复杂度是 $O(1)$。在大部分情况下,追加元素 c_i 的时间代价是 1。只有在 last_index 是 2 的幂时,代价才会变得更高,即 $O(last\_index)$。可以将插入第 i 个元素的代价总结如下:

$$c_i = \begin{cases} i \ (i\text{是 2 的幂}) \\ 1 \ (\text{其他情况}) \end{cases}$$

由于复制 last_index 个元素的情况相对较少,因此可以将它的代价均分——也叫作**均摊**——到所有追加操作上。这样一来,追加操作的平均时间复杂度就变为 $O(1)$。举个例子,考虑已经加了 4 个元素的情况。对于大小为 4 的数组,此前的每次追加操作都只需向数组中存储一个元素即可。在追加第 5 个元素时,Python 分配一个大小为 8 的新数组,并将原来的 4 个元素复制过来。不过,现在多出一些空间,可供进行 4 次低代价的追加操作。用数学公式表示如下:

$$\begin{aligned} \text{总代价} &= n + \sum_{j=0}^{\log_2 n} 2^j \\ &= n + 2n \\ &= 3n \end{aligned}$$

以上等式中的累加可能不容易理解,我们来仔细研究。此处的累加是从 0 加到 $\log_2 n$。上界告诉我们需要给数组扩容多少次。2^j 表明数组扩容时要复制多少次。既然追加 n 个元素的总代价是 $3n$,那么平均到每个元素就是 $3n/n = 3$。这是一个常数,所以我们说时间复杂度是 $O(1)$。这种分析被称为**均摊分析**,它在分析高级算法时很有用。

下面讨论索引操作。代码清单 8-2 给出了索引和赋值的 Python 实现。前面讨论过,要找到数组中第 i 个元素的内存地址,只需使用一个时间复杂度为 $O(1)$ 的算式。即使是 C 语言,也将这个算式隐藏在一个漂亮的数组索引运算符背后。在这一点上,C 和 Python 十分相似。实际上,Python 在这样的运算中很难获取对象实际的内存地址,所以我们使用列表内置的索引运算符。如果你对此有疑惑,可以查看 Python 源代码中的 listobject.c 文件。

代码清单 8-2　索引操作

```
1   def __getitem__(self, idx):
2       if idx < self.last_index:
3           return self.my_array[idx]
4       raise LookupError("index out of bounds")
5
6   def __setitem__(self, idx, val):
7       if idx < self.last_index:
8           self.my_array[idx] = val
9       raise LookupError("index out of bounds")
```

最后来看看代价更高的插入操作。往 ArrayList 中插入元素时，需要先将从插入点起的所有元素往前挪一位，从而为待插元素腾出空间。图 8-2 展示了这个过程。

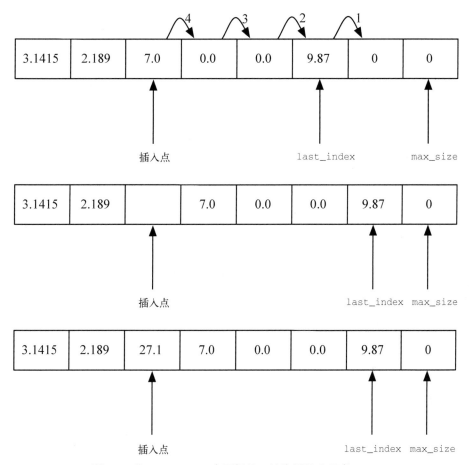

图 8-2 往 ArrayList 中下标为 2 的位置插入元素 27.1

正确实现 insert 的关键是，在移动数组中的元素时，不能覆盖任何重要数据。要做到这一点，应该从列表末尾开始复制数据。代码清单 8-3 给出了 insert 方法的实现。注意第 4 行如何设置范围，以确保先将已有的数据复制到未使用的空间，然后才复制后续的值并覆盖已移走的值。如果 for 循环从插入点开始，将值往下一个位置复制，那么下一个位置上的值就被永久覆盖而丢失了。

代码清单 8-3 ArrayList 类的 insert 方法

```
1  def insert(self, idx, val):
2      if self.last_index > self.max_size - 1:
3          self.__resize()
```

```
4        for i in range(self.last_index, idx - 1, -1):
5            self.my_array[i + 1] = self.my_array[i]
6        self.last_index += 1
7        self.my_array[idx] = val
```

插入操作的时间复杂度是 $O(n)$ ，因为在最坏情况下，即在位置 0 处插入元素，需要将所有元素都挪一位。平均来说只需要挪动一半元素，但时间复杂度仍然是 $O(n)$ 。请回到第 3 章，复习如何使用"节点与引用"模式实现列表操作。实现没有对错之分，只不过不同的实现有着不同的性能，对于具体的应用来说可能更好或者更坏。具体来说，是在表头加入元素，还是在表尾？是从列表中删除元素，还是只往列表中添加元素？

对于 ArrayList，还有一些有趣的操作没有实现，包括 pop、del、index 以及让 ArrayList 支持迭代。对这些操作的实现留作练习。

8.3   复习递归

数值计算最常见的一个应用领域是密码学。每次查看银行账户，或者登录在线购物网站或计算机时，你都在应用密码学。一般来说，**密码学**研究的是如何加密和解密敏感信息。本节将介绍在密码学编程中常用的一些函数。在实践中每一个函数都可能存在更高效的实现方法，但它们都能用递归实现。

本节会用到 Python 的取余运算符（%）。你也许记得，a % b 是 a 除以 b 后剩余的部分，比如 10 % 7 = 3。任何对 10 取余的数学表达式，其结果都只能在 0~9 中。

最早的一种加密方法使用了简单的取余运算。以字符串 uryybjbeyq 为例，你能猜出原文是什么吗？代码清单 8-4 给出了生成密文的代码。试试能否根据代码推导出原文。

代码清单 8-4   简单的取余加密函数

```
1    def encrypt(m):
2        s = "abcdefghijklmnopqrstuvwxyz"
3        n = ""
4        for i in m:
5            j = (s.find(i) + 13) % 26
6            n = n + s[j]
7        return n
```

encrypt 函数展示了一种被称为"凯撒密码"的加密形式。它还有一个描述性更强的名字，叫 rot13。encrypt 对原文中的每个字母在字母表中移动 13 个位置，如果超出字母表，就回到开头。这个函数可以轻松地由取余运算符实现。另外，字母表有 26 个字母，所以这个函数是对称的。对称性是指可以用同一个函数进行加密和解密。如果向 encrypt 函数传入字符串 uryybjbeyq，得到的就是 helloworld。

除了 13 以外，其他数字也可以，但加密和解密就不对称了。如果不对称，就需要编写解密函数 decrypt。可以让 encrypt 函数和 decrypt 函数都将轮换数作为参数。在密码学术语中，轮换参数称为"密钥"，即移动多少位。给定消息和密钥，加密算法和解密算法就能工作了。代码清单 8-5 给出了以轮换数作为参数的解密函数。作为练习，你可以尝试修改代码清单 8-4 中的加密函数，使它将密钥作为参数。

代码清单 8-5　使用密钥解密

```
1    def decrypt(m, k):
2        s = "abcdefghijklmnopqrstuvwxyz"
3        n = ""
4        for i in m:
5            j = (s.find(i) + 26 - k) % 26
6            n = n + s[j]
7        return n
```

即使你只将密钥告诉接收方，这简单的加密算法也无法长久地保护信息。接下来，我们将构建一种更加安全的加密方法——RSA 公钥加密算法。

8.3.1　同余定理

如果两个数 a 和 b 除以 n 所得的余数相等，我们就说 a 和 b "对模 n 同余"，记为 $a \equiv b \pmod{n}$。本节中的算法将利用 3 条重要的同余定理。

(1) 如果 $a \equiv b \pmod{n}$，那么 $\forall c, a + c \equiv b + c \pmod{n}$。

(2) 如果 $a \equiv b \pmod{n}$，那么 $\forall c, ac \equiv bc \pmod{n}$。

(3) 如果 $a \equiv b \pmod{n}$，那么 $\forall p, p > 0, a^p \equiv b^p \pmod{n}$。

8.3.2　幂剩余

假设我们想知道 $3^{1254906}$ 的最后一位数。问题在于，不仅计算量大，而且使用 Python 的"无限精度"整数，这个数字有 598 743 位！但是，我们只想知道最后一位数。这其实是两个问题：一、如何高效地计算 x^n？二、如何能在不必算出所有 598 743 位数的前提下，计算 $x^n \pmod{p}$？

运用上述第 3 条同余定理，不难解决第 2 个问题。

(1) 将 result 初始化为 1。

(2) 重复 n 次以下操作：

　　(a) 用 result 乘以 x；

　　(b) 对 result 进行取余运算。

8

这样就简化了计算，因为我们一直让 result 保持一个较小的值，而不是精确地算出最终结果。但是，利用递归还能做得更好。

$$x^n = \begin{cases} (x \cdot x)^{n/2} & n\text{为偶数时} \\ (x \cdot x^{n-1}) = x \cdot (x \cdot x)^{\lfloor n/2 \rfloor} & n\text{为奇数时} \end{cases}$$

对于浮点数 n，向下取整 $\lfloor n \rfloor$ 得到的是小于 n 的最大整数。Python 的整数除法就是对除法结果向下取整，所以不必额外编写代码。以上等式为计算 x^n 给出了很好的递归定义，现在只缺基本情况。你应该记得，对于任意数 x，有 $x^0 = 1$。由于每次递归调用都会减小指数，因此 $n = 0$ 就是很好的基本情况。

在以上等式中，奇数和偶数的情况都有因子 $(x \cdot x)^{\lfloor n/2 \rfloor}$，所以对它的计算不做条件判断，并将它存到变量 tmp 中。还要注意一点，每一步都进行取余运算。在代码清单 8-6 的实现中，结果始终较小，乘法运算的次数也比纯循环方案要少得多。

代码清单 8-6　$x^n(\bmod p)$ 的递归定义

```
1   def modexp(x, n, p):
2       if n == 0:
3           return 1
4       t = (x * x) % p
5       tmp = modexp(t, n//2, p)
6       if n % 2 != 0:
7           tmp = (tmp * x) % p
8       return tmp
```

8.3.3　最大公因数与逆元

正整数 x 关于模 m 的逆元 a 满足 $ax \equiv 1(\bmod m)$。比如 $x = 3$，$m = 7$，$a = 5$，$3 \times 5 = 15$，$15\%7 = 1$，所以 5 是 3 关于模 7 的逆元。

乍一看，**逆元**这个概念令人困惑。这个例子中的 5 是怎么选出来的呢？5 是 3 关于模 7 的唯一逆元吗？给定任意数 m，所有的数都有逆元吗？

我们来看个例子，可能会对解答第一个问题有所启发。请看下面这个 Python 会话：

```
>>> for i in range(1, 40):
...     if (3 * i) % 7 == 1:
...         print i
...
5
12
19
26
33
```

这个小实验告诉我们，当 $x = 3$ ，$m = 7$ 时，存在多个逆元：5, 12, 19, 26, 33 等。对这个数列，你发现什么有趣之处了吗？其中每个数都是模 7 的某个倍数减 2。

对于任意的 x 和 m ，都存在逆元吗？来看另一个例子。假设 $x = 4$ ，$m = 8$ ，如果将 4 和 8 插入前一个例子的循环中，什么也得不到。如果去掉条件判断语句，打印 `(4 * i) % 8` 的结果，就得到数列 $0, 4, 0, 4, 0, 4, \cdots$ 。0 和 4 交替出现，但显然永远不会出现 1。如何预知这一点呢？

答案是，当且仅当 m 和 x 互素时，x 关于模 m 才有逆元。互素是指 $gcd(m,x) = 1$ 。你应该记得，两个数的最大公因数（greatest common divisor，GCD）是能整除它们的最大整数。那么，如何计算两个数的最大公因数呢？

给定两个数 a 和 b ，要找到它们的最大公因数，可以重复从 a 减去 b ，直到 $a < b$ 。当 $a < b$ 时，交换 a 和 b 。当 $a - b = 0$ 时，再次交换。此时，$gcd(a,0) = a$ 。这就是**欧几里得算法**，它已经有 2000 多年的历史了。

在用于设计递归时，欧几里得算法非常简单。基本情况就是 $b = 0$ 。有两种递归调用：若 $a < b$ ，交换 a 和 b ，发起递归调用；否则，在递归调用时用 $a - b$ 替换 a 。代码清单 8-7 给出了欧几里得算法的实现。

代码清单 8-7　利用欧几里得算法求最大公因数

```
1    def gcd(a, b):
2        if b == 0:
3            return a
4        elif a < b:
5            return gcd(b, a)
6        return gcd(a-b, b)
```

尽管欧几里得算法易于理解和编程，但不够高效，在 $a \gg b$ 时尤其如此。不过，模运算又一次派上用场。当 $a - b < b$ 时，减法结果等于 a 除以 b 的余数。明白了这一点，就可以去掉减法，而仅用一个递归调用交换 a 和 b 。代码清单 8-8 给出了改良后的算法。

代码清单 8-8　改良后的欧几里得算法

```
1    def gcd(a, b):
2        if b == 0:
3            return a
4        return gcd(b, a % b)
```

现在我们有了判断是否有逆元的方法，下一个任务就是实现能高效地计算出逆元的算法。假设对于任意数 x 与 y ，我们都可以计算出 $gcd(x,y)$ 以及一对整数 a 和 b ，满足 $d = gcd(x,y) = ax + by$ 。比如，$1 = gcd(3,7) = -2 \times 3 + 1 \times 7$ ，所以 -2 和 1 就可以分别作为 a 和 b 的

8

解。使用前一个例子中的 m 和 x 来替换 x 和 y，得到 $1 = gcd(m,x) = am + bx$。由本节开头的讨论可知，$bx \equiv 1(\bmod m)$，所以 b 是 x 关于模 m 的一个逆元。

我们已经将计算逆元的问题简化为寻找满足等式 $d = gcd(x,y) = ax + by$ 的整数 a 和 b。由于我们从 gcd 函数开始解决这个问题，就让我们通过扩展它来收尾。取两个数 $x \geqslant y$，返回元组 (d,a,b)，满足 $d = gcd(x,y)$ 且 $d = ax + by$。对 gcd 函数的扩展如代码清单 8-9 所示。

代码清单 8-9　扩展 gcd 函数

```
1    def ext_gcd(x, y):
2        if y == 0:
3            return(x, 1, 0)
4        else:
5            (d, a, b) = ext_gcd(y, x % y)
6            return (d, b, a - (x // y) * b)
```

与原始的欧几里得算法一样，当基本情况 $y = 0$ 出现时，返回 $d = x$。不过，还返回了另两个值：$a = 1$ 与 $b = 0$。这 3 个值满足 $d = ax + by$。如果 $y > 0$，就递归计算 (d,a,b)，使得 $d = gcd(y, x \bmod y)$ 且 $d = ay + b(x \bmod y)$。和原始算法一样，$d = gcd(x,y)$。但另两个值 a 和 b 呢？我们知道，a 和 b 一定是整数，因此分别记为 A 和 B，也就有 $d = Ax + By$。为了计算 A 和 B，重新整理等式：

$$
\begin{aligned}
d &= ay + b(x \bmod y) \\
&= ay + b(x - \lfloor x/y \rfloor y) \\
&= bx + (a - \lfloor x/y \rfloor b)y
\end{aligned}
$$

注意，第二行的替换 $x \bmod y = x - \lfloor x/y \rfloor y$。这样做是正确的，因为这是计算 $x/y(x \bmod y)$ 余数的方式。从最后的等式可以看出，$A = b$ 且 $B = a - \lfloor x/y \rfloor b$。这就是代码清单 8-9 第 6 行所做的！注意，算法中每一步返回的值都满足 $d = ax + by$。为了理解扩展后的 gcd 函数，来看一个例子。假设 $x = 25$，$y = 9$。图 8-3 展示了这个递归函数的调用和返回值。

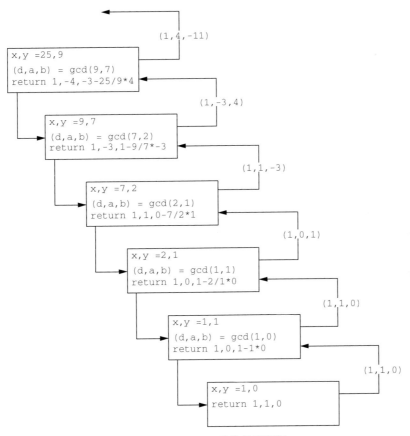

图 8-3 ext_gcd 函数的调用树

8.3.4 RSA 算法

至此，我们已经备齐了编写 RSA 算法所需的全部工具。RSA 算法可能是最易于理解的公钥加密算法。公钥加密的概念由 Whitfield Diffie 和 Martin Hellman 以及 Ralph Merkle 独立提出，它对密码学的主要贡献在于密钥成对的思想：加密密钥用于明文到密文的转换，解密密钥用于密文到明文的转换。密钥都是单向的，所以用私钥加密的信息只能用公钥解密，反之亦然。

RSA 算法的安全性来自大数分解的困难度。公钥和私钥由一对大素数（100~200 位）衍生出。Python 中有原生的长整数，因此 RSA 算法实现起来十分有趣且容易。

要生成两个密钥，选两个大素数 p 和 q，并计算它们的乘积。

$$n = p \times q$$

下一步是随机选择加密密钥 e，使得 e 与 $(p-1) \times (q-1)$ 互质。

8

$$gcd(e, (p-1) \times (q-1)) = 1$$

解密密钥 d 就是 e 关于模 $(p-1) \times (q-1)$ 的逆元。这里可以使用欧几里得算法的扩展版本。

e 和 n 一起组成公钥，d 则是私钥。算出 e、n 和 d 之后，最初的素数 p 和 q 就没用了，但仍然不应该泄露它们。

加密时，只需使用 $c = m^e \pmod n$。解密时，则使用 $m = c^d \pmod n$。

如果记得 d 是 $e \pmod n$ 的逆元，就很容易理解。

$$
\begin{aligned}
c^d &= (m^e)^d \pmod n \\
&= m^{ed} \pmod n \\
&= m^1 \pmod n \\
&= m \pmod n
\end{aligned}
$$

在将等式转化为 Python 代码之前，还需要讨论一些细节。首先，如何将 hello world 这样的文本信息转化成数字？最简单的方法就是把每个字符的 ASCII 值拼接起来。由于十进制的 ASCII 值位数不固定，而十六进制数固定地用两位来代表一字节或字符，因此我们下面采用十六进制。

```
h    e    l    l    o         w    o    r    l    d
104  101  108  108  111  32   119  111  114  108  100
68   65   6c   6c   6f   20   77   6f   72   6c   64
```

拼接所有的十六进制数，再将得到的大数转换为十进制整数。

$$m = 126207244316550804821666916$$

Python 可以很好地处理这个大数。但实际使用 RSA 算法加密的程序会将明文切分成小块，对每一块加密，这样做有两个原因。第一个原因是性能。即使一条较短的电子邮件消息，比如大小为 1 kB 的文本，生成的数也会有 2000~3000 位！如果再取 d 次方——d 有 10 位——这将是一个非常大的数！

第二个原因是限制条件 $m \leqslant n$。必须确保消息的模 n 表示是唯一的。对于二进制数据来说，选择小于 n 的 2 的最大次幂。举例来说，p 和 q 分别取 5563 和 8191。$n = 5563 \times 8191 = 45\,566\,533$。为了保持分块的整数小于 m，我们将消息切分成小于表示 n 所需的字节数。在 Python 中使用整型方法 bit_length 很容易得到位数。有了表示数字所需的位数，除以 8 就是字节数。消息中的每个字符都由一字节表示，这个除法告诉我们的就是每一块的字节数。因此，可以方便地将消息分成 n 个字符的块，将每一块的十六进制表示转换成整数。本例中，可用 26 位表示 45 566 533。使用整数除法除以 8，得知应该将消息切分成 3 个字符的块。

字符 h、e 和 l 的十六进制值分别是 68、65 和 6c，拼起来就是 68656c，转成整数就是 6841708。

$$m_1 = 6841708$$
$$m_2 = 7106336$$
$$m_3 = 7827314$$
$$m_4 = 27748$$

注意，切分消息可能会很复杂，尤其是当转换后得到的数字不足 7 位时。在这种情况下，拼接时要在结果前小心地补零①。

现在选择 e 的值。可以随机取值，并用 $(p-1) \times (q-1) = 45\,552\,780$ 检验。记住，e 和 $45\,552\,780$ 互质。对于这个例子，1471 就是很好的值。

$$d = ext\_gcd(45552780, 1471)$$
$$= -11705609$$
$$= 45552780 - 11705609$$
$$= 33847171$$

我们用这一信息来加密第一个消息块：

$$c = 6841708^{1471} \pmod{45566533} = 16310024$$

为了验证正确性，解密 c，以确保能得到原来的值：

$$m = 16310024^{33847171} \pmod{45566533} = 6841708$$

可以用同样的过程加密剩下的块，然后一起作为密文发送。

接下来看代码清单 8-10 中的 3 个 Python 函数。

❑ gen_keys 根据 p 和 q 创建一个公钥和一个私钥。
❑ encrypt 接收一段消息、公钥和 n，并返回密文。
❑ decrypt 接收密文、私钥和 n，并返回原始消息。

代码清单 8-10　RSA 算法的实现

```
1    def gen_keys(p, q):
2        n = p * q
3        m = (p - 1) * (q - 1)
4        e = int(random.random() * n)
5        while gcd(m, e) != 1:
6            e = int(random.random() * n)
7        d, a, b = ext_gcd(m, e)
8        if b < 0:
```

① 是否补零，应该要看十六进制形式的位数是奇数还是偶数。请参考代码中的逻辑。——译者注

```
9              d = m + b
10        else:
11              d = b
12        return((e, d, n))
13
14    def encrypt(msg, e, n):
15        chunk_size = n.bit_length() // 8
16        all_chunks = str_to_chunks(msg, chunk_size)
17        return [
18              modexp(msg_chunk, e, n)
19              for msg_chunk in all_chunks
20        ]
21
22    def decrypt(cipher_chunks, d, n):
23        chunk_size = n.bit_length() // 8
24        Plain_chunks = [
25              modexp(cipher_chunk, d, n)
26              for cipher_chunk in cipher_chunks
27        ]
28        return chunks_to_str(plain_chunks, chunk_size)
```

下面的 Python 会话使用这些函数来创建公钥、私钥，进行加密和解密。

```
>>> msg = "Python"
>>> e, d, n = gen_keys(5563, 8191)
>>> print(e, d, n)
2646697 33043453 45566533
>>> c = encrypt(msg, e, n)
>>> print(c)
[22810070, 18852325, 34390906, 22805081]
>>> m = decrypt(c, d, n)
>>> print(m)
Python
```

最后看两个将字符串切分成数字块的辅助函数（代码清单 8-11），它们利用了 Python 3.x 的一个新特性：字节数组。它可以将字符串存储为字节序列。这样一来，就可以方便地进行字符串与十六进制序列之间的转换。

代码清单 8-11　将字符串转换为数字块列表

```
1    def str_to_chunks(msg, chunk_size):
2        msg_bytes = bytes(msg, "utf-8")
3        hex_str = "".join([f"{b:02x}" for b in msg_bytes])
4        num_chunks = len(hex_str) // chunk_size
5        chunk_list = []
6        for i in range(
7              0, num_chunks * chunk_size + 1, chunkSize
8        ):
9              chunk_list.append(hex_str[i : i + chunk_size])
10        chunk_list = [
11              eval("0x" + x) for x in chunk_list if x
12        ]
```

```
13      return chunk_list
14
15  def chunks_to_str(chunk_list, chunk_size):
16      hex_list = []
17      for chunk in chunk_list:
18          hex_str = hex(chunk)[2:]
19          clen = len(hex_str)
20          hex_list.append(
21              "0" * ((chunk_size - clen) % 2) + hex_str
22          )
23      hstring = "".join(hex_list)
24      msg_array = bytearray.fromhex(hstring)
25      return msg_array.decode("utf-8")
```

从代码清单 8-11 中可以看到将字符串转换为数字块列表的过程。有一点要注意，必须确保字符对应的十六进制数一直是两位。这意味着有时需要补零，可以用字符串格式化表达式 f"{b:02x}"轻松搞定。这个表达式创建包含两个字符的字符串，并且在必要时在前面补零。根据整条消息得到一个长的十六进制字符串后，可以将长串切分成 num_chunks 个十六进制数字块。这就是 for 循环要做的工作（始于第 6 行）。最后用 eval 函数和列表解析式将每个十六进制数转换为整数。

将加密块转换回字符串，和创建一个长的十六进制字符串并转换为 bytearray 一样容易。bytearray 内置的 decode 函数将字节数组转换为字符串。唯一需要注意的是，转换后块表示的数字可能明显小于原始的数字。在这种情况下，需要补零，以确保所有块在拼接时是等长的。通过"0" * ((chunk_size - clen) % 2)把零前置，其中 chunk_size 是字符串中应有的位数，clen 则是实际的位数。

8.4 复习字典：跳表

字典是 Python 中用途最广的集合之一。字典也常被称作映射，它存储的是键–值对。键与特定的值关联，且必须是不重复的。给定一个键，映射可以返回对应的值。往映射中加入键–值对，以及根据键查询值，这些是映射的基本操作。

举个例子，图 8-4 展示了一个包含键–值对的映射。其中，键是整数，值是由两个字母组成的单词。从逻辑角度看，对与对之间不存在顺序。不过，如果给定一个键（如 93），就可以得到它所关联的值（be）。

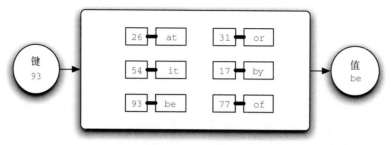

图 8-4   映射示例

8.4.1   映射抽象数据类型

映射这一抽象数据类型由下面的结构和操作定义。如前所述，映射是键–值对的集合，可以通过键访问关联的值。映射支持以下操作。

- ❑ Map()创建一个空的映射。它不需要参数，并会返回一个空的映射集合。
- ❑ put(key, value)往映射中加入一个键–值对。需要传入键及其关联的值，没有返回值。这里假设要添加的键不在映射中。
- ❑ get(key)在映射中搜索给定的键，并返回它对应的值。

注意，映射抽象数据类型还支持其他一些操作，我们会在练习中探讨。

8.4.2   用 Python 实现字典

我们已经了解了多种实现映射的有趣方法。在第 5 章中，我们探讨了如何用散列表实现映射。给定一组键和一个散列函数，可以将键放到集合中，并搜索和取出关联的值。我们分析过，这种搜索操作的时间复杂度是 $O(1)$。不过，性能会因为表的大小、冲突、冲突解决策略等因素而降低。

第 6 章探讨了用二叉搜索树实现映射。当把键存储在树中时，搜索操作的时间复杂度是 $O(\log n)$。不过，这只有在树平衡时才成立，即树的左右子树要差不多大。不幸的是，根据插入顺序，键可能左倾或右倾，搜索性能随之下降。

本节要解决的问题就是给出一种实现方法，既能高效搜索，又能避免上述缺点。一种解决方案是使用**跳表**。图 8-5 给出了图 8-4 中的键–值对集合可能对应的一个跳表（后面会说明为什么说"可能"）。如你所见，跳表其实就是二维链表，链接的方向向前（也就是向右）或向下。**表头**在图中的左上角，它是跳表结构唯一的入口。

深入学习跳表之前，有必要理解一些术语的含义。图 8-6 展示了跳表的主要结构，跳表由一些数据节点构成，每个节点存有一个键及其关联的值。此外，每个节点还有两个向外的引用。图 8-7 展示了单个数据节点的详情。

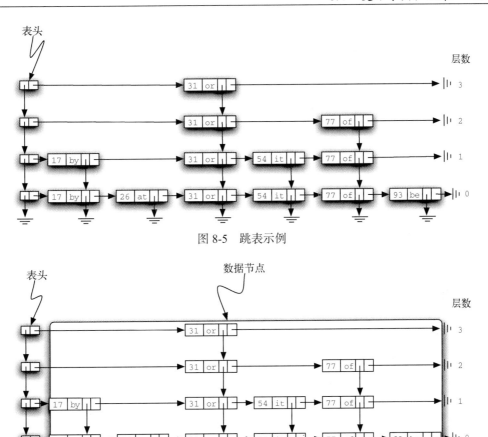

图 8-5 跳表示例

图 8-6 跳表的主体由数据节点构成

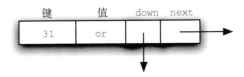

图 8-7 单个数据节点

图 8-8 展示了两种纵列。最左边的一列由头节点的链表组成。每个头节点都有两个引用，分别是 down 和 next。down 引用指向下一层的头节点，next 引用指向数据节点的链表。图 8-9 展示了头节点的详情。

由数据节点构成的纵列称作**塔**。塔是由数据节点中的 down 引用连起来的。可以看出，每一座塔都对应一个键–值对，并且塔的高度不一。后文在探讨如何往跳表中添加数据时，会解释如何确定塔的高度。

8

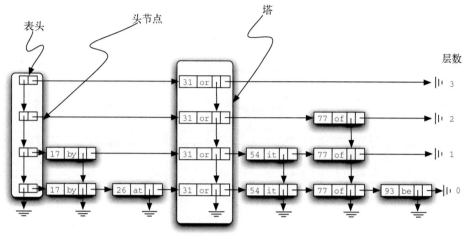

图 8-8　头节点和塔

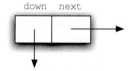

图 8-9　每个头节点都有两个引用

图 8-10 突出展示了水平方向上的节点集合。仔细观察后会发现，每一层实际上都是由数据节点组成的有序链表，其顺序由键决定。每个链表都有自己的名字，通常用其**层数**指代。层数从 0 开始，底层就是第 0 层，包括整个节点集合。每个键–值对都必须出现在第 0 层的链表中。不过，层数越高，节点数就越少。跳表的这个重要特征有助于提高搜索效率。可以看到，每一层的节点数和塔的高度息息相关。

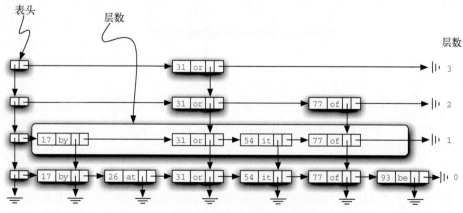

图 8-10　水平方向上的每一组数据节点构成一层

上述两种节点的构建方式与构建简单的链表类似。头节点由 next 和 down 两个引用构成，构造方法将它们都初始化为 None（详见代码清单 8-12）。

代码清单 8-12 HeaderNode 类

```
1    class HeaderNode:
2        def __init__(self):
3            self._next = None
4            self._down = None
5
6        @property
7        def next(self):
8            return self._next
9
10       @next.setter
11       def next(self, value):
12           self._next = value
13
14       @property
15       def down(self):
16           return self._down
17
18       @down.setter
19       def down(self, value):
20           self._down = value
```

数据节点有 4 个字段——键、值以及 next 和 down 两个引用。同样，将引用初始化为 None，并封装进 property 以便进行数据操作（详见代码清单 8-13）。

代码清单 8-13 DataNode 类

```
1    class DataNode:
2        def __init__(self, key, value):
3            self._key = key
4            self._data = value
5            self._next = None
6            self._down = None
7
8        @property
9        def key(self):
10           return self._key
11
12       @property
13       def data(self):
14           return self._data
15
16       @data.setter
17       def data(self, value):
18           self._data = value
19
20       @property
21       def next(self):
22           return self._next
```

8

```
23
24        @next.setter
25        def next(self, value):
26            self._next = value
27
28        @property
29        def down(self):
30            return self._down
31
32        @down.setter
33        def down(self, value):
34            self._down = value
```

代码清单 8-14 给出了跳表的构造方法。刚创建时，跳表没有数据，所以没有头节点，表头被设为 None。随着键-值对的加入，表头指向第一个头节点。通过这个头节点，既可以访问数据节点链表，也可以访问更低的层。

代码清单 8-14 `SkipList` 类的构造方法

```
1    class SkipList:
2        def __init__(self):
3            self._head = None
```

1. 搜索跳表

跳表的搜索操作需要一个键。它会找到包含这个键的数据节点，并返回对应的值。图 8-11 展示了搜索键 77 的过程，星星表示搜索过程要查找的节点。

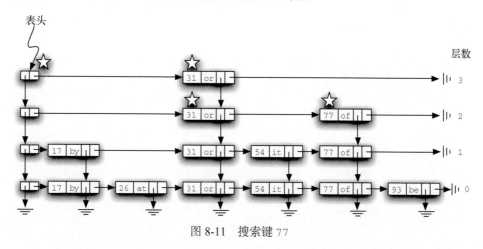

图 8-11 搜索键 77

我们从表头开始搜索 77。第一个头节点指向存储 31 的数据节点。因为 31 小于 77，所以向前移动。含 31 的数据节点位于第 3 层，它没有下一个节点，所以必须下降到第 2 层。在这一层，我们发现了键为 77 的数据节点。搜索成功，返回单词 of。注意，第一次与 31 的比较使我们"跳过"了 17 和 26。同理，我们从 31 直接跳到了 77，"跳过"了 54。

代码清单 8-15 给出了 search 方法的 Python 实现。搜索从表头开始，直到找到键，或者检查完所有的数据节点。搜索的基本思路是从顶层的头节点开始往右查找。如果没有数据节点，就下降一层（第 4~5 行）；如果有数据节点，就比较键的大小。如果匹配，就说明搜索成功，可以返回它的值（第 7~8 行）。

代码清单 8-15　search 方法

```
1    def search(self, key):
2        current = self._head
3        while current:
4            if current.next is None:
5                current = current.down
6            else:
7                if current.next.key == key:
8                    return current.next.data
9                if key < current.next.key:
10                   current = current.down
11               else:
12                   current = current.next
13       return None
```

因为每一层是一个有序链表，所以不匹配的键提供了很有用的信息。如果要找的键小于数据节点中的键（第 9 行），就说明这一层不会有包含目标键的数据节点，因为往右的所有节点只会更大。这时，就需要下降一层（第 10 行）。如果已经降至底层（None），说明跳表中没有要找的键，于是跳出循环并且返回 None。另外，只要当前层的节点有比目标键更小的键，就往下一个节点移动（第 12 行）。

进入下一层后，重复上述过程，检查是否有下一个节点。每降一层，跳表就可以提供更多的数据节点。如果目标键在跳表中，不会到了第 0 层还不出现，因为第 0 层是完整的有序链表。我们希望通过跳表尽早地找到目标键。

2. 往跳表中加入键–值对

在已有跳表的情况下，search 方法实现起来相对简单。本节的任务是理解如何构建跳表，以及为何以相同的顺序插入同一组键会得到不同的跳表。

要往跳表中新添键–值对，本质上需要两步。第一步，搜索跳表，寻找插入位置。记住，我们假设跳表中还没有待插入的键。图 8-12 展示了试图加入键 65 的过程（值是 hi）。我们再次使用星星展示搜索过程。

8

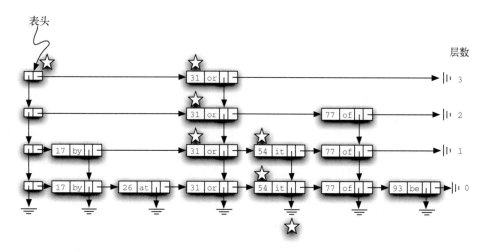

图 8-12　搜索键 65

使用和前一节一样的搜索策略,我们发现 65 比 31 大。第 3 层没有更多的节点,因此降至第 2 层。在这一层,我们发现 77 比 65 大。继续降至第 1 层,下一个节点是 54,它小于 65。继续向右,遇到 77,再往下转,遇到 None。

第二步是新建一个数据节点,并将它加到第 0 层的链表中,如图 8-13 所示。然而,如果止步于此,最多只能得到一个键–值对链表。我们还需要为新的数据节点构建塔,这就是跳表的有趣之处。塔应该多高?新数据节点的塔高并不是确定的,而是完全随机的。本质上,通过"抛硬币"来决定是否要往塔中加一层。如果得到正面,就往当前的塔中加一层。

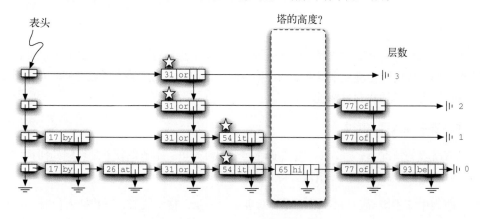

图 8-13　为 65 构建数据节点和塔

利用随机数生成器可以方便地模拟抛硬币。我们可以使用 random 模块中的 randrange 函数。如果它返回 1,我们就认为得到硬币的正面。

代码清单 8-16 是 insert 方法的实现。显然，第 2 行是检查是否要为跳表添加第一个数据节点。在构建简单的链表时，我们也需要考虑这个问题。如果要在表头添加节点，必须新建头节点和数据节点。第 7~14 行重复循环，直到 randrange 方法返回 1。每新加一层，都创建一个数据节点和一个头节点。

代码清单 8-16　insert 方法

```
1    def insert(self, key, value):
2        if self._head is None:
3            self._head = HeaderNode()
4            temp = DataNode(key, value)
5            self._head.next = temp
6            top = temp
7            while randrange(2) == 1:
8                newhead = HeaderNode()
9                temp = DataNode(key, value)
10               temp.down = top
11               newhead.next = temp
12               newhead.down = self._head
13               self._head = newhead
14               top = temp
15       else:
16           tower = Stack()
17           current = self._head
18           while current:
19               if current.next is None:
20                   tower.push(current)
21                   current = current.down
22               else:
23                   if current.next.key > key:
24                       tower.push(current)
25                       current = current.down
26                   else:
27                       current = current.next
28           lowest_level = tower.pop()
29           temp = DataNode(key, value)
30           temp.next = lowest_level.next
31           lowest_level.next = temp
32           top = temp
33           while randrange(2) == 1:
34               if tower.is_empty():
35                   newhead = HeaderNode()
36                   temp = DataNode(key, value)
37                   temp.down = top
38                   newhead.next = temp
39                   newhead.down = self._head
40                   self._head = newhead
41                   top = temp
42               else:
43                   next_level = tower.pop()
44                   temp = DataNode(key, value)
```

```
45                      temp.down = top
46                      temp.next = next_level.next
47                      next_level.next = temp
48                      top = temp
```

如前所述，对于非空跳表（第 15 行），我们需要搜索插入位置。由于没法知道塔中会有多少个数据节点，因此需要在搜索的过程中为每一层都保存插入点。因为这些插入点会按逆序处理，所以栈可以很好地帮助我们按照与插入节点相反的顺序遍历链表。图 8-13 中的星星标出了栈中的插入点，它们只表示在搜索过程中降至下一层的地方。

从第 33 行开始，我们通过抛硬币决定塔的层数。从插入栈弹出下一个插入点。只有当栈为空之后，才需要返回并新建头节点。更多的细节留给读者自行研究。

关于跳表的结构，还有一点需要注意。之前提过，即使以相同的顺序插入同一组键，也可能得到不同的跳表。你现在应该已经知道原因了。根据抛硬币的随机本质，任意键的塔高在每次构建跳表时都会改变。

3. 构建映射

至此，我们实现了向跳表中添加数据的操作，并且能够搜索数据。现在，可以开始实现映射抽象数据类型。如前所述，映射支持两个操作——put 和 get。代码清单 8-17 表明，可以轻松实现这两个操作，做法是构建一个内部跳表（第 3 行），并利用已经实现的 insert 方法和 search 方法。

代码清单 8-17　用跳表实现 Map 类

```
1   class Map:
2       def __init__(self):
3           self.collection = SkipList()
4
5       def put(self, key, value):
6           self.collection.insert(key, value)
7
8       def get(self, key):
9           return self.collection.search(key)
```

4. 分析跳表

如果只用一个有序链表来存储键–值对，那么搜索方法的时间复杂度将是 $O(n)$。跳表是否会有更好的性能呢？你应该记得，跳表是基于概率的数据结构，这意味着其性能基于某些事件的概率——本例中的事件就是抛硬币。虽然详细的分析超出了本书的范围，但我们可以给出一个不太正式的有力论证。

假设要为 n 个键构建跳表。我们知道，每座塔的高度从 1 开始。在添加数据节点时，假设抛出"正面"的概率是 $\frac{1}{2}$，我们可以说有 $\frac{n}{2}$ 个键的高度是 2。再抛一次硬币，有 $\frac{n}{4}$ 个键的高度是 3，对应连续抛出两次正面的概率。同理，有 $\frac{n}{8}$ 个键的高度是 4，依次类推。这意味着塔的最大高度是 $\log_2 n + 1$。使用大 O 记法，可以说跳表的高度是 $O(\log n)$。

　　给定一个键，在查找时要扫描两个方向。第一个方向是向下。前面的结果表明，在最坏情况下，找到目标键要查找 $O(\log n)$ 层。第二个方向是沿着每一层向前扫描。每当遇到以下两种情况之一时，就下降一层：要么数据节点的键比目标键大，要么抵达这一层的终点。对于下一个节点，发生上述两种情况之一的概率是 $\frac{1}{2}$。这意味着查看 2 个链接后，就会下降一层（抛两次硬币后得到正面）。无论哪种情况，在任一层需要查看的节点数都是常数。因此，搜索操作的时间复杂度是 $O(\log n)$。因为插入操作的大部分时间花在查找插入位置上，所以插入操作的时间复杂度也是 $O(\log n)$。

8.5 复习树：量化图片

　　图片是互联网上十分常见的元素，其常见程度仅次于文字。不过，如果每张广告图片都占据 196 560 字节，那么互联网会慢很多。实际上，横幅广告图片只需约 14 246 字节，即原存储空间的 7.2%。这些数字从何而来？怎么才能如此显著地节省空间？答案就在本节中。

8.5.1 数字图像概述

　　一幅数字图像由数以千计的**像素**组成。像素排列成矩阵，形成图像。图像中的每个像素代表一个特定的颜色，由三原色混合而成：红、绿、蓝。图 8-14 简单地展示了像素如何排列成图像。

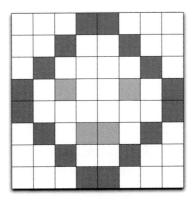

图 8-14　由像素构成的简单图像

在物理世界中，不同颜色之间的过渡是连续的。就像利用浮点数近似表示实数一样，计算机也必须近似表示图像中的颜色。对于每种三原色，人眼可以区分约 200 种层次，总共约 800 万种颜色。在实践中，我们使用 1 字节（8 位）表示像素的每个颜色构成。8 位可以表示每种三原色的 256 种层次，所以每个像素可能有约 1670 万种颜色。海量的颜色选择有助于艺术家和设计师创造出细节丰富的图片，但也有坏处，那就是图片文件的大小会迅速膨胀。举例来说，一张由百万像素相机拍出来的照片，会占据 3 MB 的内存空间。

Python 使用二维元组列表来表示图片，元组由 3 个取值范围是 0~255 的数字构成，它们分别代表红、绿、蓝。在 C++ 和 Java 等语言中，图片表示为二维数组。以图 8-14 为例，该图的头两行表示如下：

```
im = [[(255,255,255),(255,255,255),(255,255,255),(12,28,255),
       (12,28,255),(255,255,255),(255,255,255),(255,255,255),],
      [(255,255,255),(255,255,255),(12,28,255),(255,255,255),
       (255,255,255),(12,28,255),(255,255,255),(255,255,255)],
... ]
```

白色表示为(255, 255, 255)，蓝色表示为(12, 28, 255)。使用列表索引可以查看图片中任一像素的颜色，如下所示：

```
>>> im[3][2]
(255, 18, 39)
```

有了这种图片表示方法，就不难将图片存为文件——只需为每个像素写一个元组即可。可以先确定像素的行数和列数，然后每行写 3 个整数。实践中，Python 的 Pillow 包提供了更强大的图片类。使用 Image 类，我们可以通过 getpixel((col, row))和 putpixel((col, row), color)来读取和设置像素。注意，参数对应的是坐标，而不是行数和列数。

8.5.2　量化图片

有很多方法可以节省图片的存储空间，最简单的就是减少所用颜色的种类。颜色越少，红、绿、蓝成分的位数就越少，所需的存储空间也将随之减少。实际上，最流行的一种用于互联网的图片格式只使用了 256 种颜色。这意味着将所需的存储空间从每像素 3 字节降到了每像素 1 字节。

你可能会问，如何将颜色从 1670 万种降到 256 种呢？答案就是**量化**。要理解量化，我们将颜色想象成一个三维空间。x 轴代表红色，y 轴代表绿色，z 轴则代表蓝色，每种颜色都可以看作这个空间中的一个点。我们将由所有颜色构成的空间想象成一个 256×256×256 的立方体。越靠近(0, 0, 0)处，颜色越黑、越暗；越靠近(255, 255, 255)处，颜色则越白、越亮；靠近(255, 0, 0)处的颜色偏红，依次类推。

最简单的量化过程是将256×256×256的立方体转化成8×8×8的立方体。虽然体积不变，但原立方体中的多种颜色在新立方体中成了一种，如图8-15所示。

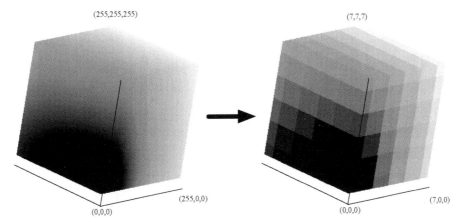

图 8-15　颜色量化

可以用 Python 实现上述颜色量化算法，如代码清单 8-18 所示。simple_quant 将每个像素的 256 位表示的颜色映射到像素中心处的颜色。这一步使用 Python 的整除很容易做到。在 simple_quant 中，红色维度上有 7 个值，绿色和蓝色维度上有 6 个值。

代码清单 8-18　简单的图片量化算法

```
1    from PIL import Image
2
3    def simple_quant(filename):
4        im = Image.open(filename)
5        w, h = im.size
6        for row in range(h):
7            for col in range(w):
8                r,g,b = im.getpixel((col, row))
9                r = r // 36 * 36
10               g = g // 42 * 42
11               b = b // 42 * 42
12               im.putpixel((col, row), (r, g, b))
13       im.show()
```

图 8-16 是量化前后的对比效果。当然，这些图在印刷版中变成了灰度图。如果看彩图，会发现量化后的图片损失了不少细节[①]。草地几乎损失了所有细节，只是一片绿，人的肤色也简化成了两片棕色阴影。

----

① 若想下载彩图，请访问图灵社区本书主页并单击"随书下载"。——编者注

8

(a) 量化前　　　　　　　　　　　　　　　(b) 量化后

图 8-16　使用简单的图片量化算法前后的对比效果

8.5.3　使用八叉树改进量化算法

simple_quant 的问题在于，大部分图片中的颜色不是均匀分布的。很多颜色可能没有出现在图片中，所以立方体中对应的部分并没有用到。在量化后的图片中分配没用到的颜色是浪费行为。图 8-17 展示了示例图片（图 8-16a）中用到的颜色分布。注意，它只占用了立方体的一小部分空间。

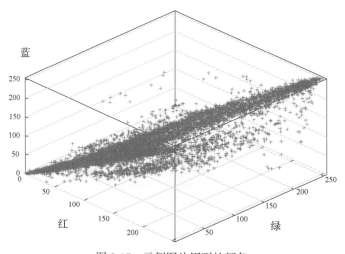

图 8-17　示例图片用到的颜色

为了更好地量化图片，就要找到更好的方法，选出表示图片时用到的颜色集合。有多种算法可用于切分立方体，以更好地使用颜色。本节将介绍基于**八叉树**的算法。八叉树类似于二叉树，但每个节点有 8 个子节点。下面是八叉树抽象数据类型将实现的接口。

❑ Octree()新建一棵空的八叉树。

❑ insert(r, g, b)往八叉树中插入一个节点，以红、绿、蓝的值为键。

❑ find(r, g, b)以红、绿、蓝的值为搜索键，查找一个节点，或与其最相似的节点。

❑ reduce(n)缩小八叉树，使其有 *n* 个或更少的叶子节点。

八叉树通过如下方式切分颜色立方体。

❑ 八叉树的根代表整个立方体。

❑ 八叉树的第二层代表每个维度（包括 *x* 轴、*y* 轴和 *z* 轴）的一个切片，将立方体等分成 8 块。

❑ 下一层将 8 个子块中的每一块再等分成 8 块，即共有 64 块。注意，父节点代表的方块包含其子节点代表的所有子块。沿着路径往下，子块始终位于父节点所规定的界限内，但会越来越具体。

❑ 八叉树的第 8 层代表所有颜色（约有 1670 万种）。

了解如何用八叉树表示颜色立方体之后，你可能认为这不过又是一种等分立方体的方法。没错，不过八叉树是分级的，我们可以利用其层级，用大立方体表示未使用的颜色，用小立方体表示常用颜色。以下大致介绍如何使用八叉树更好地选择图片的颜色子集。

(1) 针对图片中的每个像素，执行以下操作：

    (a) 在八叉树中查找该像素的颜色，这个颜色应该是位于第 8 层的一个叶子节点；

    (b) 如果没找到，就在第 8 层创建一个叶子节点（可能还需要在叶子节点之上创建一些内部节点）；

    (c) 如果找到了，将叶子节点中的计数器加 1，以记录这个颜色用于多少个像素。

(2) 重复以下步骤，直到叶子节点的数目小于或等于颜色的目标数目：

    (a) 找到用得最少的叶子节点；

    (b) 合并该叶子节点及其所有兄弟节点，从而形成一个新的叶子节点。

(3) 剩余的叶子节点形成图片的颜色集。

(4) 若要将初始的颜色映射为量化后的值，只需沿着树向下搜索到叶子节点，然后返回叶子节点存储的颜色值。

可以将上述思路实现为 Python 函数 build_and_display，以读取、量化和展示图片，如代码清单 8-19 所示。

代码清单 8-19 使用八叉树构建和展示量化后的图片

```
1   def build_and_display(filename):
2       img = Image.open(filename)
3       w, h = im.size
4       ot = Octree()
5       for row in range(0, h):
6           for col in range(0, w):
7               r, g, b = im.getpixel((col, row))
```

```
8               ot.insert(r, g, b)
9       ot.reduce(256)
10
11      for row in range(h):
12          for col in range(w):
13              r, g, b = img.getpixel((col, row))
14              nr, ng, nb = ot.find(r, g, b)
15              img.putpixel((col, row), (nr, ng, nb))
16      img.show()
```

这个函数遵循了前面描述的基本步骤。首先，第 5~8 行的循环读取每个像素，并将其加到八叉树中。减少叶子节点的工作由第 9 行的 reduce 方法完成。第 14 行使用 find 方法，在缩小后的八叉树中搜索颜色，并更新图片。

本例使用了 PIL 库中的 4 个简单函数：Image.open 打开已有的图片文件，getpixel 读取像素，putpixel 写入像素，show 在屏幕上展示结果。build_and_display 使用 Octree 类的实例来与八叉树进行交互（详见代码清单 8-20）。

代码清单 8-20　Octree 类

```
1    class Octree :
2        def __init__(self):
3            self.root = None
4            self.max_level = 5
5            self.num_leaves = 0
6            self.all_leaves = []
7
8        def insert(self, r, g, b):
9            if not self.root :
10               self.root = self.OTNode(outer=self)
11           self.root.insert(r, g, b, 0, self)
12
13       def find(self, r, g, b):
14           if self.root :
15               return self.root.find(r, g, b, 0)
16
17       def reduce(self, max_cubes):
18           while len( self.all_leaves) > max_cubes:
19           smallest = self.find_min_cube()
20           smallest.parent.merge()
21           self.all_leaves.append(smallest.parent)
22           self.num_leaves = self.num_leaves + 1
23
24       def find_min_cube(self):
25           min_count = sys. maxsize
26           max_level = 0
27           min_cube = None
28           for i in self.all_leaves:
29               if (
30                   i.count <= min_count
```

```
31                      and i.level >= max_level
32              ):
33                      min_cube = i
34                      min_count = i.count
35                      max_level = i.level
36      return min_cube
```

首先注意到 Octree 构造方法将根节点初始化为 None，然后设置了所有节点都可能访问的 3 个重要属性：max_level、num_leaves 和 all_leaves。max_level 属性限制了树的总体深度，本例将它初始化为 5。我们对量化算法进行优化，以忽略颜色信息中的两个最低有效位。如此就能让树总体上小很多，同时不会降低最终图片的质量。num_leaves 和 all_leaves 记录叶子节点的数目，从而使我们能直接访问叶子节点，而不用沿着树遍历。下面会解释这样做的重要性。

八叉树的 insert 方法和 find 方法与第 6 章中的类似。首先检查根节点是否存在，然后调用根节点相应的方法。注意，这两个方法都使用红、绿、蓝标识树中的节点。

reduce 方法会一直循环，直到叶子列表中的节点数目小于在最终图片中要保留的颜色总数（由参数 max_cubes 定义）。reduce 使用辅助函数 find_min_cube 找到八叉树中引用数最少的节点，然后将该节点与其所有的兄弟节点合并成一个节点（参见第 20 行）。

find_min_cube 方法通过 all_leaves 和一个查找最小值的循环模式实现。当叶子节点很多时——可以达到 1670 万个——这种做法的效率极低。在章末的练习中，你需要修改 Octree 类，以提升 find_min_cube 的效率。

Octree 类使用了 OTNode 类的实例，而这个类同时被定义在 Octree 类的内部。这种定义于另一个类内部的类称作内部类。之所以在 Octree 类的内部定义 OTNode，是因为 Octree 的每个节点都需要访问一些存储于 Octree 类实例中的信息。还有一个原因是，没有任何必要在 Octree 类之外使用 OTNode。OTNode 是 Octree 的内部实现细节，别人不需要了解。这是软件工程中的良好实践，称作"信息隐藏"。

现在来看 Octree 中节点的类定义，如代码清单 8-21 所示。OTNode 类的构造方法有 3 个可选参数：parent、level 和 outer。参数让 Octree 方法可以在多种环境下构造新节点。和在二叉搜索树中一样，我们显式记录节点的父节点。节点的层数表明它在树中的深度。在这 3 个参数中，最有趣的就是 outer，这是指向创建这个节点的 Octree 实例的引用。和 self 一样，outer 允许 OTNode 实例访问 Octree 实例的属性。

关于 Octree 中的每个节点，我们要记住的其他属性包括引用计数 count 和红、绿、蓝等颜色构成。在 insert 方法中，只有叶子节点有 red、green、blue 和 count 的值，并且每个节点最多可以有 8 个子节点，所以我们初始化一个有 8 个引用的列表来记录它们。二叉树只有左

8

右两个子节点，八叉树则有 8 个子节点，编号分别为 0~7。

代码清单 8-21　OTNode 类及其构造方法

```
1   class OTNode:
2       def __init__(self, parent=None, level=0, outer=None):
3           self.red = 0
4           self.green = 0
5           self.blue = 0
6           self.count = 0
7           self.parent = parent
8           self.level = level
9           self.oTree = outer
10          self.children = [None] * 8
```

现在来看 Octree 中真正有趣的部分。代码清单 8-22 是往 Octree 中插入新节点的 Python
代码。要解决的第一个问题是如何找出新节点在树中的位置。二叉树中的规则是，键比父节点小
的节点都在左子树，键比父节点大的都在右子树。但如果每个节点都有 8 个子节点，就没这么简
单了。另外，在处理颜色时，不容易说清楚每个节点的键该是什么。解决这一难题的方法就在于
Octree 需要使用三原色成分的信息。图 8-18 展示了如何使用红、绿、蓝的值计算新节点在每一
层的位置，相应的代码在代码清单 8-22 中的第 18 行。

代码清单 8-22　insert 方法

```
1   def insert(self, r, g, b, level, outer):
2       if level < self.oTree.max_level:
3           idx = self.compute_index(
4               r, g, b, level
5           )
6           if self.children[idx] == None:
7               self.children[idx] = outer.OTNode(
8                   parent=self,
9                   level=level + 1,
10                  outer=outer,
11              )
12          self.children[idx].insert(
13              r, g, b, level+1, outer
14          )
15      else:
16          if self.count == 0:
17              self.oTree.num_leaves = (
18                  self.oTree.num_leaves + 1
19              )
20              self.oTree.all_leaves.append(self)
21          self.red += r
22          self.green += g
23          self.blue += b
24          self.count = self.count + 1
25
```

```
26  def compute_index(self, r, g, b, l):
27      shift = 8 - l
28      rc = r >> shift - 2 & 0x4
29      gc = g >> shift - 1 & 0x2
30      bc = b >> shift & 0x1
31      return rc | gc | bc
```

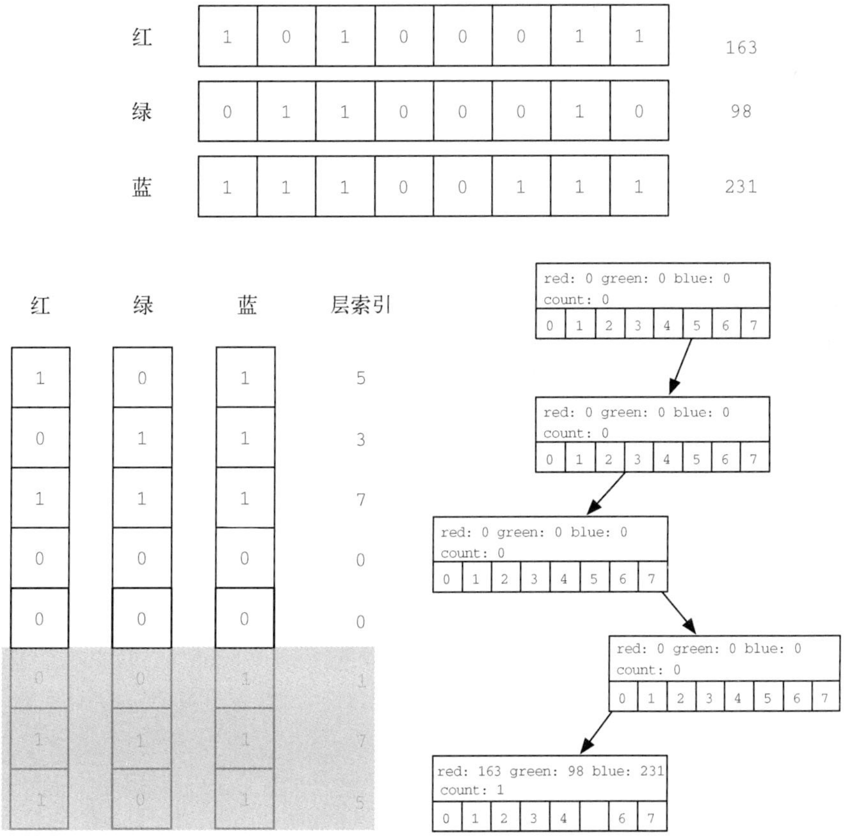

图 8-18　计算插入节点的位置

　　插入位置的计算结合了红、绿、蓝成分的信息，从树根出发，以最高有效位开始。图 8-18 给出了红（163）、绿（98）、蓝（231）各自的二进制表示。从每个颜色的最高有效位开始，本例中分别是 1、0 和 1，放在一起得到二进制数 101，对应十进制数 5。在代码清单 8-22 中，第 26 行的 compute_index 方法进行了这样的二进制操作。

　　你可能不熟悉 compute_index 使用的运算符。>> 是右移操作，& 是位运算中的 and，| 则是位运算中的 or。位运算和条件判断中的逻辑运算一样，只不过它们操作的对象是数字的位。移动操作将数位向右移动 n 位，左边用 0 填充，右边超出的部分直接舍去。

计算出当前层的索引后，就进入子树。在图 8-18 的例子中，我们循着 children 数组第 5 个位置上的链接往下。如果位置 5 没有节点，就新建一个。继续往下遍历，直到抵达 max_level 层。在这一层停止搜索，存储数据。注意，叶子节点中的数据并没有被覆盖，而是会被加上各颜色成分，并增加引用计数。这样做使我们可以计算颜色立方体中当前节点之下的颜色的平均值。这么一来，Octree 中的叶子节点就可以表示立方体中一系列相似的颜色。

find 方法（如代码清单 8-23 所示）使用和 insert 方法相同的索引计算方法，遍历八叉树，以搜索匹配红、绿、蓝成分的节点。

find 方法有 3 种退出情形。

(1) 到达 max_level 层，返回叶子节点中颜色信息的平均值（参见第 17~21 行）。

(2) 在小于 max_level 的层上找到一个叶子节点（参见第 9~13 行）。稍后会介绍，只有在精简树之后，才会出现这种情形。

(3) 路径导向不存在的子树，这是个错误。

代码清单 8-23　find 方法

```
1    def find(self, r, g, b, level):
2        if level < self.oTree.max_level:
3            idx = self.compute_index(r, g, b, level)
4            if self.children[idx]:
5                return self.children[idx].find(
6                    r, g, b, level + 1
7                )
8            elif self.count > 0:
9                return (
10                   self.red // self.count,
11                   self.green // self.count,
12                   self.blue // self.count,
13               )
14           else:
15               print("No leaf node to represent this color")
16       else:
17           return (
18               self.red // self.count,
19               self.green // self.count,
20               self.blue // self.count,
21           )
```

OTNode 类的最后一个方法是 merge，如代码清单 8-24 所示。merge 方法允许父节点纳入所有的子节点，从而形成一个叶子节点。如果还记得 Octree 的每个父立方体完全包含所有子立方体，你就能明白为何这样操作可行。合并一组兄弟节点时，相当于给它们各自代表的颜色计算加权平均值。既然兄弟节点在颜色立方体中离得很近，那么这个平均值就可以很好地代表它们。

代码清单 8-24　merge 方法

```
1    def merge(self):
2        for child in [c for c in self.children if c]:
3            if child.count > 0:
4                self.o_tree.all_leaves.remove(child)
5                self.o_tree.num_leaves -= 1
6            else:
7                print("Recursively merging non-leaf...")
8                child.merge()
9            self.count += child.count
10           self.red += child.red
11           self.green += child.green
12           self.blue += child.blue
13       for i in range(8):
14           self.children[i] = None
```

图 8-19 描绘了合并兄弟节点的过程。

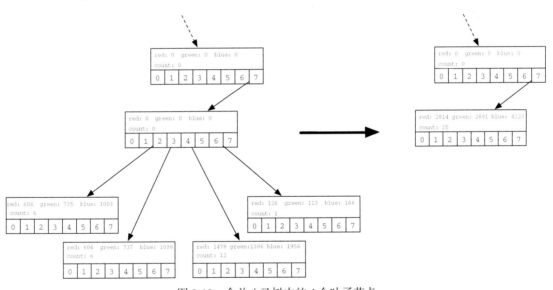

图 8-19　合并八叉树中的 4 个叶子节点

图 8-19 给出了 4 个叶子节点的红、绿、蓝成分，分别是 (101, 122, 167)、(100, 122, 183)、(123, 108, 163) 和 (126, 113, 166)。从代码清单 8-23 中可知，最后的合并值通过将颜色值除以计数 count 得到。注意，这 4 个叶子节点在颜色立方体中离得很近。由它们得到的新叶子节点的 id 是 (112, 115, 168)。这个值接近于 4 个值的均值，但更倾向于第 3 个颜色元组，而这是因为第 3 个的引用计数是 12。

因为八叉树只使用呈现在图片中的颜色，并且忠实地保留了常用的颜色，所以量化后的图片在质量上要比本节开头的简单方法得到的图片高得多。图 8-20 是原始图片和量化图片的对比。

8

(a) 量化前　　　　　　　　　　　　　(b) 量化后

图 8-20　比较原始图片和利用 Octree 量化的图片

还有很多其他的图片压缩算法，比如游程编码、离散余弦变换、霍夫曼编码等。理解这些算法并不难，希望你能查找相关资料并了解它们。另外，可以通过**抖动**这一技巧完善量化图片。抖动是指将不同的颜色靠近，让眼睛混合这些颜色，这样图片看起来更真实。这是报纸惯用的把戏，通过黑色加上另 3 种颜色实现彩色印刷。你可以自行研究抖动的原理，并使它为你所用。

8.6　复习图：模式匹配

尽管计算机图形学越来越受重视，但是文字信息处理依然是重要的研究领域，特别是在长字符串中寻找模式。这种模式常被称作**子串**。为了找到模式，会进行某种搜索，至少要能找到模式首次出现的位置。我们也可以想想这个问题的扩展版本，即如何找到模式出现的所有位置。

Python 有一个内置的 find 方法，可用于在给定字符串的情况下返回模式首次出现的位置，如下所示。

```
>>> "ccabababcab".find("ab")
2
>>> "ccabababcab".find("xyz")
-1
```

子串 ab 第一次出现在字符串 ccabababcab 的位置 2 处。如果模式没有出现，会返回–1。

8.6.1　生物学字符串

生物信息学领域正在孕育一些激动人心的算法，特别是如何管理和处理大量的生物数据。这些数据中有很多是以编码遗传物质的形式存储于染色体中的。脱氧核糖核酸（DNA）为蛋白质合成提供了蓝图。

DNA 基本上是由 4 种碱基构成的长序列，这 4 种碱基分别是腺嘌呤（A）、胸腺嘧啶（T）、鸟嘌呤（G）和胞嘧啶（C）。以上 4 个字母常被称作"基因字母表"，一段 DNA 就表示为由这

4 个字母组成的序列。比如，**DNA 串** ATCGTAGAGTCAGTAGAGACTADTGGTACGA 编码了 DNA 的一小部分。这些长长的字符串可能包含数以百万计的"基因字母"，其中某些小段为基因编码提供了丰富的信息。可见，对于生物信息学研究人员来说，掌握找到这些小段的方法非常重要。

现在，问题可以简化为：给定一个由 A、T、G、C 组成的字符串，开发出能定位特定模式的算法。我们常常称 DNA 串为"文本"。如果模式不存在，我们也希望能通过算法知道。此外，由于这些字符串往往很长，因此需要保证算法的效率。

8.6.2 简单比较

要解决 DNA 串的模式匹配问题，你可能立刻会想到直接尝试匹配模式和文本的所有可能。图 8-21 展示了这一算法的工作过程。我们从左往右，挨个比较文本和模式的字母。如果当前字母匹配，就比较第二个字母。如果字母不匹配，将模式往右移动一个位置，然后重新开始比较。

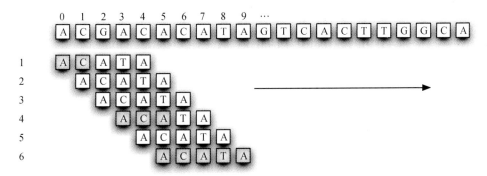

图 8-21　简单的模式匹配算法

本例中，在移动 6 次之后找到了匹配的子串，而子串首字母位于原字符串的下标 5 处。带阴影的字母表示在移动模式的过程中部分匹配的字母。代码清单 8-25 给出了这种算法的 Python 实现。以模式和文本为参数，如果发现模式匹配，就返回子串在文本中的起始位置；如果匹配失败，则返回–1。

代码清单 8-25　简单的模式匹配器

```python
1    def simple_matcher(pattern, text):
2        i = j = 0
3        while True:
4            if text[i] == pattern[j]:
5                j = j + 1
6            else:
7                j = 0
8            i = i + 1
```

8

```
9              if i == len(text):
10                 return -1
11             If j == len(pattern):
12                 return i - j
```

变量 i 和 j 分别作为文本和模式的下标。循环会一直持续，直至到达文本或者模式的结尾。

第 4 行检查文本中当前的字母是否与模式中当前的字母匹配。如果匹配，模式下标递增；如果不匹配，将模式重置到起始位置（第 7 行）。在两种情况下，我们都会将文本下标移动到下一个位置。在每一次循环迭代的时候，我们都检测是否还有文本需要处理（第 9 行）。如果没有，就返回–1。第 11 行检测是否模式中的所有字母都已处理完。如果全部匹配，那么我们就找到了匹配的子串并返回其起始的下标。

假设文本长度为 n，模式长度为 m。很容易看出，这个算法的时间复杂度是 $O(nm)$。对于 n 个字母中的每一个，都可能需要比较模式中的全部字母（m 个）。如果 n 和 m 比较小，这个算法的效率尚可，但是考虑到文本中有数以千计——甚至数以百万计——的字母，并且要找到更大的模式，寻找更好的算法就显得很有必要。

8.6.3　图算法：DFA

如果对模式做一些预处理，就可以创建时间复杂度为 $O(n)$ 的模式匹配器。一种做法是用图来表示模式，从而构建**确定有限状态自动机**（DFA）。在 DFA 图中，每个顶点是一个状态，用于记录匹配成功的模式数。图中每一条边代表处理文本中的一个字母后发生的转变。

图 8-22 展示了前一节中的示例模式（ACATA）的 DFA。第一个顶点（状态 0）是起始状态（或称初始状态），表示还没有发现任何匹配的字母。显然，在处理文本中的第一个字母之前，就是这个状态。

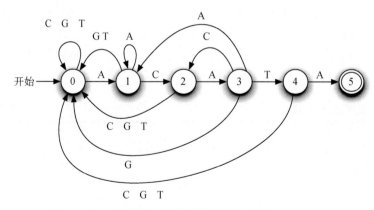

图 8-22　确定有限状态自动机

DFA 的原理很简单。记录当前状态，并在一开始时将其设为 0。读入文本中的下一个字母。根据这个字母，相应地转变为下一个状态，并将它作为新的当前状态。由定义可知，对于每个字母，每个状态有且只有一种转变。这意味着对于基因字母表，每个状态可能有 4 种转变。在图 8-22 中，我们在某些边上标出了多个字母，这是为了表示到同一个状态的多种转变。

重复上述的状态迁移，直到终止。如果进入最终状态（DFA 图用两个同心圆表示最终状态，本例中为状态 5），就可以停下来，并报告匹配成功。也就是说，DFA 图发现了模式的一次出现。你可能注意到，最终状态不能转变为其他状态，也即处理必须在此停下来。模式的出现位置可以根据当前字母的位置与模式的长度计算出来。另外，如果当穷尽文本中的字母时处于非最终状态，我们就知道模式没有出现。

图 8-23 逐步展示了在文本字符串 ACGACACATA 中寻找子串 ACATA 的过程。DFA 计算出的下一个状态就是下一步的当前状态。对于由当前状态和当前字母组成的每个组合，下一个状态都是唯一的，因此这个 DFA 图并不复杂。

步骤	当前状态	文本中当前的字母	下一个状态
1	0	A	1
2	1	C	2
3	2	G	0
4	0	A	1
5	1	C	2
6	2	A	3
7	3	C	2
8	2	A	3
9	3	T	4
10	4	A	5

图 8-23　逐步分析 DFA 模式匹配器

因为文本中的每个字母都作为 DFA 图的输入被使用一次，所以这种算法的时间复杂度是 $O(n)$。不过，还需要考虑构建 DFA 的预处理步骤。有很多知名算法可以根据模式生成 DFA 图。不幸的是，它们都很复杂，因为每个状态（顶点）针对每个字母都必须有一种转变（边）。那么问题就来了，是否有类似的模式匹配器，但它的边集合更简单？

8

8.6.4   图算法：KMP

8.6.2 节中的模式匹配器将文本中每个可能匹配成功的子串都与模式比较。这样做往往是在浪费时间，因为匹配的实际起点远在之后。一种改善措施是，如果不匹配，就以多于一个字母的幅度滑动模式。图 8-24 展示了这种策略，将模式滑动到前一次发生不匹配的位置。

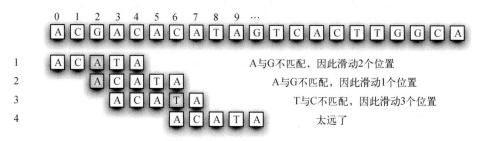

图 8-24   滑动幅度更大的模式匹配器

在第一次尝试匹配中，我们发现前两个字母是匹配的。不匹配的是第 3 个字母（图中带阴影的字母），我们滑动整个模式并从第 3 个字母开始下一次尝试。第二次匹配尝试中，由于第一个字母就不匹配，只能继续滑动到下一个位置。此时，我们发现前 3 个字母是匹配的，但遇到了一个问题：在遇到不匹配时，模式会被移动至不匹配的位置重新开始计算；但这样做会导致我们漏掉了模式在文本字符串中真正的起点（位置 5）。

这个方案失败的原因在于，没有利用前一次尝试匹配时模式和文本的内容信息。在第三次尝试中，文本字符串的最后两个字母（位置 5 和位置 6）实际上和模式的前两个字母匹配。我们称这种情况为模式的两字母前缀与文本字符串的两字母后缀匹配。这一信息非常有价值。如果记录下前缀和后缀的重叠情况，就可以直接将模式滑动到正确位置。

基于上述思路，可以构建名为 KMP（Knuth-Morris-Pratt）的模式匹配器，它以提出这一算法的 3 位计算机科学家的姓氏命名。KMP 算法的思想就是构建图，在字母不匹配时可以提供关于"滑动"距离的必要信息。KMP 图也由状态（顶点）和转变（边）构成。但不同于 DFA 图，KMP 图的每个顶点只有 2 条向外的边。

图 8-25 是示例模式的 KMP 图，其中有两个特殊的状态：初始状态和最终状态。初始状态（标有 get 的顶点）负责从输入文本中读入下一个字母。随后的转变（标有星号的边）是必然发生的。注意，一开始从文本读入第一个字母，然后立即转到下一个状态（状态 1）。最终状态（状态 6，标有 F 的顶点）表示匹配成功，它对于图来说是终点。

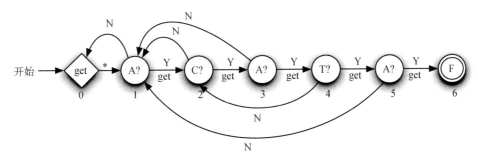

图 8-25　KMP 图示例

其他顶点负责比较模式中的每个字母与文本中当前的字母。例如，标有 C?的顶点检查文本中当前的字母是否为 C。如果是，就选择标有 Y 的边（Y 代表 yes，说明匹配成功），同时读入下一个字母。每当一个状态成功地匹配了其负责的字母，文本中的下一个字母就会被读取。

标有 N 的边表示不匹配。前面解释过，遇到这种情况时，要知道跳过多少个字母进行下一次匹配。本质上，我们是要记录文本中当前的字母，并且往回移动到模式中的前一个点。为了得出这个位置，我们采用一个简单的算法，比较模式与其自身，找出前缀和后缀的重叠部分（如代码清单 8-26 所示）。由重叠部分的长度可知要跳过几个字母。要注意的是，使用不匹配链接时，就不会处理新的字母。

代码清单 8-26　找到前后缀重叠

```
1    def mismatched_links(pattern):
2        aug_pattern = "0" + pattern
3        links = {1: 0}
4        for k in range(2, len(aug_pattern)):
5            s = links[k - 1]
6            while s >= 1:
7                if aug_pattern[s] == aug_pattern[k-1]:
8                    break
9                else:
10                   s = links[s]
11           links[k] = s + 1
12       return links
```

来看通过 `mismatched_links` 方法处理模式的例子。

```
>>> mismatched_links("ACATA")
{1: 0, 2: 1, 3: 1, 4: 2, 5: 1}
```

这个方法会返回一个字典，其中的键是当前的顶点（状态），值是不匹配链接的终点。可以看出，从 1 到 5 的每个状态分别对应模式中的每个字母，并且每个状态都有回到之前某个状态的一条边。

8

前面提过，不匹配链接可以通过滑动模式并寻找最长的匹配前缀和匹配后缀得到。这个方法先扩展模式，让模式中的下标对得上 KMP 图中的顶点标签。由于初始状态是状态 0，就将 0 作为扩展位上的占位符。这样一来，模式中的第 1~m 个字母就分别对应 KMP 图中的第 1~m 个状态。

第 3 行创建字典的第一项，这一项在文本字符串中自动读入一个新字母后，总是从顶点 1 回到初始状态的一条边。之后的循环一步步扩大模式的检查范围，寻找前缀和后缀的重叠部分。如果有重叠，其长度可以用来设置下一个链接。

图 8-26 逐步展示了在文本字符串 ACGACACATA 中寻找示例模式的过程。再次注意，只有在使用匹配链接后，当前字母才会变化。不匹配时，当前字母不变，比如第 4 步和第 5 步。直到第 6 步转变回状态 0 时，我们才读入下一个字母，并返回状态 1。

步骤	当前状态	文本中当前的字母	下一个状态	
1	0	A	1	自动转变
2	1	A	2	状态1匹配，获取下一个
3	2	C	3	状态2匹配，获取下一个
4	3	G	1	不匹配
5	1	G	0	不匹配
6	0	A	1	自动转变
7	1	A	2	
8	2	C	3	
9	3	A	4	
10	4	C	2	不匹配
11	2	C	3	状态2匹配
12	3	A	4	
13	4	T	5	
14	5	A	F	匹配成功

图 8-26　逐步分析 KMP 模式匹配器

第 10 步和第 11 步体现了不匹配链接的重要性。第 10 步中当前字母是 C，它与状态 4 需要匹配的字母不符，因此结果是一个不匹配链接。不过，既然此时发现部分字母匹配，那么这个不匹配链接就回到了正确匹配的状态 2。这最终帮助我们成功匹配。

和 DFA 算法一样，KMP 算法的时间复杂度也是 $O(n)$，因为要处理文本字符串中的每个字母。不过，KMP 图构建起来要容易得多，而且所需的存储空间也少，每个顶点只有 2 条向外的边。

8.7　小结

- 映射（字典）是关联形式的内存结构。
- 跳表是可以提供 $O(\log n)$ 搜索的链表。

❏ 八叉树可以高效地精简表示图片时所需的颜色数量。

❏ 基于文本的模式匹配是很多应用领域常见的问题。

❏ 简单的模式匹配效率很低。

❏ DFA 图易于使用，但不易构建。

❏ KMP 图既易于使用，也易于构建。

8.8 关键术语

DFA 图	DNA 串	KMP	KMP 图
RSA 算法	八叉树	层数	抖动
公钥加密	均摊分析	量化	确定有限状态自动机（DFA）
塔	跳表	像素	映射
子串	字典		

8.9 练习

1. 跳表名字的意义是什么？

2. 比较跳表与完全平衡的二叉搜索树。你能画图描述这两个概念吗？

3. 如果跳表中所有塔的高度都为 1，意味着什么？

4. 给定 20 个键，塔的高度是否可能达到 20？

5. 选择一张图片，运行 Octree 的量化程序。尝试设置不同的最大树高与最终的色彩数。

6. 解释为什么 Octree 节点的计算顺序是从最高有效位到最低有效位。

7. 插入 (174, 145, 229) 和 (92, 145, 85) 两种颜色后，画出 Octree 从顶层到第 5 层的节点。

8. 画出模式 ATC 的 DFA 图。

9. 计算模式 ATC 的不匹配链接。

10. 为模式 ATCCAT 创建 KMP 图。

11. 实现 ArrayList 类的下列方法，并分析它们的性能。

  ❏ __delitem__：删除列表中给定位置上的元素。

  ❏ pop：实现弹出方法，包括带参数和不带参数两个版本。

  ❏ index：在 ArrayList 中搜索给定的值。若找到，返回它在列表中的位置，否则返回-1。

❏ __iter__：让 ArrayList 可迭代。

12. 修改代码清单 8-4 中凯撒密码的 encrypt 方法，使其接收一个加密密钥作为参数。

13. Python 列表支持连接和重复。让 ArrayList 支持+和*运算。

14. 为跳表实现 delete 方法。可以假设键存在。

15. 为跳表实现方法，让映射支持下列操作。

❏ __contains__ 返回一个布尔值，用于说明键是否存在于映射中。
❏ keys() 返回映射中键的列表。
❏ values() 返回映射中值的列表。

16. 为跳表实现__getitem__方法和__setitem__方法。

17. 修改 Octree 类，使用更高效的数据结构记录叶子节点，以改善 reduce 方法的性能。

18. 为 Octree 类增加两个方法，一个用于将量化图片写入磁盘文件，另一个用于以你所写的格式读取文件。

19. 有些版本的 Octree 量化算法会查看某个节点的子节点总数，并用这一信息决定精简哪些节点。修改 Octree 的实现，在精简树时使用这个方法选择节点。

20. 实现一个简单的模式匹配器，用于定位模式在文本中出现的所有位置。

21. 修改第 7 章中的图实现，使其可以表示 KMP 图。利用 mismatch_links 写一个新的方法，使其根据模式创建完整的 KMP 图。有了图后，写一个程序，对这个 KMP 图运行任意文本，返回匹配是否存在。

参 考 资 料

Dale, N. B. and Lilly, S. C. (1995). Pascal Plus Data Structures, *Algorithms and Advanced Programming*. Houghton Mi in Co., Boston, MA, USA.

Horowitz, E. and Sahni, S. (1990). *Fundamentals of Data Structures in Pascal*. W. H. Freeman & Co., New York, NY, USA.

Jewett, J. J. (2022). Timecomplexity - python wiki.

Jones, N. and Pevzner, P. (2004). *An Introduction to Bioinformatics Algorithms*. MIT Press, Cambridge, MA, USA.

Knuth, D. E. (1998). *The art of computer programming, volume 3: (2nd ed.) sorting and searching*. Addison Wesley Longman Publishing Co., Inc., Redwood City, CA, USA.

Linz, P. (2001). *An Introduction to Formal Languages and Automata*. Jones and Bartlett Publishers, Inc., USA.

Pugh, W. (1990). Skip lists: a probabilistic alternative to balanced trees. *Commun*. ACM, 33(6):668-676.

Van Rossum, G. and Drake, F. L. (2022a). The python language reference | python 3.10.4 documentation.

Van Rossum, G. and Drake, F. L. (2022b). The python tutorial | python 3.10.4 documentation.

Yedidyah Langsam, M. A. and Tenenbaum, A. (2003). *Data Structures Using Java*. Pearson Prentice Hall, Upper Saddle River, NJ, USA.

版 权 声 明